高等数学
简明教程

— 第1分册 —

数学分析

主编 冯 杰 副主编 韩笑天

清华大学出版社

北京

内 容 简 介

本书介绍微积分理论。主要内容包括实数与函数、函数的极限与连续性、导数与微分、导数的应用、不定积分、定积分及其应用、无穷级数、常微分方程、多元函数微分学、重积分及其应用、曲线积分与曲面积分。

本分册首先是小学教育（数学方向）本科专业高等数学课程的教材，可以有选择地选用。同时可作为"课程与教学论·数学"硕士专业、数学教育硕士相关课程的教材，也可供中学数学教师用于职业培训，以及从事数学教育研究的专业人员参考。

图书在版编目（CIP）数据

高等数学简明教程. 第1分册，数学分析 / 冯杰主编.
北京：清华大学出版社，2024. 8. -- ISBN 978-7-302
-66461-1

Ⅰ. O13
中国国家版本馆 CIP 数据核字第 2024BF3609 号

责任编辑：朱红莲
封面设计：傅瑞学
责任校对：欧　洋
责任印制：刘　菲

出版发行：清华大学出版社
　　　　　网　　　址：https://www.tup.com.cn，https://www.wqxuetang.com
　　　　　地　　　址：北京清华大学学研大厦 A 座　　　邮　　编：100084
　　　　　社 总 机：010-83470000　　　　　　　　　邮　　购：010-62786544
　　　　　投稿与读者服务：010-62776969，c-service@tup.tsinghua.edu.cn
　　　　　质量反馈：010-62772015，zhiliang@tup.tsinghua.edu.cn
印 装 者：天津鑫丰华印务有限公司
经　　销：全国新华书店
开　　本：185mm×260mm　　**印　　张**：15　　　　**字　　数**：364 千字
版　　次：2024 年 8 月第 1 版　　　　　　　　　　**印　　次**：2024 年 8 月第 1 次印刷
定　　价：55.00 元

产品编号：106357-01

"小学教育"专业课程系列丛书编委会

策划：陆建非　史　文　胡雅楠　胡　玥

编委会成员：陆建非　冯　杰　胡雅楠　胡　玥　韩笑天

　　　　　　叶彬恩　王宇彤　吴彬彬　柴豪頔

前言

数学是宇宙的语言,具有普适性和一般性."数学分析"课程是"高等数学"的基础性课程."数学分析"以"极限"概念为基础,运用微分和积分两种特殊的极限运算规则,从局部和全局两个方面研究实函数的连续性、可微性、可积性等一系列性质,其内容包括极限论、函数微分学、函数积分学、无穷级数和常微分方程等,构建了连续函数的微积分理论.

"数学分析"(mathematical analysis),就其对象,是研究函数的微分(differentiation)、积分(integration)及其应用的数学基础学科分支.就其功能,从数学理论的角度,其是现代数学的基础;从学习的角度,是几乎所有后继高等数学课程的基础.就其内容,不仅仅是高等数学中的微积分(calculus)部分,而且包括微分方程和矢量场分析.具体说,数学分析内容主要包括函数的极限、连续、求导数的运算,即一套关于变化率极限的理论、微分学、积分学及其应用.其最简单的应用包括函数曲线、物理学的位移曲线或速度等曲线的斜率均可用一套通用的符号进行表述;其基本的应用可以解决数学理论、物理学、应用科学和工程计算等方面的各种应用问题.从高等数学课程的角度,数学分析较一般的微积分理论更具有理论系统性、逻辑严谨性和应用广泛性.

"数学分析"理论的形成过程可以分为四个时期.第一个时期是孕育时期,我国春秋战国和古希腊的年代,先哲们就有了极限思想.比如,墨子和阿基米德就有了微分和积分思想;我国古代数学家赵爽和刘徽的"出入相补原理"就是最早微积分思想雏形.第二个时期是积累时期,从公元前一直到17世纪漫长的一千多年,人类缓慢并逐步地酝酿着微积分思想,东西方都没有大的进展.第三个时期是创建时期,17世纪下半叶到19世纪上半叶,由于第一次工业革命的出现,西方自然科学的迅速发展,是促使微积分理论建立的根本因素,牛顿和莱布尼茨是创立微积分的代表人物.第四个时期是重建和完善时期,大致是19世纪上半叶到20世纪上半叶.特别是第二次数学危机的解决,基于分析学理论,数学家们对数学分析的理论基础进行了重新定义和解释,从而使微积分理论建立在更加坚实的理论基础之上.

"数学分析"课程的特点是严谨、细致和全面,包含了深刻的辩证逻辑.所以,从学习者的角度,似乎是先难后易.其实在理解了极限、掌握了微分和求导方法之后,也就是说通过极限、连续、导数、微分和中值定理与导数的应用的学习,就突破了微积分的学习难度,跨过了数学分析学习的"高原期",后续的学习就是充满柳暗花明的阳光大道了.但是必须承认,数学分析的内容蕴含着严谨的辩证逻辑,体现在具体的方法规范性和思维技巧性方面:比如要把定理和命题证明过程用准确、严密、简练的数学语言和符号书写出来,学习者必须熟练掌握证明的逻辑思维流程和逻辑方式;必须掌握具有代表性的证明方法、典型问题的求解技巧、重点概念的本质涵义、定理的几何直观意义、定理的条件和结论以及理论体系完整性.另外,还要深刻理解某些精细概念之间的本质差别,比如导数与导函数、微分与微商等.

目前,全国高等师范院校教育学院"小学教育"专业的培养方案对高等数学课程的设置尚未统一,工科类和经济类高等数学课程对于小学教育专业的"高等数学"课程显然不太合适;数学专业的"数学分析"课程太理论化和专业化,因此,小学教育专业的"高等数学"数学课程缺乏适用的教材,已经是全国高师院校面临的共同困局.《高等数学简明教程》("小学教育"专业数学方向)系列教材《数学分析》的出版,不仅是对高等师范院校小学教育专业数学方向的专业课教材的及时弥补,也是对"小学教育"师资培养的教学质量提升的有力支撑.本书的体系、内容深浅度、学科的完整性以及教学适应度,比较适合全国高师"小学教育"师范专业对教科书适应性要求和选择性要求.

编　者

2024 年 5 月 9 日

目 录

第1章　实数与函数 ···································· 1

　1.1　实数 ·· 1

　1.2　数集及其确界 ···································· 3

　1.3　函数 ·· 6

　1.4　函数的性质 ···································· 10

　小结与复习 ······································ 15

　数学家简介　英国自然哲学家：牛顿 ···················· 15

　思考与练习 ······································ 16

第2章　函数的极限与连续性 ························ 18

　2.1　数列的极限 ···································· 18

　2.2　函数的极限 ···································· 21

　2.3　两个重要的极限 ································ 25

　2.4　无穷小量与无穷大量 ···························· 27

　2.5　函数连续性的概念 ······························ 29

　2.6　连续函数的性质 ································ 32

　2.7　初等函数的连续性 ······························ 35

　小结与复习 ······································ 37

　数学家简介　中国当代数学家：华罗庚 ·················· 38

　思考与练习 ······································ 39

第3章　导数与微分 ································ 41

　3.1　导数的概念 ···································· 41

　3.2　求导法则 ······································ 46

　3.3　高阶导数 ······································ 50

　3.4　微分及其应用 ·································· 51

　小结与复习 ······································ 55

　数学家简介　德国数学家：莱布尼茨 ·················· 55

　思考与练习 ······································ 56

第4章　导数的应用 ································ 58

　4.1　微分中值定理 ·································· 58

　4.2　洛必达法则 ···································· 62

4.3 泰勒公式 ……………………………………………………… 64

4.4 函数的极值与最值 …………………………………………… 67

4.5 函数的凸(凹)性、拐点及函数作图 ………………………… 70

小结与复习 ………………………………………………………… 74

数学家简介 法国数学家：柯西 ………………………………… 74

思考与练习 ………………………………………………………… 75

第5章 不定积分 …………………………………………………… 78

5.1 不定积分的概念 ……………………………………………… 78

5.2 换元积分法与分部积分法 …………………………………… 82

*5.3 有理函数的积分法 …………………………………………… 85

*5.4 可化为有理函数的积分法 …………………………………… 88

小结与复习 ………………………………………………………… 91

数学家简介 法国数学家：笛卡儿 ……………………………… 92

思考与练习 ………………………………………………………… 93

第6章 定积分及其应用 …………………………………………… 95

6.1 定积分 ………………………………………………………… 95

6.2 反常积分 ……………………………………………………… 102

6.3 定积分的应用 ………………………………………………… 106

小结与复习 ………………………………………………………… 113

数学家简介 中国古代数学家：祖冲之 ………………………… 114

思考与练习 ………………………………………………………… 115

第7章 无穷级数 …………………………………………………… 117

7.1 数项级数 ……………………………………………………… 117

7.2 幂级数 ………………………………………………………… 125

7.3 傅里叶级数 …………………………………………………… 130

小结与复习 ………………………………………………………… 137

数学家简介 法国数学家：傅里叶 ……………………………… 138

思考与练习 ………………………………………………………… 138

第8章 常微分方程 ………………………………………………… 141

8.1 微分方程的基本概念 ………………………………………… 141

8.2 一阶微分方程 ………………………………………………… 143

8.3 二阶微分方程 ………………………………………………… 148

小结与复习 ………………………………………………………… 158

数学家简介 中国晚清数学家：李善兰 ………………………… 159

思考与练习 ………………………………………………………… 160

第9章 多元函数微分学 …………………………………………… 161

9.1 多元函数的极限与连续 ……………………………………… 161

9.2 多元函数的偏导数和全微分 ………………………………… 164

9.3　多元复合函数和隐函数的导数 ·························· 169

*9.4　偏导数的应用 ···································· 172

*9.5　多元函数的极值 ·································· 176

小结与复习 ··· 179

数学家简介　德国数学家：黎曼 ···················· 180

思考与练习 ··· 181

第 10 章　重积分及其应用 ·························· 184

10.1　二重积分 ······································ 184

10.2　三重积分 ······································ 189

10.3　重积分的应用 ·································· 194

小结与复习 ··· 198

数学家简介　中国古代数学家：杨辉 ················ 199

思考与练习 ··· 200

第 11 章　曲线积分与曲面积分 ···················· 201

11.1　第一型曲线积分 ································ 201

11.2　第二型曲线积分 ································ 204

11.3　第一型曲面积分 ································ 208

11.4　格林公式 曲线积分与路径的无关性 ············ 209

11.5　第二型曲面积分 ································ 214

11.6　高斯公式、斯托克斯公式与矢量场分析初步 ······ 216

小结与复习 ··· 223

数学家简介　法籍意大利数学家：约瑟夫·拉格朗日 ···· 224

思考与练习 ··· 225

后记（拔） ··· 228

第1章

实数与函数

函数理论是数学分析的基础. 如果类比初等数学的加减乘除四则运算法则, 高等数学的运算实际上就是三则运算, 即微分(导数)、积分和完备(正交)基的变换(见第3分册《高等代数》). 数学分析的微积分关于函数的研究都是定义在实数集上的, 因此, 我们将先讨论实数的有关概念.

1.1 实数

简单地说, 实数可以分为有理数和无理数两类, 或正实数、负实数和零三类. 有理数可以分成整数和分数, 而整数可以分为正整数、负整数和零. 分数可以分为正分数和负分数. 无理数可以分为正无理数和负无理数.

1.1.1 实数及其性质

在代数学中, 我们通常用 $\mathbf{R}$ 表示实数集, $\mathbf{Q}$ 表示有理数集, $\mathbf{C}$ 表示复数集, $\mathbf{N}$ 表示自然数集, $\mathbf{Z}$ 表示整数集, 其中 $\mathbf{R}^+$ 表示正实数集, $\mathbf{R}^-$ 表示负实数集, $\mathbf{N}^+$ 表示正自然数集. 在高等数学中, 实数集合通常用字母 $\mathbf{R}$ 或 $\mathbf{R}^n$ 表示, 而 $\mathbf{R}^n$ 表示 n 维实数空间. 每一个有理数既可以用分数 $\dfrac{p}{q}$ ($q \neq 0$, p、q 为整数)来表示, 也可以用无限十进循环小数或有限十进小数(可看成是从某位开始全为零的无限循环小数)来表示, 而不能表示成分数 $\dfrac{p}{q}$ 的实数称为无理数.

实数主要有以下性质:

(1) 封闭性: 任意两个实数在经过加、减、乘、除(除数不为 0)运算后, 所得的和、差、积、商仍然是实数.

(2) 有序性: 任意两个实数 a、b 必定满足下列三个关系之一: $a > b$、$a < b$、$a = b$.

(3) 稠密性: 任意两个不相等的实数之间必会存在一个实数, 并且既有有理数, 也有无理数.

(4) 阿基米德(Archimedes)性: 对任何两个实数 a、b, 如果 $a > b > 0$, 则存在正整数 n, 使得 $nb > a$.

(5) 传递性: 对任意三个实数 a、b、c, 若 $a < b$、$b < c$, 则 $a < c$.

为方便起见, 我们通常用 $\mathbf{R}$ 来表示实数, 即 $\mathbf{R} = \{x \mid x \text{ 为实数}\}$.

数轴是表示实数的一种几何方法,任一实数都与数轴上唯一一点对应,同样地,数轴上的每一点也唯一地对应着一个实数.正是由于所有实数与整个数轴上的点有着这样的一一对应关系,实数是不可数的.

1.1.2　绝对值

从数轴上看,实数 a 的绝对值 $|a|$ 就是点 a 到原点的距离.数学中对实数 a 的绝对值是这样定义的:

$$|a| = \begin{cases} a, & a \geqslant 0 \\ -a, & a < 0 \end{cases}.$$

绝对值有以下性质:

1. $|a| = |-a| \geqslant 0$,当且仅当 $a=0$ 时等号成立;

2. 对任何实数 a,总有 $-|a| \leqslant a \leqslant |a|$;

3. 对于两个实数 a 和 b,$|ab| = |a||b|$,$\left|\dfrac{a}{b}\right| = \dfrac{|a|}{|b|}$ $(b \neq 0)$;

4. 当 $|a| < h$,相当于 $-h < a < h$;当 $|a| \leqslant h$,相当于 $\Leftrightarrow -h \leqslant a \leqslant h$;

5. 对于任何实数 a、b,有 $|a| - |b| \leqslant |a \pm b| \leqslant |a| + |b|$,我们称该不等式为三角形不等式.

下面只给出性质5的证明,其他性质的证明由读者自行完成.

证　由性质2可知

$$-|a| \leqslant a \leqslant |a|, \quad -|b| \leqslant b \leqslant |b|.$$

由同向不等式的相加法则得到

$$-(|a|+|b|) \leqslant a+b \leqslant |a|+|b|.$$

再由性质4,上式等价于

$$|a+b| \leqslant |a|+|b|. \tag{1-1}$$

若将式(1-1)中 b 改为 $-b$,不等式仍然成立,即证明了右边的不等式.

又因为 $|a| = |a-b+b|$,根据式(1-1)有

$$|a| \leqslant |a-b| + |b|.$$

所以

$$|a| - |b| \leqslant |a-b|. \tag{1-2}$$

将式(1-2)中 b 改为 $-b$,即证明了左边的不等式.

除了三角形不等式,我们经常还会用到以下两个不等式.

1.1.3　两个重要的不等式

1. 平均值不等式　设 $x_1, x_2, \cdots, x_n$ 为 n 个正实数,则

$$\sqrt[n]{x_1 x_2 \cdots x_n} \leqslant \frac{1}{n}(x_1 + x_2 + \cdots + x_n),$$

其中 $\sqrt[n]{x_1 x_2 \cdots x_n}$ 和 $\dfrac{1}{n}(x_1 + x_2 + \cdots + x_n)$ 分别称为 n 个正实数的几何平均数与算术平均数.

2. 伯努利不等式　设 $h>-1,n$ 为自然数,则有

$$(1+h)^n \geqslant 1+nh,$$

此不等式可用中学数学中的数学归纳法加以证明.

1.2 数集及其确界

本节介绍实数集 **R** 上的两类重要的数集——区间与邻域,特别是邻域的概念,其包含了"极限"的数学思维特点. 然后讨论有界集,并给出"确界定理",该定理是极限的理论基础.

1.2.1 区间

设 a、$b \in \mathbf{R}$,且 $a<b$,我们规定:

(1) 满足 $\{x \mid a<x<b, x \in \mathbf{R}\}$ 的数集为开区间,记作 (a,b);

(2) 满足 $\{x \mid a \leqslant x \leqslant b, x \in \mathbf{R}\}$ 的数集为闭区间,记作 $[a,b]$;

(3) 满足 $\{x \mid a \leqslant x<b, x \in \mathbf{R}\}$ 的数集为左闭右开区间,记作 $[a,b)$;

(4) 满足 $\{x \mid a<x \leqslant b, x \in \mathbf{R}\}$ 的数集为左开右闭区间,记作 $(a,b]$;

其中 $[a,b)$ 和 $(a,b]$ 统称半开半闭区间.

另外,我们用区间 $(-\infty,+\infty)$ 表示实数集 **R**,其中"∞"读作"无穷大". 这样一来,我们就可以用"$+\infty$"和"$-\infty$"表示以下的一些数集. 如

$$\{x \mid x \geqslant a\} = [a,+\infty),$$
$$\{x \mid x \leqslant a\} = (-\infty,a],$$
$$\{x \mid x > a\} = (a,+\infty),$$
$$\{x \mid x < a\} = (-\infty,a).$$

注意:"∞"所在端点均为开区间.

1.2.2 邻域

"邻域"是微积分学最重要的概念之一,也是刻画函数极限最基础的概念,在微分和积分经常用到.

定义 1-1(邻域的定义)　若 $a \in \mathbf{R}, \delta>0$,我们把满足 $|x-a|<\delta$ 的所有实数称为点 a 的 δ 邻域,记作

$$U(a,\delta) = \{x \mid |x-a|<\delta\} = (a-\delta,a+\delta).$$

当不需要注明邻域半径 δ 时,通常是对某个确定的邻域半径 δ,常将它表示为 $U(a)$,简称 a 的邻域. 其实,邻域半径的 δ 是一个变量,这个变量的特征就是可以"任意的无限小",这是"邻域"概念最基本的特征.

当数集中不包含点 a 时,我们将满足 $0<|x-a|<\delta$ 的全体实数称为点 a 的 δ 去心邻域,记作

$$U^{\circ}(a,\delta) = \{x \mid 0<|x-a|<\delta\} = (a-\delta,a+\delta)-\{a\}.$$

同样地,当不需要注明邻域半径 δ 时,常将它写作 $U^{\circ}(a)$,简称 a 的去心邻域.

另外,还有下面几种邻域的概念及符号表示,供大家参考:

（1）点 a 的 δ 右邻域 $U_+(a,\delta)=\{x\mid 0\leqslant x-a<\delta\}=[a,a+\delta)$，简记为 $U_+(a)$；

（2）点 a 的 δ 左邻域 $U_-(a,\delta)=\{x\mid -\delta<x-a\leqslant 0\}=(a-\delta,a]$，简记为 $U_-(a)$；

（3）点 a 的 δ 去心右邻域 $U^\circ_+(a,\delta)=(a,a+\delta)$，简记为 $U^\circ_+(a)$；

（4）点 a 的 δ 去心左邻域 $U^\circ_-(a,\delta)=(a-\delta,a)$，简记为 $U^\circ_-(a)$.

当 M 为充分大的正数时，数集

$$U(\infty)=\{x\mid x>M\},\quad U(+\infty)=\{x\mid x>M\},\quad U(-\infty)=\{x\mid x<-M\},$$

分别称为 ∞ 邻域、$+\infty$ 邻域、$-\infty$ 邻域.

1.2.3 有界集及其确界

首先介绍几个量词符号的含义，这是数学家们约定俗成的，读者要熟记，这样继续学习才方便.

符号"$\forall$"表示"任意"或"任意一个"或"当……"，它被认为是将英文字母 A 倒过来；

符号"$\exists$"表示"存在"或"能找到"，它被认为是将英文字母 E 反过来.

应用这两个符号表述定义和定理既简练又明确.

定义 1-2 设 E 是一个非空数集，若 $M\in\mathbf{R}$，使得对 $\forall x\in E$，有 $x\leqslant M$，则称 M 为 E 的一个**上界**；若 $L\in\mathbf{R}$，使得对 $\forall x\in E$，有 $x\geqslant L$，则称 L 为 E 的一个**下界**.

显然，任何大（小）于 $M(L)$ 的数，也都是 E 的上（下）界. 当数集 E 既有上界又有下界时，称 E 为**有界集**. 如果 E 为有界集，则可以表述为：$\exists X>0$，使得对 $\forall x\in E$ 有 $|x|\leqslant X$；反之，若 E 不是有界集，则称它为无界集.

例 1 证明 $[0,1]$ 有界；$\mathbf{R}^+$ 无上界.

证 因为对任意的 $x\in[0,1]$，有 $0\leqslant x\leqslant 1$，故 $[0,1]$ 是有界的.

而对任意 $M>0$，存在 $M+1\in\mathbf{R}^+$，$M+1>M$，故任意 $M>0$ 都不是 $\mathbf{R}$ 的上界，所以 $\mathbf{R}^+$ 无上界.

由定义 1-2 不难看出，若一个数集有上界，则它必定有无穷多个上界，而在这无穷多个上界中，最受人们关注的是这些上界中最小的上界，我们称之为数集的**上确界**. 类似地，我们把有下界的数集的最大下界，称为该数集的**下确界**.

下面给出它们的精确定义：

定义 1-3 设 E 是非空数集，若 $\exists\alpha\in\mathbf{R}$，且满足：

（1）$\forall x\in E$，有 $x\leqslant\alpha$；

（2）$\forall\varepsilon>0$，$\exists x_0\in E$，有 $\alpha-\varepsilon<x_0$；

则称 α 是数集 E 的上确界，记作

$$\alpha=\sup E.$$

不难看出：（1）表明 α 是数集 E 的上界；（2）表明任何小于 α 的数 $\alpha-\varepsilon$ 都不是数集 E 的上界，即数集 E 的上确界 α 是数集 E 的最小的上界.

这里"sup"是 supremum 的缩写，我们用来表示"上确界".

类似地有：

定义 1-4 设 E 是非空数集，若 $\exists\beta\in\mathbf{R}$，且满足：

（1）$\forall x\in E$，有 $x\geqslant\beta$；

（2）$\forall\varepsilon>0$，$\exists x_0\in E$，有 $x_0<\beta+\varepsilon$；

则称 β 是数集 E 的下确界,记作

$$\beta = \inf E.$$

同样地:(1)表明 β 是数集 E 的下界;(2)表明任何大于 β 的数 $\beta+\varepsilon$ 都不是 E 的下界,即数集 E 的下确界 β 是数集 E 的最大的下界.

这里"inf"是 infimum 的缩写,我们用来表示"下确界".

例 2　证明 $\sup\left\{\left.\dfrac{n}{n+1}\right|n\in\mathbf{N}^+\right\}=1$;$\inf\left\{\left.\dfrac{n}{n+1}\right|n\in\mathbf{N}^+\right\}=\dfrac{1}{2}$.

证　事实上,$\forall n\in\mathbf{N}^+$,有 $\dfrac{n}{n+1}<1$;对于 $\forall\varepsilon>0$,$\exists n_0=1$,有 $1-\varepsilon<\dfrac{n_0}{1+n_0}$,我们只需取 $n_0>\dfrac{1}{\varepsilon}-1$,即

$$\sup\left\{\left.\frac{n}{n+1}\right|n\in\mathbf{N}^+\right\}=1;$$

$\forall n\in\mathbf{N}^+$,总有 $\dfrac{1}{2}\leqslant\dfrac{n}{n+1}$;对于 $\forall\varepsilon>0$,$\exists n_0=1$,有 $\dfrac{n_0}{n_0+1}=\dfrac{1}{2}<\dfrac{1}{2}+\varepsilon$,即

$$\inf\left\{\left.\frac{n}{n+1}\right|n\in\mathbf{N}^+\right\}=\frac{1}{2}.$$

由上面一些例子,我们容易看出:

(1) 有限数集必定存在上、下确界,它的上、下确界分别为该有限数集的最大数和最小数.

(2) 若数集 E 有上、下确界,则它的上、下确界可能属于 E(如 $\sup(-\infty,b]=b$),也可能不属于 E(如 $\sup\left(\left.\dfrac{n}{n+1}\right|n\in\mathbf{N}^+\right)=1$).

显然,无上(下)界的数集一定不存在上(下)确界,那么有上(下)界的数集是否一定存在上(下)确界呢?

关于数集确界的存在性问题,我们给出如下定理:

定理 1-1(确界定理)　若非空数集 E 有上(下)界,则数集 E 必存在上(下)确界.

例 3　设 A,B 为非空有界数集,$S=A\bigcup B$,证明:

(1) $\sup S=\max\{\sup A,\sup B\}$;

(2) $\inf S=\min\{\inf A,\inf B\}$.

证　(1) 因为 A,B 非空有界,所以 S 非空有界.根据确界定理,S 的上、下确界都存在.

一方面,$\forall x\in S$,有 $x\in A$ 或 $x\in B$,于是 $x\leqslant\sup A$ 或 $x\leqslant\sup B$,从而 $\leqslant\max\{\sup A,\sup B\}$,即 $\sup S\leqslant\max\{\sup A,\sup B\}$;

另一方面,$\forall x\in A$,有 $x\in S$,于是 $x\leqslant\sup S$,从而 $\sup A\leqslant\sup S$.

$\forall x\in B$,有 $x\in S$,于是 $x\leqslant\sup S$,从而 $\sup B\leqslant\sup S$.

所以有 $\sup S\geqslant\max\{\sup A,\sup B\}$;

综上所述有:$\sup S=\max\{\sup A,\sup B\}$.

(2) 同法可证:$\inf S=\min\{\inf A,\inf B\}$.

若把 $+\infty$ 和 $-\infty$ 补充到实数集中,并规定任一实数 a 与 $+\infty$,$-\infty$ 的关系如下:

$$a < +\infty, \quad a > -\infty, \quad -\infty < +\infty,$$

那么我们可以将确界定义加以推广：

若数集 S 无上界，则定义 $+\infty$ 为 S 的非正常上确界，记作

$$\sup S = +\infty.$$

若数集 S 无下界，则定义 $-\infty$ 为 S 的非正常下确界，记作

$$\inf S = -\infty.$$

在这样的定义下，我们同样可以将定理 1-1 加以扩充：

任一非空数集必有上（下）确界（正常的或非正常的）.

自然数集 $\mathbf{N}$ 仅有下确界，但没有上确界，可以表示为

$$\inf \mathbf{N} = 0, \quad \sup \mathbf{N} = +\infty.$$

1.3　函数

函数是数学中的一个基本概念，也是代数学里面最重要的概念之一. 函数是研究变量之间关系的数学方法. 本节将在中学数学关于函数学习的基础上，进一步讨论函数的严格定义、函数的类型、函数的特性和一些运算规则.

1.3.1　函数的定义

现代数学关于函数的定义有许多种，比如，代数定义、几何定义和映射定义等. 下面给出常规严格的代数定义.

定义 1-5　设 A 是非空数集. 若存在对应关系 $f(x)$，对 A 中任意数 $x(\forall x \in A)$，按照对应关系 $f(x)$，对应唯一一个 $y \in \mathbf{R}$，则称 $f(x)$ 是定义在 A 上的函数，表示为 $f: A \to \mathbf{R}$. 其中数 x 对应的数 y 称为 x 的函数值，表示为 $y = f(x)$，x 称为**自变量**，y 称为**因变量**. 数集 A 称为函数 $f(x)$ 的**定义域**，函数值的集合 $f(A) = \{f(x) \mid x \in A\}$ 称为函数 $f(x)$ 的**值域**.

关于函数的定义 1-5，需要做以下几点说明：

1. 函数的定义域和对应法则是函数的两个本质因素，所以我们常用 $y = f(x)$，$x \in A$ 表示一个函数. 函数 $f(x) = 1$，$x \in (-\infty, +\infty)$ 和 $g(x) = \dfrac{x}{x}$，$x \in (-\infty, 0) \bigcup (0, +\infty)$，由于对应法则和定义域不同，所以它们是两个不同的函数.

2. $x(\forall x \in A)$ 是函数的定义域，通常称 x 为自变量；对应的函数值的集合 $y = f(A) = \{f(x) \mid x \in A\}$ 称为函数 $f(x)$ 的值域，又称 y 为因变量.

3. 在函数定义中，对每一个 x，只能有唯一的 y 值与它对应，这种函数称为单值函数. 若允许同一个 x 值可以和多于一个的 y 值相对应，则称为多值函数. 在第六分册《复变函数论》中重点讨论多值函数.

4. 根据函数的定义，虽然函数都存在定义域，但是常常并不明确指出函数的定义域，这时认为函数的定义域是自明的，即定义域是使得函数 $y = f(x)$ 有意义的实数 x 的集合 $A = \{x \mid f(x) \in \mathbf{R}\}$. 对于具有实际意义的函数，它的定义域则要受实际意义的约束. 如球的体积 V 是半径 r 的函数 $V = \dfrac{4}{3}\pi r^3$，其中 $r \in [0, +\infty)$.

1.3.2　函数的表示法

函数除了通常的三种表示方法,即解析法、列表法、图像法之外,还有语言描述法.

有些函数在其定义域的不同部分用不同的解析式来表达,这样的函数我们称之为分段函数. 例如,函数

$$f(x)=\begin{cases}1, & x>0 \\ 0, & x=0 \\ -1, & x<0\end{cases}.$$

其含义如下:当 x 在 $(0,+\infty)$ 内取值,对应的函数值等于 1;当 $x=0$ 时,则 $f(0)=0$;当 $x\in(-\infty,0)$ 时,则 $f(x)=-1$. 我们将这样的函数称为符号函数,记作 $\mathrm{sgn}\, x$.

还有一些函数,它们无法用解析法、列表法或图像法表示,只能用言语来描述,如定义在 $\mathbf{R}$ 上的狄利克雷函数

$$D(x)=\begin{cases}1, & x\text{ 为有理数} \\ 0, & x\text{ 为无理数}\end{cases}$$

和定义在 $[0,1]$ 上的黎曼函数

$$R(x)=\begin{cases}\dfrac{1}{q}, & x=\dfrac{p}{q}\left(p,q\text{ 为正整数},\dfrac{p}{q}\text{ 为既约分数}\right), \\ 0, & x=0,1\text{ 和无理数}.\end{cases}$$

1.3.3　函数的四则运算

由定义 1-5,我们知道函数有三要素:定义域、对应关系、值域. 实质上当一个函数的定义域和对应关系确定时,它的值域也被唯一地确定,因此定义两个函数的相等和四则运算,只需同时考虑定义域和对应关系这两个要素即可.

给定两个函数 $f(x),x\in A$ 和 $g(x),x\in B$,记 $D=A\bigcap B$ 且 $D\neq\varnothing$. 现对 $f(x)$ 与 $g(x)$ 的相等以及 $f(x)$ 与 $g(x)$ 在 D 上的和、差、积的运算作如下规定:

(1) 若 $A=B$,且 $\forall x\in A$,有 $f(x)=g(x)$,则称函数 $f(x)$ 与 $g(x)$ 相等,表示为 $f(x)=g(x)$.

比如 $f(x)=x,x\in\mathbf{R}$ 与 $g(x)=x(\sin^2 x+\cos^2 x),x\in\mathbf{R}$. 虽然函数的解析式不同,但它们具有相同的定义域,并且对 $\forall x\in\mathbf{R}$,有

$$x=x(\sin^2 x+\cos^2 x),$$

于是,函数 $f(x)=x,x\in\mathbf{R}$ 与 $g(x)=x(\sin^2 x+\cos^2 x),x\in\mathbf{R}$ 相等.

相反地,对于函数 $f(x)=x+1$ 与 $g(x)=\dfrac{x^2-1}{x-1},x\in\mathbf{R}-\{1\}$. 虽然对 $\forall x\in\mathbf{R}-\{1\}$,有 $x+1=\dfrac{x^2-1}{x-1}$. 但是这两个函数的定义域不相等,于是 $f(x)\neq g(x)$.

(2) $F(x)=f(x)+g(x),x\in D$,

　　　$G(x)=f(x)-g(x),x\in D$,

　　　$H(x)=f(x)g(x),x\in D$.

若在 D 中剔除使 $g(x)=0$ 的 x 值,即当 $D^*=D-\{x\,|\,g(x)=0\}\neq\varnothing$ 时,还可以对

$f(x)$ 与 $g(x)$ 在 D^* 的商运算作出如下定义：

$$L(x) = \frac{f(x)}{g(x)}, \quad x \in D^*.$$

今后为叙述方便，我们常将 $f(x)$ 与 $g(x)$ 的和、差、积、商分别写作

$$f(x) + g(x), \quad f(x) - g(x), \quad f(x)g(x), \quad \frac{f(x)}{g(x)}.$$

1.3.4　复合函数

在有些实际问题中，自变量与因变量的函数关系是通过其他变量才建立起来的. 例如，函数

$$t = \ln y \quad 与 \quad y = x - 1.$$

经过中间变量 y 的传递生成新函数 $t = \ln(x-1)$，于是 t 又是 x 的函数. 仅对 $y = x - 1$ 来说，x 可取任意实数，但是对生成的新函数而言，此处必须要求 $y = x - 1 > 0$，即 $x > 1$. 此时我们将 $t = \ln(x-1)$ 称为函数 $t = \ln y$ 与 $y = x - 1$ 的**复合函数**.

下面给出复合函数的具体定义：

定义 1-6　设有两个函数 $y = f(u)$，$u \in D$ 与 $u = g(x)$，$x \in E$，若 G 是 E 中使 $u = g(x) \in D$ 的 x 的非空子集，即

$$G = \{x \mid g(x) \in D, x \in E\} \neq \varnothing,$$

则对每一个 $x \in G$，按照对应关系 g 对应唯一一个 $u \in D$，再按照对应关系 $f(u)$ 对应唯一一个 y. 这样就确定了一个定义在 G 上，以 x 为自变量，y 为因变量的函数. 记作

$$y = f[g(x)], \quad x \in G,$$

或

$$y = (f \cdot g)(x), \quad x \in G.$$

称为函数 $y = f(u)$，$u \in D$ 与 $u = g(x)$，$x \in E$ 的**复合函数**. 其中 $f(u)$ 称为**外函数**，$g(x)$ 称为**内函数**，u 为**中间变量**.

比如，由函数 $t = \sqrt{y}$ 与 $y = (x-1)(2-x)$ 生成的复合函数是

$$(f \cdot g)(x) = t = \sqrt{(x-1)(2-x)},$$

而此时复合函数的定义域由 $y \geq 0$ 确定，即 $\{x \mid (x-1)(2-x) \geq 0\}$. 于是，此复合函数的定义域为 $\{x \mid 1 \leq x \leq 2\}$.

当然，复合函数也可以由多个函数复合而成. 例如，由以下三个函数

$$y = \log_a u, \quad u \in (0, +\infty),$$

$$u = \sqrt{z}, \quad z \in [0, +\infty),$$

$$z = 1 - x^2, \quad x \in (-1, 1).$$

形成的复合函数为 $y = \log_a \sqrt{1-x^2}$，$x \in (-1, 1)$.

此外，我们不仅能将若干个简单函数生成为复合函数，而且还要善于将复合函数"分解"为若干个简单函数. 例如，函数 $y = \tan^5 \sqrt[3]{\lg \arcsin x}$ 是由五个简单函数 $y = u^5$，$u = \tan v$，$v = \sqrt[3]{w}$，$w = \lg t$，$t = \arcsin x$ 所生成的复合函数.

f 与 g 只是函数 f 与 g 的一种复合运算. 一般来说，$f \cdot g \neq g \cdot f$. 例如，设 $f(x) =$

$\sin x$，$g(x)=x^2$，则

$$(f\cdot g)(x)=\sin x^2\neq(\sin x)^2=(g\cdot f)(x),\quad\forall\,x\neq 0.$$

这说明函数的复合运算与实数的加、乘运算不同，它不满足交换律，但容易证明它满足结合律：

$$f\cdot(g\cdot h)=(f\cdot g)\cdot h.$$

1.3.5　反函数

定义 1-7　设函数 $y=f(x)$，$x\in A$. 若对于值域 $f(A)$ 中每一个 y_0，A 中有且只有一个值 x_0 和它对应，即 $f(x_0)=y_0$，则按此对应法则能得到一个定义在 $f(A)$ 上的函数，称这个函数为 $f(x)$ 的**反函数**，记作

$$f^{-1}:f(A)\to A,$$
$$x=f^{-1}(y),\quad y\in f(A).$$

关于定义 1-7 的理解，需注意：

（1）f^{-1} 是 f 的反函数，反之，f 也是函数 f^{-1} 的反函数. 此时称 f 与 f^{-1} 互为反函数，并且有

$$f^{-1}[f(x)]\equiv x,\quad x\in A \text{ 和 } f[f^{-1}(y)]\equiv y,y\in f(A).$$

（2）反函数 $x=f^{-1}(y)$ 的定义域和值域恰好是原函数的值域和定义域.

例如，函数 $y=2x+1$ 的定义域为 $\mathbf{R}$，值域也是 $\mathbf{R}$. $\forall\,y\in\mathbf{R}$（值域）对应 $\mathbf{R}$（定义域）中唯一个 x，即 $x=\dfrac{1}{2}(y-1)$，则 $y=2x+1$ 的反函数是 $x=\dfrac{1}{2}(y-1)$，$y\in\mathbf{R}$.

又如 $y=a^x(a>0,a\neq 1)$ 的定义域是 $\mathbf{R}$，值域是 $(0,+\infty)$，$\forall\,y\in(0,+\infty)$ 对应 $\mathbf{R}$ 中唯一个 $x=\log_a y$，则 $y=a^x(a>0,a\neq 1)$ 的反函数是 $x=\log_a y$，$y\in(0,+\infty)$.

实质上，并不是每一个函数都有反函数. 那么什么样的函数才有反函数呢？我们有下面的定理.

定理 1-2　若函数 $y=f(x)$ 在数集 A 严格增加（严格减少），则函数 $y=f(x)$ 存在反函数，且反函数 $x=f^{-1}(y)$ 在 $f(A)$ 也严格增加（严格减少）.

函数的严格单调仅是函数存在反函数的充分条件，而不是必要条件.

例如，如图 1-1 所示，函数

$$y=f(x)=\begin{cases}-x+1,&-1\leqslant x<0,\\ x,&0\leqslant x\leqslant 1.\end{cases}$$

显然该函数 $f(x)$ 在 $[-1,1]$ 上存在反函数

$$x=f^{-1}(y)=\begin{cases}y,&0\leqslant y\leqslant 1,\\ 1-y,&1<y\leqslant 2.\end{cases}$$

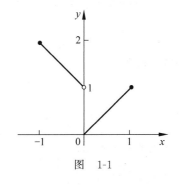

图　1-1

但在 $[-1,1]$ 上该函数不是单调函数.

另外，函数在其定义域上不一定有反函数，但是若将函数限定在定义域的某个子集上，它就可能存在反函数. 比如：

（1）$y=x^2$ 在定义域 $\mathbf{R}$ 上不存在反函数. 因为 $\forall\,y>0$，在定义域 $\mathbf{R}$ 上对应两个不同的

$x=\pm\sqrt{y}$,但若将 $y=x^2$ 限定在 $[0,+\infty)$ 上,它是严格增加的,由定理 1-2 可知,$y=x^2$,$x\in[0,+\infty)$ 存在反函数 $x=\sqrt{y}$,$y\in[0,+\infty)$.

(2) 三角函数 $y=\sin x$,$y=\cos x$ 在各自的定义域 $\mathbf{R}$ 上都不存在反函数,但若将 $y=\sin x$ 定义在 $\left[-\dfrac{\pi}{2},\dfrac{\pi}{2}\right]\subseteq\mathbf{R}$ 上,它是严格增加的,由定理 1-2 可知,它存在反函数 $x=\arcsin y$,$y\in[-1,1]$.同样地,将 $y=\cos x$ 定义在 $[0,\pi]\subseteq\mathbf{R}$ 上,它是严格减少的,则存在反函数 $x=\arccos y$,$y\in[-1,1]$.

在数学中,人们习惯用 x 表示函数的自变量,y 表示因变量.所以 $y=f(x)$ 的反函数 $x=f^{-1}(y)$,$y\in f(A)$ 常写作 $y=f^{-1}(x)$,$x\in f(A)$.而当函数 $y=f(x)$ 与其反函数 $x=f^{-1}(y)$ 在一起讨论时,为避免混淆,又常将其反函数表示为 $x=f^{-1}(y)$.

从图像上来看,函数 $y=f(x)$ 与它的反函数 $y=f^{-1}(x)$ 的图像关于直线 $y=x$ 对称.

1.3.6　初等函数

我们将常数函数 $y=c$(c 为常数)、幂函数 $y=x^\alpha$(α 为实数)、指数函数 $y=a^x$($a>0$,$a\neq1$)、对数函数 $y=\log_a x$($a>0$,$a\neq1$)、三角函数 $y=\sin x$、$y=\cos x$、$y=\tan x$、$y=\mathrm{ctan}x$ 与其反三角函数 $y=\arcsin x$、$y=\arccos x$、$y=\arctan x$、$y=\mathrm{arcctan}x$、双曲函数包含双曲正弦函数 $y=\sinh x=\dfrac{1}{2}(e^x-e^{-x})$、双曲余弦函数 $y=\cosh x=\dfrac{1}{2}(e^x+e^{-x})$、双曲正切函数 $y=\tanh x=\dfrac{\mathrm{sh}x}{\mathrm{ch}x}=\dfrac{e^x+e^{-x}}{e^x-e^{-x}}$、双曲余切函数 $y=\coth x=\dfrac{\mathrm{ch}x}{\mathrm{sh}x}=\dfrac{e^x-e^{-x}}{e^x+e^{-x}}$ 等七类函数统称为**基本初等函数**.而凡是由基本初等函数经过有限次四则运算以及有限次的复合运算所得到的函数,统称为**初等函数**.

双曲函数是由"母函数"$y=e^x$ 和 $y=e^{-x}$ 构成.

$y=\log_a\sqrt{x}$、$y=\dfrac{1+e^x}{\sqrt{1-x^2}}$,以及多项式函数 $p_n(x)=a_0+a_1x+a_2x^2+\cdots+a_nx^n$,$x\in(-\infty,+\infty)$ 等也都是初等函数.

凡不是初等函数的函数,被称为非初等函数.比如,狄利克雷函数

$$D(x)=\begin{cases}1,&x\text{ 为有理数}\\0,&x\text{ 为无理数}\end{cases}$$

和符号函数

$$\mathrm{sgn}x=\begin{cases}1,&x>0\\0,&x=0\\-1,&x<0\end{cases}$$

等都是非初等函数.

1.4　函数的性质

函数的性质通常是指函数的定义域、值域、解析式、有界性、单调性、奇偶性、周期性和凸性等,其中一些性质可以通过图像直观地显示出来,下面具体讨论.

1.4.1　函数的有界性

定义 1-8　设 $f(x)$ 为定义在 A 上的函数,若存在数 M,对每一个 $x \in A$ 都有
$$f(x) \leqslant M \quad (f(x) \geqslant M),$$
则称 $f(x)$ 为 A 上有上(下)**界函数**,M 称为 $f(x)$ 的一个上(下)界.

根据定义,若 M 为 $f(x)$ 的上(下)界,则任何大(小)于 M 的数也是 $f(x)$ 在 A 上的上(下)界.

类似地,设 $f(x)$ 为定义在 A 上的函数,若对每一个数 M(无论 M 多大),都存在数 $x_0 \in A$,使得 $f(x_0) > M$,则称 $f(x)$ 为 A 上无上界函数.

定义 1-9　设 $f(x)$ 为定义在 A 上的函数,若存在正数 M,对每一个 $x \in A$ 都有
$$|f(x)| \leqslant M,$$
则称 $f(x)$ 为 A 上有界函数.

根据定义 1-9,$f(x)$ 为 A 上有界函数,意味着 $f(x)$ 为 A 上既有上界又有下界,它的图像完全落在以直线 $y = M$ 与 $y = -M$ 为边界的带形区域内,$y = |M|$ 不一定与曲线相切.

如正弦函数 $y = \sin x$ 和余弦函数 $y = \cos x$ 对每一个 $x \in \mathbf{R}$,都有
$$|\sin x| \leqslant 1 \text{ 和 } |\cos x| \leqslant 1,$$
所以它们都是有界函数.

1.4.2　函数的单调性

定义 1-10　设函数 $f(x)$ 在数集 A 有定义.若 $\forall x_1, x_2 \in A$,且 $x_1 < x_2$,有
$$f(x_1) \leqslant f(x_2) \quad (f(x_1) \geqslant f(x_2)),$$
则称函数 $f(x)$ 为 A 上的**递增(减)函数**.

若将上述不等式改为 $f(x_1) < f(x_2)(f(x_1) > f(x_2))$,则称函数 $f(x)$ 为 A 上的严格递增(减)函数.

定义 1-11　递增与递减函数统称为**单调函数**.

比如,函数 $y = x^3$ 在 $(-\infty, +\infty)$ 上是严格递增函数.即当 $x_1 < x_2$ 时,有 $x_1^3 < x_2^3$. 而函数 $y = x^2$ 在 $(-\infty, 0)$ 上是递减的,在 $(0, +\infty)$ 上是递增的,所以整个定义域 $(-\infty, +\infty)$ 上不具有单调性.

根据定理 1-2,即严格单调函数必有反函数,由此我们有如下定理.

定理 1-3　严格递增(减)函数的反函数也必是严格递增(减)的.

1.4.3　函数的周期性

定义 1-12　设 $f(x)$ 为定义在数集 A 上的函数,若 $\exists l > 0$,$\forall x \in A$,有 $x \pm l \in A$,且 $f(x \pm l) = f(x)$,则称函数 $f(x)$ 是**周期函数**,l 为 $f(x)$ 的一个**周期**.

若 l 为 $f(x)$ 的周期,则 $2l, 3l, \cdots, nl(n$ 是正整数$)$ 也是 $f(x)$ 的周期.若在 $f(x)$ 的所有周期中有一个最小的正周期,则称这个周期为 $f(x)$ 的基本周期,简称为周期.

比如,$y = \sin x$ 的周期为 2π,$y = \tan x$ 的周期为 π.

1.4.4 函数的奇偶性

定义 1-13 设 A 为对称于原点的数集,$f(x)$ 是定义在 A 上的函数,若对每一个 $x \in A$(这时也有 $-x \in A$),都有

$$f(-x) = -f(x) \quad (f(-x) = f(x)),$$

则称 $f(x)$ 为 A 上的**奇(偶)函数**.

比如,函数 $f(x) = c$ 是偶函数,当 $c = 0$ 时,它也是奇函数;又比如,函数 $f(x) = \sin x$ 和 $f(x) = \cos x$ 分别为 **R** 上的奇函数和偶函数.因 $\sin(-x) = -\sin x$,$\cos(-x) = \cos x$,所以 $f(x) = \sin x + \cos x$ 既不是奇函数,也不是偶函数.

从图像上来看,奇函数的图像关于原点对称,偶函数的图像关于 y 轴对称.

1.4.5 基本初等函数的图像

1. 常数函数 $y = c$(c 为常数)为一条直线,如图 1-2 所示.
2. 幂函数 $y = x^{\alpha}$(α 为实数),如图 1-3 所示.

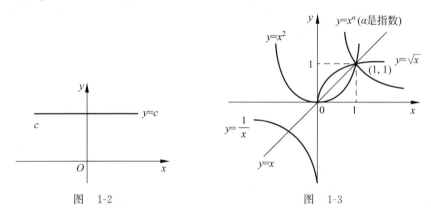

图 1-2   图 1-3

3. 指数函数 $y = a^x$($a > 0, a \neq 1$),如图 1-4 所示.
4. 对数函数 $y = \log_a x$($a > 0, a \neq 1$),如图 1-5 所示.

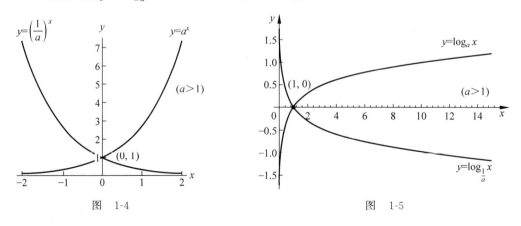

图 1-4   图 1-5

5. 三角函数:$y = \sin x$ 是奇函数,如图 1-6 所示;$y = \cos x$ 是偶函数,如图 1-7 所示;$y = \tan x$ 是奇函数,如图 1-8 所示.

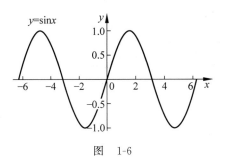

图　1-6

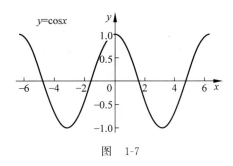

图　1-7

6. 反三角函数 $y=\arcsin x$ 是奇函数,如图 1-9 所示;$y=\arccos x$ 是偶函数,如图 1-10 所示;$y=\arctan x$ 是奇函数,如图 1-11 所示.

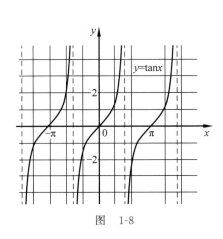

图　1-8

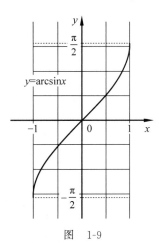

图　1-9

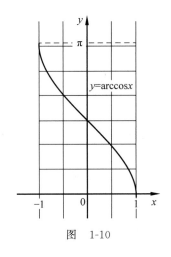

图　1-10

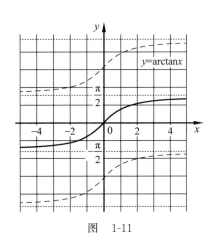

图　1-11

7. 双曲正弦函数 $y=\sinh x=\dfrac{1}{2}(\mathrm{e}^x-\mathrm{e}^{-x})$ 是奇函数,如图 1-12 所示;双曲余弦函数 $y=\cosh x=\dfrac{1}{2}(\mathrm{e}^x+\mathrm{e}^{-x})$ 是偶函数,如图 1-13 所示;

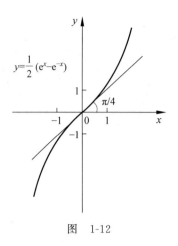

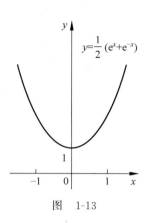

图 1-12

图 1-13

双曲正切函数 $y = \tanh x = \dfrac{\sinh x}{\cosh x} = \dfrac{e^x - e^{-x}}{e^x + e^{-x}}$ 是奇函数，如图 1-14 所示；

双曲余切函数 $y = \coth x = \dfrac{\cosh x}{\sinh x} = \dfrac{e^x + e^{-x}}{e^x - e^{-x}}$ 是偶函数，如图 1-15 所示.

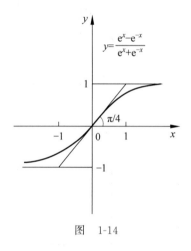

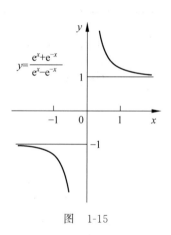

图 1-14

图 1-15

双曲函数"母函数" $y = e^x$ 和 $y = e^{-x}$ 的图像如图 1-16 所示.

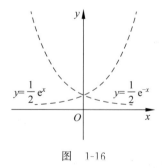

图 1-16

小结与复习

一、主要内容

1. 数集含义与数域的定义
2. 区间、邻域和有界集及其确界定理
3. 函数的定义
4. 初等函数及其性质

二、主要结论与方法

1. 数集与数域的应用
2. 确界定理及其证明方法
3. 两个重要的不等式的证明方法及应用
4. 初等函数的构成、性质和图像

三、基本要求

1. 理解数集与数域及其性质
2. 掌握区间、邻域和有界集及其确界定理
3. 掌握函数的定义
4. 理解初等函数的性质
5. 会用两个重要的不等式
6. 掌握初等函数的图像及其规律

数学家简介　英国自然哲学家：牛顿

艾萨克·牛顿(Isaac Newton,1643—1727),英国伟大的物理学家和数学家。牛顿在自然科学领域里做出了奠基性的贡献,堪称科学巨匠,被誉为伟大的自然哲学家、百科全书式的"全才"。

牛顿童年非常不幸,其父在其出生之前就去世了,他还是个早产儿。3岁时,其母亲改嫁,牛顿跟着祖父母过着孤苦贫困的生活。牛顿中小学期间并没有显示出特殊的才能,但是,他学习勤奋,刻苦钻研伽利略、开普勒和笛卡儿等科学大师的著作。

在数学领域,微积分的创立是牛顿最卓越的数学成就。为解决定量描述物理运动状态变化问题,如运动曲线的切线问题、广义的面积问题(开普勒第二定律)、瞬时速度问题以及函数的极大值和极小值问题等,牛顿采用"流数术"的方法。他超越了前人,对以往关于无限小和不规则等问题的分散的结论加以综合,将自古希腊以来求解无限小问题的各种技巧统一为两类普通的算法——创立了微分和积分的运算规则,并确立了这两类运算的互逆关系,从而完成了微积分发明中最关键的一步,与德国伟大的数学家莱布尼茨共同完成微积分理论的建立,为近代科学的发展提供

了最有效的工具。

在物理学领域,牛顿运动三定律和万有引力定律是牛顿最卓越的物理学成就,由此奠定了经典物理学和现代天文学的理论基础。他还系统地研究了热学领域的冷却定律。牛顿在光学领域发明了反射望远镜,并成功地完成了三棱镜对白光的散射实验,弄清楚了可见光的光谱成分。基于物理学划时代的成就,牛顿被誉为"物理学之父"。但是他提出的"光的粒子说及其解释"却是错误的;他在经典力学领域提出的绝对时空观及其"超距"宇宙观点的推论,只适用于低速宏观条件下的机械运动。

1687年,牛顿的巨作《自然哲学的数学原理》的出版,极大地推动了近代科学革命。他的经典物理学成就,特别是万有引力定律和哥白尼的日心说不仅展示了地面物体与天体的运动都遵循着相同的自然定律,奠定了现代天文学的理论基础,使人类在17世纪消除了对太阳中心说的最后一丝疑虑;使人类的科学思维水平发生质的飞跃。直到今天,人造地球卫星、火箭、宇宙飞船的发射升空和运行轨道的计算都仍以牛顿的物理学理论作为理论根据。在2005年,英国皇家学会进行了一场名为"谁是科学史上最有影响力的人"的民意调查,牛顿被认为比爱因斯坦更具影响力。

思考与练习

一、思考题

1. 数集与数域的区别与联系是什么?

2. 为什么要对数集及其确界进行严格的定义?

3. 什么是第一次数学危机?简述第一次数学危机的解决及其意义.

4. "邻域"概念的本质属性是什么?

5. 高等数学(数学分析)对函数的定义与初等数学(中学数学)有什么不同?

6. 函数有哪几种表示方法?各自的特点是什么?

7. 什么是初等函数?

8. 关于基本初等函数的性质,哪些在初等数学(中学数学)中是没有的?

二、作业必做题

1. 证明两个重要的不等式

(1) 平均值不等式:设 $x_1, x_2, \cdots, x_n$ 为 n 个正实数,则 $\sqrt[n]{x_1 x_2 \cdots x_n} \leqslant \dfrac{1}{n}(x_1 + x_2 + \cdots + x_n)$,其中 $\sqrt[n]{x_1 x_2 \cdots x_n}$ 和 $\dfrac{1}{n}(x_1 + x_2 + \cdots + x_n)$ 分别称为 n 个正实数的几何平均数与算术平均数.

(2) 伯努利不等式:设 $h > -1$,n 为自然数,则有 $(1+h)^n \geqslant 1+nh$,此不等式可用中学数学中的数学归纳法加以证明.

2. 证明 $\sup\{1,2,3,4,5,6\} = 6$,$\inf\{1,2,3,4,5,6\} = 1$.

3. 证明 $\sup(-\infty, a] = a$,$\inf(b, +\infty) = b$.

4. 论述函数的三要素.

5. 求函数 $f(x)=\sqrt{16-x^2}+\ln\sin x$ 的定义域.

6. 由函数 $t=\sqrt{y}$ 与 $y=(x-1)(2-x)$ 生成的复合函数是什么形式?

7. 函数 $y=2x+1$ 的定义域为 $\mathbf{R}$,值域也是 $\mathbf{R}$. $\forall y\in\mathbf{R}$(值域)对应 $\mathbf{R}$(定义域)中唯一一个 x,即 $x=\dfrac{1}{2}(y-1)$,写出反函数.

8. 证明:严格单调增加的连续函数的反函数也是严格单调增加的.

9. 讨论当 $\alpha=-1,\dfrac{1}{2},1,2$ 时,幂函数 $y=x^\alpha$ 图像的特点.

10. 作出 $y=\tan x$ 及其反函数 $y=\arctan x$ 的图像.

第2章

函数的极限与连续性

代数学本身无法处理"无限"问题,但是,我们又必须研究"无限"问题.所以为了要运用代数方法处理无限的量,精心构造了"极限"的概念.从方法论角度,高等数学区别于初等数学的显著标志就是用极限的方法来研究函数.在现代的数学分析理论中,几乎所有基本概念(连续、微分、积分)都是建立在极限概念的基础之上的.

2.1 数列的极限

由中学数学已经知道,数列可以看作定义域为正整数集或它的有限子集的函数,当自变量从小到大依次取值时,其对应的是一列函数值,所以,数列可以看成是一种最简单形式的函数.而数列中我们最关心的是数列的收敛问题以及数列的极限.下面通过我国古代数学家论述的实例,认识数列的这两方面含义.

2.1.1 数列的定义

《庄子·杂篇·天下》有一道哲学辩论题:"一尺之棰,日取其半,万世不竭."意思是说一根长为一尺的木棒,每天截去一半,这样的过程可以无限地进行下去.把这个例子"翻译"成数学模型,就是如下变化规律的一系列数:

$$\frac{1}{2}, \frac{1}{2^2}, \frac{1}{2^3}, \cdots, \frac{1}{2^n}, \cdots$$

"日取其半"就是构成了"数列","万世不竭"就是这个"数列"的"极限"问题.类似变化规律的一系列数有许多,比如:

$$\frac{1}{2}, \frac{2}{3}, \frac{3}{4}, \cdots, \frac{n}{n+1}, \cdots$$

$$1, -1, 1, \cdots, (-1)^{n+1}, \cdots$$

$$2, \frac{1}{2}, \frac{4}{3}, \cdots, \frac{n+(-1)^{n-1}}{n}, \cdots$$

由此我们给出数列概念的严格定义.

定义 2-1 如果按照一定的变化规律,对每一个 $n \in \mathbf{N}^+$,对应着一个确定的实数 a_n,这些实数 a_n 按照下标 n 从小到大排列成一个序列

$$a_1, a_2, a_3, \cdots, a_n, \cdots$$

就称其为**数列**,记为数列$\{a_n\}$.数列中的每一个数叫做数列的项,第 n 项 a_n 叫做数列的**一般项**或**通项**.

对于比较简单的数列,从通项中可以得出数列的变化规律和变化趋势.比如,数列$\left\{\dfrac{1}{2^n}\right\}$的通项将随着 n 的无限增大而逐渐地接近于常数 0.我们通常将具有这种特性的数列称为**收敛数列**,0 叫做该数列的**极限**.容易看出,1 是数列$\left\{\dfrac{n}{n+1}\right\}$的极限;但是,数列$\{(-1)^{n+1}\}$和数列$\left\{\dfrac{n+(-1)^{n-1}}{n}\right\}$的极限就不容易直接求出.所以必须对数列的收敛的特性进行定义.

2.1.2 数列极限的定义

数列中我们最关心的是收敛数列以及它的极限.

定义 2-2 设$\{a_n\}$是一数列,a 为常数.若对任意给定的 $\varepsilon>0$,总存在某个自然数 N,使得当 $n>N$ 时,都有 $|a_n-a|<\varepsilon$,称数列$\{a_n\}$**收敛**于 a,a 为它的极限,记作

$$\lim_{n\to\infty}a_n=a,$$

读作"当 n 趋于无穷大时,a_n 趋于 a",也可记作 $a_n\to a\,(n\to\infty)$.极限存在的数列称为**收敛数列**.

若数列$\{a_n\}$不存在极限,则称这个数列不收敛或数列$\{a_n\}$**发散或是发散数列**.

数列$\{a_n\}$的极限是 a,用逻辑符号可简要表示为:

$\lim\limits_{n\to\infty}a_n=a$ 等价于 $\forall\varepsilon>0$,$\exists N\in\mathbf{N}^+$,$\forall n>N$,有 $|a_n-a|<\varepsilon$ 成立.

这便是数列极限 $\varepsilon\text{-}N$ 定义法,俗称"$\varepsilon\text{-}N$ 语言",要会应用,而且要熟练掌握.它由数学家柯西(Cauchy)给出,以后我们将经常使用极限的 $\varepsilon\text{-}N$ 定义.

下面举例说明怎样运用数列的"$\varepsilon\text{-}N$ 语言"定义来验证数列的极限.

例 1 证明 $\lim\limits_{n\to\infty}\dfrac{n}{n+3}=1$.

证 任意 $\varepsilon>0$,要使不等式

$$\left|\frac{n}{n+3}-1\right|=\frac{3}{n+3}<\varepsilon,$$

成立,则 $N>n=\dfrac{3}{\varepsilon}-3$.

取 $N=\left[\dfrac{3}{\varepsilon}\right]+1$,其中$[x]$表示 x 的整数部分,于是

$$\forall\varepsilon>0,\quad\exists N=\left[\frac{3}{\varepsilon}\right]+1\in\mathbf{N}^+,\quad\forall n>N,$$

有

$$\left|\frac{n}{n+3}-1\right|=\frac{3}{n+3}<\varepsilon,$$

即

$$\lim_{n\to\infty}\frac{n}{n+3}=1.$$

2.1.3 收敛数列的性质

下面以定理的形式给出收敛数列的性质.

定理 2-1（唯一性） 若数列 $\{a_n\}$ 收敛，则它的极限唯一.

证 假如 a 与 b 都是数列 $\{a_n\}$ 的极限，则由极限的定义可知，对任给的 $\varepsilon>0$，必定分别存在正数 N_1、N_2，使得

当 $n>N_1$ 时，有 $|a_n-a|<\varepsilon$ 成立；

当 $n>N_2$ 时，有 $|a_n-b|<\varepsilon$ 成立；

则取 $N=\max\{N_1,N_2\}$，利用三角不等式，那么当 $n>N$ 时，就有

$$|a-b|=|(a_n-b)-(a_n-a)|\leqslant|a_n-b|+|a_n-a|<\varepsilon+\varepsilon=2\varepsilon.$$

由于 ε 可以任意接近于 0，即知 $a=b$. 从而收敛数列 $\{a_n\}$ 的极限是唯一的.

定理 2-2（有界性） 若数列 $\{a_n\}$ 收敛，则数列 $\{a_n\}$ 为**有界数列**. 即 $\exists M>0$，使得对一切 $n\in\mathbf{N}^+$，有 $|a_n|\leqslant M$.

证 设 $\lim\limits_{n\to\infty}a_n=a$，取 $\varepsilon=1$，由极限定义，$\exists n\in\mathbf{N}$，$\forall n>N$，有

$$|a_n-a|<1 \text{ 成立},$$

即

$$a-1<a_n<a+1.$$

取 $M=\max\{|a_1|,|a_2|,\ldots,|a_N|,|a-1|,|a+1|\}$，则对 $\forall n\in\mathbf{N}^+$，有 $|a_n|\leqslant M$，即数列 $\{a_n\}$ 有界.

定理 2-2 的逆命题是：若数列 $\{a_n\}$ 无界，则数列 $\{a_n\}$ 发散. 它们是等价命题.

数列有界仅是数列收敛的必要条件. 换句话说，数列有界未必收敛. 例如，数列 $\{(-1)^n\}$ 有界，但它发散.

定理 2-3（夹逼定理） 若设数列 $\{a_n\}$，$\{c_n\}$ 为收敛数列，且 $\lim\limits_{n\to\infty}a_n=\lim\limits_{n\to\infty}c_n=a$. 若存在某个自然数 N_0 时，当 $n>N_0$，有 $a_n\leqslant b_n\leqslant c_n$，则 $\lim\limits_{n\to\infty}b_n=a$.

该定理告诉我们，若两个数列"夹着一个数列"共同趋于一个极限，则夹着的数列也必定趋于这个极限. 因此，在以后求一些数列极限时，可适当构造两个数列，只要这两个数列夹着的原数列趋于一个共同的极限，那么就可得到原数列的极限.

例 2 求 $\lim\limits_{n\to\infty}(\sqrt{n+1}-\sqrt{n})$.

解 因为 $\sqrt{n+1}-\sqrt{n}=\dfrac{1}{\sqrt{n+1}+\sqrt{n}}>0$.

不妨取 $a_n=0$，$b_n=\dfrac{1}{\sqrt{n+1}+\sqrt{n}}$，$c_n=\dfrac{1}{\sqrt{n}}$，显然有

$$a_n\leqslant b_n\leqslant c_n,$$

且 $\lim\limits_{n\to\infty}a_n=\lim\limits_{n\to\infty}c_n=0$，由定理 2-3 可知

$$\lim\limits_{n\to\infty}b_n=\lim\limits_{n\to\infty}(\sqrt{n+1}-\sqrt{n})=0.$$

2.2 函数的极限

函数的极限是数学分析的微积分理论中最基本的概念之一,微分和导数等概念都是在函数极限的严格定义的基础上完成的.

2.2.1 函数极限的定义

第 2.1 节我们讨论了数列的极限,现在来讨论函数的极限.对于函数 $y=f(x)$ 的极限,我们讨论的问题是:当自变量趋于某个点 a 时,因变量 y 是否相应地趋于某个对应的定值 A.

先看这样一个问题:求抛物线 $y=2x^2$ 在其上一点 $P(1,2)$ 处的切线方程.

由解析几何知,曲线在点 P 的切线是过点 P 的割线 PQ,当点 Q 沿曲线无限接近于点 P 时的极限位置,如图 2-1 所示.设过点 $P(1,2)$ 的切线斜率是 k,其切线方程就是

$$y-2=k(x-1).$$

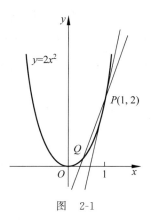

图 2-1

怎样求切线斜率 k 呢? 在抛物线 $y=2x^2$ 上点 P 附近任取一点 Q,设点 Q 的横坐标是 $x(x\neq1)$,则点 Q 的坐标是 $Q(x,2x^2)$.已知割线 PQ 的斜率

$$k_1=\frac{y-2}{x-1}=\frac{2x^2-2}{x-1}.$$

因为点 Q 不同于点 P,即 $x\neq1$,所以

$$k_1=\frac{2x^2-2}{x-1}=\frac{2(x+1)(x-1)}{x-1}=2(x+1).$$

若点 Q 沿抛物线 $y=2x^2$ 无限趋近于点 P,即当 x 无限趋近于 1 时,割线 PQ 的斜率 $k_1=\frac{2x^2-2}{x-1}=2(x+1)$ 无限趋近于 4,此时过点 P 的切线斜率 $k=4$ 就是函数 $\frac{2x^2-2}{x-1}$ 的"极限"(当 x 无限趋近于 1 时).于是,过点 P 的切线方程是

$$y-2=4(x-1)\text{ 或 }4x-y-2=0.$$

下面给出一般的函数 $f(x)$(当 $x\rightarrow x_0$ 时)的极限定义:

定义 2-3 设函数 $f(x)$ 在点 x 的某个去心邻域 $U^\circ(x_0)$ 内有定义,A 是某个常数.若对 $\forall\varepsilon>0,\exists\delta>0$,对于 $\forall x$:使得 $0<|x-x_0|<\delta$ 成立,则有

$$|f(x)-A|<\varepsilon.$$

则称 $f(x)$ 当 x 趋于 x_0 时极限存在,且以 A 为极限,记作

$$\lim_{x\rightarrow x_0}f(x)=A\text{ 或 }f(x)\rightarrow A(x\rightarrow x_0).$$

这一定义亦被称为函数在一点极限的 ε-δ 定义.

定义中只要求函数 $f(x)$ 在 x_0 的某一去心邻域有意义,这里"去心"的含义即是不考虑 $f(x)$ 在点 x_0 处的函数值是否有定义.换句话说 $f(x)$ 在点 x_0 处的极限仅与函数 $f(x)$ 在 x_0 附近的 x 的函数值的变化有关,而与 $f(x)$ 在 x_0 的情况无关.

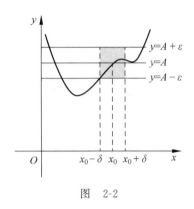

图　2-2

按照定义 2-3，函数极限的几何意义是：在平面直角坐标系 xOy 的 y 轴上取以 A 为中心，ε 为半径的一个开区间 $(A-\varepsilon, A+\varepsilon)$，在 x 轴上存在一个以 x_0 为中心，δ 为半径的开区间 $(x_0-\delta, x_0+\delta)$，对位于 $(x_0-\delta, x_0+\delta)$ 的任意 x，所对应的函数值都落在 $(A-\varepsilon, A+\varepsilon)$ 所表示的带形区域之内．点 $(x_0, f(x_0))$ 可能例外或无意义，因为定义 2-3 只要求"函数 $f(x)$ 在点 x 的某个去心邻域 $U^{\circ}(x_0)$ 内有定义"，如图 2-2 所示．

2.2.2　函数单侧极限的定义

有些函数在其定义域上某些点处，它的左侧与右侧所用的表示其对应法则的解析式不同（如分段函数），或函数仅在其某一侧有定义，这时函数在这些点上的极限问题只能单侧地加以讨论．

定义 2-4　设函数 $f(x)$ 在 a 右侧（左侧）有定义，A 是常数．若对 $\forall \varepsilon>0, \forall \delta>0, \forall x$：使得 $a<x<a+\delta (a-\delta<x<a)$ 成立，则有

$$|f(x)-A|<\varepsilon,$$

则称函数 $f(x)$ 在 x 趋于 $a^+(a^-)$ 时右（左）极限存在，并以 A 为右（左）极限，记作

$$\lim_{x\to a^+} f(x)=A \text{ 或 } f(a^+)=A,$$

$$\lim_{x\to a^-} f(x)=A \text{ 或 } f(a^-)=A.$$

关于函数 $f(x)$ 在 $x\to a$ 时的极限与它在点 a 的左、右极限之间的关系有如下定理．

定理 2-4　$\lim\limits_{x\to a} f(x)=A$，等价于 $\lim\limits_{x\to a^+} f(x)=\lim\limits_{x\to a^-} f(x)=A$．

证　必要性．已知 $\lim\limits_{x\to a} f(x)=A$，即 $\forall \varepsilon>0, \exists \delta>0, \forall x$：使得

$$0<|x-a|<\delta$$

成立 $(0<|x-a|<\delta \Leftrightarrow a-\delta<x<a \text{ 与 } a<x<a+\delta)$，即

$$a-\delta<x<a \text{ 与 } a<x<a+\delta,$$

则有

$$|f(x)-A|<\varepsilon,$$

即

$$\lim_{x\to a^+} f(x)=\lim_{x\to a^-} f(x)=A.$$

充分性．已知 $\lim\limits_{x\to a^+} f(x)=\lim\limits_{x\to a^-} f(x)=A$，即对

$$\forall \varepsilon>0, \begin{cases} \exists \delta_1>0, & \forall x: a-\delta_1<x<a \\ \exists \delta_2>0, & \forall x: a<x<a+\delta \end{cases}$$

成立，则有 $\qquad |f(x)-A|<\varepsilon.$

取 $\delta=\min\{\delta_1, \delta_2\}$，于是 $\forall \varepsilon>0, \exists \delta>0, \forall 0<|x-a|<\delta$，有

$$|f(x)-A|<\varepsilon,$$

即
$$\lim_{x \to a} f(x) = A.$$

定理 2-4 不仅可以用于说明所讨论的函数极限是否等于 A,而且也常用来证明某些函数极限的不存在.如函数

$$f(x) = \begin{cases} x^2, & x \geqslant 0 \\ x, & x < 0 \end{cases}$$

在 $x \to 0^+$ 和 $x \to 0^-$ 时,$f(x) = 0$,即 $\lim_{x \to 0^+} f(x) = \lim_{x \to 0^+} x^2 = 0$ 和 $\lim_{x \to 0^-} f(x) = \lim_{x \to 0^-} x = 0$,则

$$\lim_{x \to 0} f(x) = 0.$$

而像符号函数 $f(x) = \text{sgn} x = \begin{cases} 1, & x > 0 \\ 0, & x = 0 \\ -1, & x < 0 \end{cases}$,在 $x \to 0^+$ 和 $x \to 0^-$ 时分别有

$$\lim_{x \to 0^+} f(x) = \lim_{x \to 0^+} 1 = 1 \text{ 和 } \lim_{x \to 0^-} f(x) = \lim_{x \to 0^-} (-1) = -1,$$

故 $\lim_{x \to 0} \text{sgn} x$ 不存在.

下面通过具体的实例说明怎样应用 ε-δ 定义求得函数的极限.

例 1 证明 $\lim_{x \to 1} (2x + 3) = 5$.

证 $\forall \varepsilon > 0$,使不等式

$$|(2x + 3) - 5| = 2|x - 1| < \varepsilon$$

成立,解得

$$|x - 1| < \frac{\varepsilon}{2},$$

取 $\delta = \dfrac{\varepsilon}{2}$,于是,$\forall \varepsilon > 0$,$\exists \delta = \dfrac{\varepsilon}{2} > 0$,$\forall 0 < |x - 1| < \delta$ 时,有

$$|(2x + 3) - 5| < \varepsilon,$$

即

$$\lim_{x \to 1} (2x + 3) = 5.$$

例 2 证明 $\lim_{x \to 0} x \sin \dfrac{1}{x} = 0$.

证 根据三角函数的性质,对任意满足 $\{x \mid x \neq 0\}$ 的 x,有

$$\left| \sin \frac{1}{x} \right| \leqslant 1,$$

则 $\forall \varepsilon > 0$,使不等式

$$\left| x \sin \frac{1}{x} - 0 \right| = \left| x \sin \frac{1}{x} \right| \leqslant |x| < \varepsilon,$$

成立,取 $\delta = \varepsilon$,于是 $\forall \varepsilon > 0$,$\exists \delta = \varepsilon > 0$,$\forall x: 0 < |x - 0| < \delta$,有

$$\left| x \sin \frac{1}{x} - 0 \right| < \varepsilon,$$

即

$$\lim_{x \to 0} x \sin \frac{1}{x} = 0.$$

2.2.3 函数极限的性质与四则运算法则

函数极限的许多性质、四则运算都与数列极限有类似之处.

定理 2-5（唯一性） 若函数 $f(x)$ 在点 a 存在极限，则它的极限是唯一的.

定理 2-6（局部有界性） 若函数 $f(x)$ 在点 a 有极限，则在点 a 的某去心邻域内有界. 即若 $\lim\limits_{x \to a} f(x) = A$，则 $\exists M > 0, \exists \delta_0 > 0, \forall 0 < |x-a| < \delta_0$，有

$$|f(x)| \leqslant M.$$

证 已知 $\lim\limits_{x \to a} f(x) = A$，即 $\exists \varepsilon_0 > 0, \exists \delta_0 > 0, \forall 0 < |x-a| < \delta_0$，有 $|f(x) - A| < \varepsilon_0$. 从而，$\forall 0 < |x-a| < \delta_0$，有

$$f(x)| = |f(x) - A + A| \leqslant |f(x) - A| + |A| < |A| + \varepsilon_0,$$

于是，$\exists M = |A| + \varepsilon_0 > 0, \exists \delta_0 > 0, \forall x: 0 < |x-a| < \delta_0$，有

$$|f(x)| \leqslant M.$$

定理 2-7（局部保序性） 若 $\lim\limits_{x \to a} f(x) = A, \lim\limits_{x \to a} g(x) = B$，且 $A > B$，则存在 $\delta > 0$，当 $0 < |x-a| < \delta$ 时成立，则有

$$f(x) > g(x).$$

定理 2-8（四则运算法则） 若极限 $\lim\limits_{x \to a} f(x)$ 与 $\lim\limits_{x \to a} g(x)$ 都存在，则函数 $f(x) \pm g(x)$ 和 $f(x) \cdot g(x)$ 在 $x \to a$ 时极限也存在，且

(1) $\lim\limits_{x \to a} [f(x) \pm g(x)] = \lim\limits_{x \to a} f(x) \pm \lim\limits_{x \to a} g(x)$；

(2) $\lim\limits_{x \to a} [f(x) \cdot g(x)] = \lim\limits_{x \to a} f(x) \cdot \lim\limits_{x \to a} g(x)$；

又若 $\lim\limits_{x \to a} g(x) \neq 0$，则 f/g 在 $x \to a$ 时极限也存在，且有

(3) $\lim\limits_{x \to a} \dfrac{f(x)}{g(x)} = \dfrac{\lim\limits_{x \to a} f(x)}{\lim\limits_{x \to a} g(x)}$.

这个定理的证明请读者作为练习自行完成.

利用函数极限的四则运算法则，我们可以从几个简单的函数极限出发，计算较复杂函数的极限.

例 3 求 $\lim\limits_{x \to \frac{\pi}{4}} (x \tan x - 1)$.

解 由于 $x \tan x - 1 = \dfrac{x \sin x}{\cos x} - 1$ 及前面的结论 $\lim\limits_{x \to a} = c, \lim\limits_{x \to a} x = a$，按四则运算法则有

$$\lim_{x \to \frac{\pi}{4}} (x \tan x - 1) = \frac{\lim\limits_{x \to \frac{\pi}{4}} x \lim\limits_{x \to \frac{\pi}{4}} \sin x}{\lim\limits_{x \to \frac{\pi}{4}} \cos x} - \lim_{x \to \frac{\pi}{4}} 1 = \frac{\frac{\pi}{4} \cdot \frac{\sqrt{2}}{2}}{\frac{\sqrt{2}}{2}} - 1 = \frac{\pi}{4} - 1.$$

例 4 求 $\lim\limits_{x \to -1} \left(\dfrac{1}{x+1} - \dfrac{3}{x^3+1} \right)$.

解　当 $x+1 \neq 0$ 时,有

$$\frac{1}{x+1}-\frac{3}{x^3+1}=\frac{(x+1)(x-2)}{x^3+1}=\frac{x-2}{x^2-x+1},$$

所以

$$\lim_{x \to -1}\left(\frac{1}{x+1}-\frac{3}{x^3+1}\right)=\lim_{x \to -1}\frac{x-2}{x^2-x+1}=\frac{\lim\limits_{x \to 1}x-\lim\limits_{x \to -1}2}{\lim\limits_{x \to -1}x^2-\lim\limits_{x \to -1}x+\lim\limits_{x \to -1}1}$$

$$=\frac{-1-2}{(-1)^2-(-1)+1}=-1.$$

2.3　两个重要的极限

本节讨论的这两个极限在微积分的一系列计算中起着桥梁作用.

极限 1: $\lim\limits_{x \to 0}\dfrac{\sin x}{x}=1$

证　如图 2-3 所示,AD 是以点 O 为中心,半径为 1(单位圆)的圆弧.过 A 作圆弧的切线与 OD 的延长线交于点 B,连接 AD.

设 $\angle AOB=x(\text{rad})$,则 $0<x<\dfrac{\pi}{2}$ 时,显然有

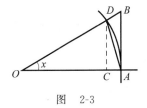

图　2-3

$\triangle AOD$ 面积<扇形 AOD 面积<$\triangle AOB$ 面积,

即 $\dfrac{1}{2}\sin x<\dfrac{1}{2}x<\dfrac{1}{2}\tan x$ 或 $\sin x<x<\tan x$. 当 $\sin x>0$ 时除之,得

$$1<\frac{x}{\sin x}<\frac{1}{\cos x} \quad \text{或} \quad \cos x<\frac{\sin x}{x}<1.$$

由于 $\dfrac{\sin x}{x}$ 为偶函数,根据偶函数性质,上式对 $-\dfrac{\pi}{2}<x<0$ 时也成立.

由 $\lim\limits_{x \to 0}\cos x=1$ 及函数极限的夹逼性定理可知

$$\lim_{x \to 0}\frac{\sin x}{x}=1.$$

极限 2: $\lim\limits_{x \to \infty}\left(1+\dfrac{1}{x}\right)^x=\mathrm{e}$

证　先证 $x \to +\infty$ 的情况:$\forall x>1$,有 $[x] \leqslant x<[x]+1$,从而

$$1+\frac{1}{[x]+1}<1+\frac{1}{x} \leqslant 1+\frac{1}{[x]}.$$

由幂函数(底数大于 1)的严格增加性有

$$\left(1+\frac{1}{[x]+1}\right)^{[x]}<\left(1+\frac{1}{x}\right)^x<\left(1+\frac{1}{[x]}\right)^{[x]+1}.$$

因为 $\lim\limits_{x \to +\infty}\left(1+\dfrac{1}{[x]}\right)^{[x]+1}=\lim\limits_{n \to \infty}\left(1+\dfrac{1}{n}\right)^{n+1}=\lim\limits_{n \to \infty}\left(1+\dfrac{1}{n}\right)^n\left(1+\dfrac{1}{n}\right)=\mathrm{e}$;又因为

$$\lim_{x \to +\infty} \left(1 + \frac{1}{[x]+1}\right)^{[x]} = \lim_{n \to \infty} \left(1 + \frac{1}{n+1}\right)^{n} = \lim_{n \to \infty} \frac{\left(1 + \frac{1}{n+1}\right)^{n+1}}{1 + \frac{1}{n+1}} = e;\ \text{所以，根据定理 2-3（夹}$$

逼定理），有

$$\lim_{x \to +\infty} \left(1 + \frac{1}{x}\right)^{x} = e.$$

再证 $x \to -\infty$ 的情况. 令 $x = -y$，则当 $x \to -\infty$ 时，$y \to +\infty$，有

$$\lim_{x \to -\infty} \left(1 + \frac{1}{x}\right)^{x} = \lim_{x \to +\infty} \left(1 - \frac{1}{y}\right)^{-y} = \lim_{y \to +\infty} \left(\frac{y}{y-1}\right)^{y} = \lim_{y \to +\infty} \left(1 + \frac{1}{y-1}\right)^{y}$$

$$= \lim_{y \to +\infty} \left\{ \left(1 + \frac{1}{y-1}\right)^{y-1} \left(1 + \frac{1}{y-1}\right) \right\}$$

$$= \lim_{y \to +\infty} \left(1 + \frac{1}{y-1}\right)^{y-1} \lim_{y \to +\infty} \left(1 + \frac{1}{y-1}\right) = e.$$

于是亦有

$$\lim_{x \to -\infty} \left(1 + \frac{1}{x}\right)^{x} = e.$$

该极限还可以换作如下形式：

$$\lim_{\alpha \to 0} (1 + \alpha)^{\frac{1}{\alpha}} = e.$$

因为，令 $\alpha = \frac{1}{x}$ 时，则 $x \to \infty$ 与 $\alpha \to 0$ 是等价的，所以

$$\lim_{x \to \infty} \left(1 + \frac{1}{x}\right)^{x} = \lim_{\alpha \to 0} (1 + \alpha)^{\frac{1}{\alpha}}.$$

以上极限 $\lim\limits_{x \to 0} \dfrac{\sin x}{x} = 1$ 和 $\lim\limits_{x \to \infty} \left(1 + \dfrac{1}{x}\right)^{x} = e$ 是数学分析中非常重要的两个极限，许多公式的导出都离不开它们，要牢记.

例 1 求极限 $\lim\limits_{x \to 0} \dfrac{\sin 3x}{\sin 2x}$.

解 $\lim\limits_{x \to 0} \dfrac{\sin 3x}{\sin 2x} = \lim\limits_{x \to 0} \dfrac{\dfrac{\sin 3x}{3x} \cdot 3x}{\dfrac{\sin 2x}{2x} \cdot 2x} = \dfrac{3}{2} \cdot \dfrac{\lim\limits_{x \to 0} \dfrac{\sin 3x}{3x}}{\lim\limits_{x \to 0} \dfrac{\sin 2x}{2x}} = \dfrac{3}{2}.$

例 2 求 $\lim\limits_{x \to 0} \dfrac{1 - \cos x}{x^2}$.

解 因为 $\dfrac{1 - \cos x}{x^2} = \dfrac{2 \sin^2 \dfrac{x}{2}}{x^2} = \dfrac{1}{2} \left(\dfrac{\sin \dfrac{x}{2}}{\dfrac{x}{2}}\right)^2$，所以

$$\lim_{x \to 0} \frac{1 - \cos x}{x^2} = \lim_{x \to 0} \frac{1}{2} \left(\frac{\sin \dfrac{x}{2}}{\dfrac{x}{2}}\right)^2 = \frac{1}{2} \lim_{x \to 0} \left(\frac{\sin \dfrac{x}{2}}{\dfrac{x}{2}}\right)^2 = \frac{1}{2}.$$

2.4　无穷小量与无穷大量

无穷小量是数学分析中的一个重要概念,用以严格地定义诸如"最终会消失的量""绝对值比任何正数都要小的量"等非正式描述,所以,不能说0是无穷小量,无穷小量是以0为极限的函数.在经典的微积分或数学分析中,无穷小量通常以函数、序列等形式出现;在非标准分析中,无穷小量也和实数一样被视为具体的"数",这些数比零大,但比任何正实数都小.

2.4.1　无穷小量及其性质

定义 2-5　若 $\lim\limits_{x \to a} f(x) = 0$,则称函数 $f(x)$（当 $x \to a$）是**无穷小量**.

该定义实质上指出:无穷小量是以零为极限的变量.这是无穷小量最本质的含义,为此数学家们几乎争论了将近1个世纪,也就是所谓的"第二次数学危机".

另一方面,这里 $x \to a$ 的极限过程可以扩充到 $x \to a^+$, $x \to a^-$, $x \to +\infty$, $x \to -\infty$, $x \to \infty$ 等情形.例如:

当 $x \to 0$ 时,函数 $x^2, \sin x, 1 - \cos x$ 都是无穷小量.

当 $x \to \infty$ 时,函数 $\dfrac{1}{x^2}, \dfrac{\sin x}{x}$ 都是无穷小量.

当 $n \to \infty$ 时,数列 $\left\{\dfrac{1}{n}\right\}, \left\{\dfrac{1}{2^n}\right\}, \left\{\dfrac{n}{n^2+1}\right\}$ 都是无穷小量.

说某一变量是无穷小量,必须注明是在什么极限状态下的无穷小量.比如,$y = \cos x$ 在 $x \to \dfrac{\pi}{2}$ 时,为无穷小量;因为 $\lim\limits_{x \to \frac{\pi}{2}} \cos x = 0$. 但在 $x \to 0$ 时,就不是无穷小量,因为 $\lim\limits_{x \to 0} \cos x \neq 0$.

根据极限的定义或四则运算法则,不难得出,无穷小量有如下一些性质.

性质 1　若函数 $f(x)$ 与 $g(x)$ 在 $x \to a$ 时都是无穷小量,则函数 $f(x) \pm g(x)$ 在 $x \to a$ 时仍为无穷小量.

性质 2　若函数 $f(x)$ 在 $x \to a$ 时是无穷小量,函数 $g(x)$ 在 a 的某去心邻域有界,则函数 $f(x)g(x)$ 在 $x \to a$ 时仍为无穷小量.

例如,当 $x \to 0$ 时,x^2 是无穷小量,而 $\sin \dfrac{1}{x}$ 为有界量,故 $\lim\limits_{x \to 0} x^2 \sin \dfrac{1}{x} = 0$.

性质 3　极限 $\lim\limits_{x \to a} f(x) = A$ 等价于 $f(x) - A$ 在 $x \to a$ 时仍为无穷小量.

2.4.2　无穷小量"阶"的比较

无穷小量是以零为极限的变量,但它们收敛于零的速度也有快有慢,下面我们考查 $\dfrac{f(x)}{g(x)}$ 在这一极限过程中的变化情况.

设 $x \to a$ 时,$f(x)$ 与 $g(x)$ 均为无穷小量.

1. 若 $\lim\limits_{x \to a} \dfrac{f(x)}{g(x)} = 0$,则表示当 $x \to a$ 时,$f(x)$ 趋于零的速度比 $g(x)$ 快,我们称当 $x \to a$

时,$f(x)$关于$g(x)$是**高阶无穷小量**,或$g(x)$关于$f(x)$是低阶无穷小量.记作

$$f(x)=o(g(x))\quad(x\to a)$$

例如,$\lim\limits_{x\to 0}\dfrac{1-\cos x}{x}=\lim\limits_{x\to 0}\dfrac{2\sin^2\frac{x}{2}}{x}=0$ 可表示为 $1-\cos x=o(x)(x\to 0)$,因为当 $x\to 0$

时,$\sin^2\dfrac{x}{2}$是比 x 更高阶的无穷小量.

2. 若存在 $A>0$,当 x 在 a 的某个去心邻域中,成立 $\left|\dfrac{f(x)}{g(x)}\right|\leqslant A$,则称当 $x\to a$ 时,
$f(x)$与 $g(x)$是**同阶无穷小量**.

例如,当 $x\to 0$ 时,$x\sin\dfrac{1}{x}$与 x 都是无穷小量,且 $\left|\dfrac{x\sin x}{x}\right|\leqslant 1$,从而有表示式

$$x\sin\dfrac{1}{x}=o(x)\quad(x\to 0)$$

$f(x)$与 $g(x)$为同阶无穷小量,其数学意义是 $f(x)$与 $g(x)$趋于零的速度"差不多".

例如,$\lim\limits_{x\to 0}\dfrac{1-\cos x}{x^2}=\lim\limits_{x\to 0}\dfrac{2\sin^2\frac{x}{2}}{x^2}-2\cdot\dfrac{1}{4}\lim\limits_{x\to 0}\left(\dfrac{\sin\frac{x}{2}}{\frac{x}{2}}\right)^2=\dfrac{1}{2}$,所以 $1-\cos x$ 与 x^2 在

$x\to 0$ 时为同阶无穷小量.

3. 若 $\lim\limits_{x\to a}\dfrac{f(x)}{g(x)}=1$,则表示 $f(x)$与 $g(x)$趋于零的速度"基本相同",此时称 $f(x)$与
$g(x)$为**等阶无穷小量**.记作

$$f(x)\sim g(x)\quad(x\to a)$$

上式也可写成 $f(x)=g(x)+o(g(x))(x\to a)$,它表示当 $x\to a$ 时,$f(x)$与 $g(x)$并不
一定相等,两者相差一个关于 $g(x)$的高阶无穷小量.

例如,$\lim\limits_{x\to 0}\dfrac{\sin x}{x}=1$,说明 $\sin x$ 与 x 在 $x\to 0$ 时为等价无穷小量,可表示为

$$\sin x\sim x(x\to 0)\quad\text{或}\quad\sin x=x+o(x)\quad(x\to 0).$$

2.4.3　无穷大量及其性质

对于无穷大量,其内容是与无穷小量相对应的.无穷小量的倒数是无穷大量.应该特别
注意的是,无论多么大的常数都不是无穷大量.实际上,无穷大量和无穷小量都具有变量的
含义.

定义 2-6　设函数 $f(x)$在 $U°(a)$有定义,若对于任给的正数 M 存在某一正数 δ,使得
当 $0<|x-a|<\delta$ 时,有 $|f(x)|>M$,则称函数 $f(x)(x\to a)$是**无穷大量**,有时也称函数
$f(x)$在 a 的"极限"是无穷大,表示为

$$\lim\limits_{x\to a}f(x)=\infty\quad\text{或}\quad f(x)\to\infty\quad(x\to a).$$

若将上述定义中的不等式 $|f(x)|>M$ 分别改为

$$f(x)>M\quad\text{或}\quad f(x)<-M,$$

则分别称函数 $f(x)(x \to a)$ 是正无穷大与负无穷大,并分别表示为

$$\lim_{x \to a} f(x) = +\infty \quad 或 \quad f(x) \to +\infty \quad (x \to a),$$

$$\lim_{x \to a} f(x) = -\infty \quad 或 \quad f(x) \to -\infty \quad (x \to a).$$

在这三个"无穷大"的定义中,将 $x \to a$ 换为 $x \to a^+, x \to a^-, x \to +\infty, x \to -\infty, x \to \infty$ 以及 $n \to \infty$ 可定义不同形式的"无穷大",请读者自行写出.

例 1　证明 $\lim\limits_{x \to 5} \dfrac{1}{x-5} = \infty$.

证　$\forall M > 0$,要使不等式 $\left| \dfrac{1}{x-5} \right| = \dfrac{1}{|x-5|} > M$ 成立,解得 $|x-5| < \dfrac{1}{M}$;取 $\delta = \dfrac{1}{M}$,于是 $\forall M > 0, \exists \delta = \dfrac{1}{M} > 0, \forall x: 0 < |x-5| < \delta$ 成立,有 $\left| \dfrac{1}{x-5} \right| > M$,即

$$\lim_{x \to 5} \frac{1}{x-5} = \infty.$$

例 2　证明 $\lim\limits_{x \to 0} \dfrac{1}{x^2} = +\infty$.

证　$\forall M > 0$,要使不等式 $\dfrac{1}{x^2} > M$ 成立,解得 $|x| < \dfrac{1}{\sqrt{M}}$,取 $\delta = \dfrac{1}{\sqrt{M}}$,于是 $\forall M > 0$, $\exists \delta = \dfrac{1}{\sqrt{M}} > 0, \forall x: 0 < |x| < \dfrac{1}{\sqrt{M}}$,有 $\left| \dfrac{1}{x^2} \right| > M$,即 $\lim\limits_{x \to 0} \dfrac{1}{x^2} = +\infty$.

与无穷小量类似,两个无穷大量趋于 ∞ 的速度也有快慢之分. 设 $f(x)$ 与 $g(x)$ 均为 $x \to \infty$ 时的无穷大量,若 $\dfrac{f(x)}{g(x)}$ 在某 $U(\infty)$ 内满足 $\lambda \leqslant \dfrac{f(x)}{g(x)} \leqslant L$,则称 $f(x)$ 与 $g(x)$ 为 $x \to \infty$ 时的**同阶无穷大量**,对于 x 的其他趋向也同样可以定义同阶无穷大量.

无穷大量有如下性质.

性质 1　若函数 $f(x)$ 与 $g(x)(x \to a)$ 都是无穷大量,则函数 $f(x)g(x)(x \to a)$ 仍是无穷大量.

性质 2　若函数 $f(x)(x \to a)$ 是无穷大量,函数 $g(x)$ 在 a 的某去心邻域 $U^\circ(a, \eta)$ 有界,则 $f(x) + g(x)(x \to a)$ 也是无穷大量.

两个无穷大量的代数和可能不是无穷大,例如,指数函数 a^x 与 $-a^x (x \to +\infty, a > 1)$ 都是无穷大量,但它们的和 $a^x + (-a^x) = 0(x \to +\infty, a > 1)$ 不是无穷大量,而是无穷小量.

性质 3　若函数 $f(x)(x \to a)$ 是无穷小量(或无穷大量),且 $f(x) \neq 0$,则函数 $\dfrac{1}{f(x)}(x \to a)$ 是无穷大量(或无穷小量).

根据性质 3,对无穷大量的研究往往可以归结为对无穷小量的讨论.

2.5　函数连续性的概念

自然界中有许多现象,如气温的变化、植物的生长和放射性元素的自然衰变等都是连续地变化着的.这种现象在函数关系上的反映,就是函数的连续性.函数关于因变量随自变

量连续变化的情形,可用极限给出严格的描述.从几何直观的角度,若函数连续,在直角坐标系中其图像就是一条没有断裂的连续曲线.

2.5.1 函数在一点处的连续性

函数连续性的概念可以从函数的图像上进行直观的分析.例如,函数 $f(x)=x^2$ 的图像是一条抛物线,给我们的直观视觉是图像上各点相互"连结"而不出现间断,即它是连续的.具体来说,函数 $f(x)$ 在某点 a 处是否具有"连续"性,即指当 x 在 a 点附近微小变化时, $f(x)$ 是否也在 $f(a)$ 附近作微小的变化,用极限的观点来分析,就是看当变量 $x\to a$ 时,因变量 y 是否也会趋于 $f(a)$.

定义 2-7 设函数 $f(x)$ 在点 a 的某个邻域中有定义,且

$$\lim_{x\to a}f(x)=f(a),\qquad(2\text{-}1)$$

则称函数 $f(x)$ 在点 a 连续,或称 a 是函数 $f(x)$ 的连续点.

显然,"函数 $f(x)$ 在点 a 连续"不仅要求 a 在函数 $f(x)$ 的定义域内,还要有极限.因此,函数 $f(x)$ 在点 a 连续比函数 $f(x)$ 在点 a 存在极限有更高的要求.

函数的连续性也可直接用极限的"ε-δ"来描述.

函数 $f(x)$ 在点 a 用连续的"ε-δ"来描述:

$$\forall\varepsilon>0,\quad\exists\delta>0,\quad\forall x:|x-a|<\delta,$$

有 $|f(x)-f(a)|<\varepsilon$ 成立.

可见 "ε-δ"语言非常简洁、明确.

此外,式(2-1)还可写作 $\lim\limits_{x\to a}f(x)=f(\lim\limits_{x\to a}x)$,所以,在连续意义下,极限运算 $\lim\limits_{x\to a}$ 对应法则 f 的可交换性.

例 1 函数 $f(x)=2x+3$ 在点 $x=2$ 连续.因为

$$\lim_{x\to 2}f(x)=\lim_{x\to 2}(2x+3)=7=f(2).$$

例 2 函数 $f(x)=\begin{cases}x\sin\dfrac{1}{x}, & x\neq 0\\[2mm]0, & x=0\end{cases}$ 在点 $x=0$ 连续.因为

$$\lim_{x\to 0}f(x)=\lim x\sin\frac{1}{x}=\lim_{x\to 0}x\lim_{x\to 0}\sin\frac{1}{x}=0=f(0).$$

2.5.2 区间上的连续函数

由定义 2-7 可以看出,"连续"反映的是函数 $f(x)$ 在点 a 邻域内的变化,因而只是一个局部性的概念.我们的目的是要了解函数 $f(x)$ 在某个区间上是否连续.

定义 2-8 若函数 $f(x)$ 在区间 (a,b) 的每一点都连续,则称函数 $f(x)$ 在开区间上连续.

例 3 证明 $f(x)=\sin x$ 在 $(-\infty,+\infty)$ 上连续.

证 设 $a\in(-\infty,+\infty)$.已知 $\forall a\in(-\infty,+\infty)$,有不等式 $\left|\cos\dfrac{x+a}{2}\right|\leqslant 1$ 与 $\left|\sin\dfrac{x-a}{2}\right|\leqslant\dfrac{|x-a|}{2}$ 成立,所以

$$|\sin x - \sin a| = 2\left|\cos\frac{x+a}{2}\sin\frac{x-a}{2}\right| \leqslant |x-a|,$$

对任意给定的 $\varepsilon > 0$，取 $\delta = \varepsilon$，当 $|x-a| < \delta$ 时，$|\sin x - \sin a| \leqslant |x-a| < \varepsilon$ 成立，即

$$\lim_{x \to a}\sin x = \sin a.$$

也就是说 $f(x) = \sin x$ 在 a 连续，从而 $f(x) = \sin x$ 在 $(-\infty, +\infty)$ 上连续.

为了讨论函数 $f(x)$ 在闭区间上的连续性，需要单侧连续的概念.

定义 2-9 设函数 $f(x)$ 在 a 的左(右)邻域内有定义，若

$$\lim_{x \to a^+}f(x) = f(a) \quad \left(\lim_{x \to a^-}f(x) = f(a)\right),$$

则称函数 $f(x)$ 在点 a 右(左)连续.

$f(x)$ 在 a 连续等价于 $f(x)$ 在 a 既有右连续又有左连续，或表示为

$$\lim_{x \to a}f(x) = f(a) \Leftrightarrow \lim_{x \to a^+}f(x) = \lim_{x \to a^-}f(x) = f(a).$$

定义 2-10 若函数 $f(x)$ 在 (a,b) 连续，且在左端点 a 右连续，在右端点 b 左连续，则称函数 $f(x)$ 在闭区间 $[a,b]$ 上连续.

同样有 $f(x)$ 在半开区间 $[a,b)$ 及 $(a,b]$ 连续的概念.

例 4 证明 $f(x) = \sqrt{x(1-x)}$ 在 $[0,1]$ 上连续.

证 设 $x_0 \in (0,1)$，令 $\eta = \min\{x_0, 1-x_0\} > 0$，则当 $|x-x_0| < \eta$ 时 $x \in (0,1)$，有

$$\left|\sqrt{x(1-x)} - \sqrt{x_0(1-x_0)}\right| = \frac{|1-x-x_0|}{\sqrt{x(1-x)} + \sqrt{x_0(1-x_0)}}|x-x_0|$$

$$< \frac{1}{\sqrt{x_0(1-x_0)}}|x-x_0|,$$

所以，$\forall \varepsilon > 0$，取 $\delta = \min\{\eta, \sqrt{x_0(1-x_0)}\varepsilon\}$，则当 $|x-x_0| < \delta$ 时，恒有

$$\left|\sqrt{x(1-x)} - \sqrt{x_0(1-x_0)}\right| < \frac{1}{\sqrt{x_0(1-x_0)}}|x-x_0| < \varepsilon$$

成立. 即 $f(x) = \sqrt{x(1-x)}$ 在 $(0,1)$ 上连续.

现考虑区间的端点. 对于任意给定的 $\varepsilon > 0$，取 $\delta = \varepsilon^2$，则当 $0 \leqslant x < \delta$ 时，

$$|f(x) - f(0)| \leqslant \sqrt{x} < \varepsilon.$$

而当 $-\delta < x - 1 \leqslant 0$ 时，有

$$|f(x) - f(1)| \leqslant \sqrt{1-x} < \varepsilon.$$

这说明 $f(x)$ 在 $x = 0$ 右连续，在 $x = 1$ 左连续.

由此得出 $f(x) = \sqrt{x(1-x)}$ 在 $[0,1]$ 上连续.

2.5.3 间断点及其分类

定义 2-11 若函数 $f(x)$ 在点 a 不满足连续性的定义，则称函数 $f(x)$ 在 a 间断(或不连续)，a 是函数 $f(x)$ 的**间断点**(或不连续点).

不满足连续性的定义，包括定义 2-7、定义 2-8 和定义 2-9. 对间断点进行划分是研究不连续函数的基本内容. 而当 a 是函数 $f(x)$ 的间断点，不满足连续性定义的条件，不外乎以

下三种情况：

    (1) 函数 $f(x)$ 在 a 无定义；

    (2) 极限 $\lim\limits_{x \to a} f(x)$ 存在，即 $f(a^-) = f(a^+)$，但 $\lim\limits_{x \to a} f(x) \neq f(a)$；

    (3) 极限 $\lim\limits_{x \to a} f(x)$ 不存在：

    ① $f(a^-)$ 与 $f(a^+)$ 都存在，但 $f(a^-) \neq f(a^+)$；

    ② $f(a^-)$ 与 $f(a^+)$ 至少有一个不存在.

则 a 是函数 $f(x)$ 的间断点，按上述情形可作如下分类.

1. 可去间断点

若 $\lim\limits_{x \to a} f(x) = A$，而 f 在 a 无定义，或有定义但 $f(a) \neq A$，则称 a 为 $f(x)$ 的可去间断点.

比如，对 $f(x) = \dfrac{\sin x}{x}$，$x = 0$ 点是它的可去间断点. 因为 $\lim\limits_{x \to 0} \dfrac{\sin x}{x} = 1$，但 $f(x) = \dfrac{\sin x}{x}$ 在 $x = 0$ 点无定义.

2. 跳跃间断点

若 $f(x)$ 在点 a 左右极限存在，但 $\lim\limits_{x \to a^+} f(x) \neq \lim\limits_{x \to a^-} f(x)$，则称点 a 为函数 $f(x)$ 的跳跃间断点.

比如，对函数 $f(x) = \mathrm{sgn}\, x = \begin{cases} 1, & x > 0 \\ 0, & x = 0, \text{有} \\ -1, & x < 0 \end{cases}$

$$\lim\limits_{x \to 0^-} f(x) = -1 \text{ 与 } \lim\limits_{x \to 0^+} f(x) = 1,$$

显然 $\lim\limits_{x \to 0^+} f(x) \neq \lim\limits_{x \to 0^-} f(x)$，也就是说 $x = 0$ 是它的跳跃间断点.

可去间断点和跳跃间断点统称为第一类间断点.

3. 第二类间断点

若函数 $f(x)$ 在点 a 处的左右极限至少有一个不存在，则称这样的点 a 为函数 $f(x)$ 的第二类间断点.

比如，如函数 $f(x) = \begin{cases} \dfrac{1}{x-1}, & x > 1 \\ 1, & x \leqslant 1 \end{cases}$，已知 $\lim\limits_{x \to 1^-} f(x) = 1$ 与 $\lim\limits_{x \to 1^+} f(x) = \lim\limits_{x \to 1^+} \dfrac{1}{x-1} = +\infty$，即 $\lim\limits_{x \to 1} f(x)$ 的极限不存在，从而 $x = 1$ 是 $f(x)$ 的第二类间断点.

又如函数 $f(x) = \begin{cases} \sin \dfrac{1}{x}, & x \neq 0 \\ 0, & x = 0 \end{cases}$，在 $x = 0$ 处左右极限都不存在，从而 0 是函数 $f(x)$ 的第二类间断点.

2.6 连续函数的性质

在一定区间上的连续函数既具有最值性、有界性、介值性和零点存在等，又可以有间断点等,所以,连续函数有许多性质需要研究.

2.6.1 连续函数的四则运算及其性质

根据极限四则运算定理及函数连续的定义,可得连续函数的四则运算定理.

定理 2-9 若函数 $f(x)$ 与 $g(x)$ 都在 a 连续,则函数

$$f(x)\pm g(x), \quad f(x)g(x), \quad \frac{f(x)}{g(x)}(g(a)\neq 0)$$

在 a 也连续.

这些结论的证明,都可由函数极限的有关定理直接推出.

关于复合函数的连续性有如下定理.

定理 2-10 若函数 $y=\varphi(x)$ 在 a 连续,且 $b=\varphi(a)$,而函数 $z=f(y)$ 在 b 连续,则复合函数 $z=f[\varphi(x)]$ 在 a 连续.

证 已知 $z=f(y)$ 在 b 连续,即 $\forall \varepsilon>0,\exists \eta>0,\forall y:|y-b|<\eta$,有 $|f(y)-f(b)|<\varepsilon$.

又已知 $y=\varphi(x)$ 在 a 连续,且 $b=\varphi(a)$,即对上述 $\eta>0,\exists \delta>0,\forall x:|x-a|<\delta$,有

$$|\varphi(x)-\varphi(a)|=|y-b|<\eta,$$

于是,$\forall \varepsilon>0,\exists \delta>0,\forall x:|x-a|<\delta$,有

$$|f[\varphi(x)]-f[\varphi(a)]|=|f(y)-f(b)|<\varepsilon.$$

这就证明了 $z=f[\varphi(x)]$ 在 a 连续.

若复合函数 $f[g(x)]$ 的内函数 $g(x)$ 在 $x\to x_0$ 时极限为 a,但不等于 $g(x_0)$(即 $x\to x_0$ 为 $g(x)$ 的可去间断点),外函数 $f(x)$ 在 $u=a$ 时连续,那么我们仍然可用上述定理来求复合函数的极限. 即

$$\lim_{x\to x_0} f[g(x)]=f(\lim_{x\to x_0} g(x)).$$

上式不仅对于 $x\to x_0$ 成立,它对 $x\to +\infty,x\to -\infty$,或 $x\to x_0^+,x\to x_0^-$ 这些类型的极限也成立.

例 1 求 $(1)\lim_{x\to 0}\sqrt{2-\frac{\sin x}{x}}$;$(2)\lim_{x\to \infty}\sqrt{2-\frac{\sin x}{x}}$.

解 (1) 由于 $\lim_{x\to 0}\frac{\sin x}{x}=1$ 及函数 $\sqrt{2-u}$ 在 $u=1$ 处连续,所以

$$\lim_{x\to 0}\sqrt{2-\frac{\sin x}{x}}=\sqrt{2-\lim_{x\to 0}\frac{\sin x}{x}}=\sqrt{2-1}=1;$$

(2) 由于 $\lim_{x\to \infty}\frac{\sin x}{x}=0$,所以

$$\lim_{x\to \infty}\sqrt{2-\frac{\sin x}{x}}=\sqrt{2-\lim_{x\to \infty}\frac{\sin x}{x}}=\sqrt{2-0}=\sqrt{2}.$$

因为连续函数在连续点的极限等于它所对应的函数值,所以这一条件使得连续函数在连续点具有函数极限的所有性质,如局部有界性、局部保号性等.

定理 2-11(局部有界性) 若函数 $f(x)$ 在点 a 连续,则函数 $f(x)$ 在点 a 的某邻域内有界.

定理 2-12(局部保号性) 若函数 $f(x)$ 在点 a 连续,且 $f(a)>0(f(a)<0)$,则 $\exists \delta>0$,

$\forall x:|x-a|<\delta$，有 $f(x)>0(f(x)<0)$.

证 已知 $\lim\limits_{x\to a}f(x)=f(a)>0$，即 $\exists \dfrac{f(a)}{2}>0$，$\exists\delta>0$，$\forall x:|x-a|<\delta$ 成立，则有

$$|f(x)-f(a)|<\frac{f(a)}{2} \text{或} f(a)-\frac{f(a)}{2}<f(x),$$

于是，$\forall x:|x-a|<\delta$，有 $f(x)>f(a)-\dfrac{f(a)}{2}=\dfrac{f(a)}{2}>0$.

同法可证 $f(x)<0$ 的情形.

2.6.2 闭区间上连续函数的性质

闭区间上的连续函数具有一些重要性质，这些性质是开区间上的连续函数不一定具有的.

定义 2-12 设 $f(x)$ 为定义在 I 上的函数，若存在 $x_0\in I$，对一切 $x\in I$，有

$$f(x_0)\geqslant f(x)(f(x_0)\leqslant f(x)),$$

则称 $f(x)$ 在 I 上有最大(小)值并称 $f(x_0)$ 为 $f(x)$ 在 I 上的最大(小)值.

一般来说，函数 $f(x)$ 在 I 上不一定有最大(小)值(即使 $f(x)$ 是有界的). 比如，$f(x)=x$ 在 $x\in(0,1)$ 时，既无最大值也无最小值. 下述定理将会给出函数在某区间上取得最大(小)值的充分条件.

定理 2-13(最值性定理) 若函数 $f(x)$ 在闭区间 $[a,b]$ 上连续，则 $f(x)$ 在 $[a,b]$ 能取到最小值 m 与最大值 M，即 $\exists x_1,x_2\in[a,b]$，使得 $f(x_1)=m$ 与 $f(x_2)=M$，如图 2-4 所示，并且 $\forall x\in[a,b]$，有

$$m\leqslant f(x)\leqslant M.$$

定理 2-14(有界性定理) 若函数 $f(x)$ 在闭区间 $[a,b]$ 上连续，则 $f(x)$ 在 $[a,b]$ 上有界.

定理 2-15(零点定理) 若函数 $f(x)$ 在闭区间 $[a,b]$ 上连续，且 $f(a)f(b)<0$(即 $f(a)$ 与 $f(b)$ 异号)，则在区间 (a,b) 至少存在一点 c，使

$$f(c)=0.$$

零点定理的几何意义是：在闭区间 $[a,b]$ 的连续曲线 $y=f(x)$，且连续曲线的始点 $(a,f(a))$ 与终点 $(b,f(b))$ 分别在 x 轴的两侧，则此连续曲线至少与 x 轴有一个交点. 如图 2-5 所示.

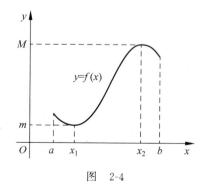

图 2-4

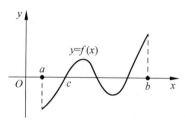

图 2-5

定理 2-16（介值性）　设函数 $f(x)$ 在闭区间 $[a,b]$ 上连续，m 与 M 分别为 $f(x)$ 在 $[a,b]$ 上的最小值与最大值. 若 ξ 为介于 m 与 M 之间的任何实数（$m \leqslant \xi \leqslant M$），则在 (a,b) 内至少存在一点 c，使得

$$f(c) = \xi.$$

证　如果 $f(a) < f(b)$，在闭区间 $[a,b]$ 上必存在两点 x_1 与 x_2，使得 $f(x_1) = m$，$f(x_2) = M$. 不妨设 $x_1 < x_2$，且 $a \leqslant x_1 < x_2 \leqslant b$. 已知 $f(x_1) \leqslant \xi \leqslant f(x_2)$. 如果 $f(x_1) = \xi$（或 $f(x_2) = \xi$），则 $c = x_1$ 或 $c = x_2$，定理成立. 只需证明 $f(x_1) < \xi < f(x_2)$ 的情况.

作辅助函数

$$\varphi(x) = f(x) - \xi,$$

由函数 $\varphi(x)$ 在 $[a,b]$ 连续，从而在闭区间 $[x_1, x_2]$ 也连续，且

$$\varphi(x_1) = f(x_1) - \xi < 0, \quad \varphi(x_2) = f(x_2) - \xi > 0.$$

根据**零点定理**，在区间 (x_1, x_2) 至少存在一点 c，使 $\varphi(c) = 0$ 或 $f(c) - \xi = 0$，即

$$f(c) = \xi.$$

该定理的几何意义如图 2-6 所示.

例 2　证明超越方程 $x = \cos x$ 在 $\left(0, \dfrac{\pi}{2}\right)$ 内至少存在一个实根.

证　已知函数 $\varphi(x) = x - \cos x$ 在 $\left[0, \dfrac{\pi}{2}\right]$ 连续，且

$$\varphi(0) = -1 < 0, \quad \varphi\left(\frac{\pi}{2}\right) = \frac{\pi}{2} > 0.$$

根据零点定理，函数 $\varphi(x)$ 在 $\left(0, \dfrac{\pi}{2}\right)$ 内至少存在一点 c，使

$$\varphi(c) = c - \cos c = 0,$$

即 $x = \cos x$ 在 $\left(0, \dfrac{\pi}{2}\right)$ 内至少存在一个实根.

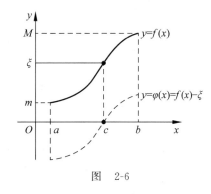

图　2-6

2.6.3　反函数的连续性

定理 2-17　若函数 $y = f(x)$ 在区间 I 连续，且严格增加（严格减少），则反函数 $x = f^{-1}(y)$ 在 $f(I)$ 也连续.

2.7　初等函数的连续性

在 1.4 节中，数学家们将常数函数 $y = c$（c 为常数）、幂函数 $y = x^\alpha$（α 为实数）、指数函数 $y = a^x$（$a > 0, a \neq 1$）、对数函数 $y = \log_a x$（$a > 0, a \neq 1$）、三角函数 $y = \sin x$，$y = \cos x$、反三角函数 $y = \arcsin x$，$y = \arccos x$、双曲函数 $y = \mathrm{e}^x$ 和 $y = \mathrm{e}^{-x}$ 七类函数统称为基本初等函数. 而将由基本初等函数经过有限次四则运算以及有限次的复合运算所得到的函数，统称

为初等函数,本节研究初等函数的连续性.

2.7.1 指数函数的连续性

从图像中,我们可以直观地判断指数函数 $y=a^x(a>0)$ 在其定义域上是连续的,但是,当 x 取无理数时,该函数的连续性并不明确.现在来证明指数函数在其定义域上是连续的.

定理 2-18 指数函数 $y=a^x(a>0)$ 在其定义域 $(-\infty,+\infty)$ 上是连续函数.

证 首先证明 $\lim\limits_{x\to 0^+}a^x=\lim\limits_{x\to 0^-}a^x=1$(即 $\lim\limits_{x\to 0}a^x=1$).

$\forall x:0<x<1,\exists n\in\mathbf{N}^+$ 使 $\dfrac{1}{n+1}\leqslant x<\dfrac{1}{n},x\to 0^+\Leftrightarrow n\to\infty$,从而当 $0<a<1$ 时,有

$$a^{\frac{1}{n}}<a^x\leqslant a^{\frac{1}{n+1}},$$

当 $a>1$ 时,有

$$a^{\frac{1}{n+1}}\leqslant a^x<a^{\frac{1}{n}}.$$

由于 $\lim\limits_{n\to\infty}a^{\frac{1}{n}}=1$ 及数列极限的夹逼性定理,可知

$$\lim\limits_{x\to 0^+}a^x=1,$$

$\forall x<0$,设 $x=-y$,有 $y>0$ 且 $x\to 0^-\Leftrightarrow y\to 0^+$,有

$$\lim\limits_{x\to 0^-}a^x=\lim\limits_{y\to 0^+}a^{-y}=\lim\limits_{y\to 0^+}\frac{1}{a^y}=1.$$

于是

$$\lim\limits_{x\to 0}a^x=1.$$

其次证明,$\forall x_0\in\mathbf{R}$,有 $\lim\limits_{x\to x_0}a^x=a^{x_0}$(或 $\lim\limits_{x\to x_0}(a^x-a^{x_0})=0$).

事实上,$\lim\limits_{x\to x_0}(a^x-a^{x_0})=\lim\limits_{x\to x_0}a^{x_0}(a^{x-x_0}-1)$,设 $y=x-x_0$.$x\to x_0\Leftrightarrow y\to 0$. 由上述结果有

$$\lim\limits_{x\to x_0}(a^x-a^{x_0})=a^{x_0}\lim\limits_{x\to x_0}(a^{x-x_0}-1)=a^{x_0}\lim\limits_{y\to 0}(a^y-1)=0,$$

或

$$\lim\limits_{x\to x_0}a^x=a^{x_0},$$

即指数函数 a^x 在 x_0 连续,从而指数函数在其定义域 $(-\infty,+\infty)$ 上连续.

2.7.2 对数函数的连续性

由于指数函数 $y=a^x(a>0$ 且 $a\neq 1)$ 在其定义域 $(-\infty,+\infty)$ 内严格单调而且连续,由反函数的连续性可知,它的反函数即对数函数 $y=\log_a x$ 在其定义域 $(0,+\infty)$ 内也连续.

2.7.3 三角函数与反三角函数的连续性

由前面的学习我们已经知道,三角函数 $y=\sin x$ 与 $y=\cos x$ 在各自定义域 $\mathbf{R}$ 上都连续,而由于

$$y = \tan x = \frac{\sin x}{\cos x}, \quad y = \cot x = \frac{\cos x}{\sin x}.$$

$$y = \sec x = \frac{1}{\cos x}, \quad y = \csc x = \frac{1}{\sin x}.$$

所以,根据连续函数的四则运算法则,$y = \tan x$、$y = \cot x$、$y = \sec x$ 和 $y = \csc x$ 等三角函数在各自的定义域上也都是连续的.

因为 $y = \sin x$ 在闭区间 $\left[-\frac{\pi}{2}, \frac{\pi}{2} \right]$ 连续且严格增加,根据反函数的连续性,所以它的反函数——反正弦函数 $y = \arcsin x$ 在其定义域 $[-1, 1]$ 上也连续. 同理,反三角函数 $y = \arccos x$、$y = \arctan x$、$y = \text{arccot}\, x$,在各自的定义域上都连续.

2.7.4　幂函数的连续性

先证 $\forall\, a \in \mathbf{R}$,幂函数 $y = x^a$ 在开区间 $(0, +\infty)$ 连续.

事实上,$\forall\, x > 0$,$y = x^a = e^{a \ln x}$,即幂函数是两个连续函数 $y = e^u$ 与 $u = a \ln x$ 复合而成的函数.根据定理 2-18,幂函数 $y = x^a$ 在开区间 $(0, +\infty)$ 连续.

只有当 $a > 0$ 时($a = 0$ 时,其幂函数即为常数函数 $y = 1$),幂函数 $y = x^a$ 的定义域才含有 0,此时有 $\lim\limits_{x \to 0^+} x^a = 0 = 0^a$,即是幂函数 $y = x^a$ 在 0 点的右连续.

所以,幂函数 $y = x^a (a \in \mathbf{R})$ 在其定义域内连续.

综上所述,七类基本初等函数:常数函数、幂函数、指数函数、对数函数、三角函数、反三角函数、双曲函数在它们各自的定义域都连续.初等函数都是在它有定义的区间上的连续函数.

小结与复习

一、主要内容

1. 数列的极限
2. 函数的极限
3. 两个重要的极限
4. 无穷小量与无穷大量
5. 函数连续性
6. 初等函数的连续性

二、主要结论与方法

1. 数列的极限的定义
2. 函数的极限的定义、存在条件、性质及四则运算
3. 两个重要的极限
4. 函数连续性的定义、存在条件、性质及四则运算
5. 函数的极限与其连续性的关系

三、基本要求

1. 掌握数列极限的定义及其性质

2. 掌握函数极限的定义（包括"ε-δ 语言"和"ε-N 语言"）、存在条件、性质及四则运算

3. 理解并会用两个重要的极限

4. 理解无穷小量与无穷大量性质及其本质

5. 理解函数连续性的定义、存在条件、性质及四则运算

6. 理解初等函数的连续性

数学家简介　中国当代数学家：华罗庚

华罗庚（1910—1985），江苏金坛人，中国著名数学家，中国科学院院士，美国国家科学院外籍院士，第三世界科学院院士，联邦德国巴伐利亚科学院院士，曾任中国科学院数学研究所所长。他是中国解析数论、典型群、矩阵几何学、自守函数论与多元复变函数等很多方面研究的创始人与奠基者，也是中国在世界上最有影响的数学家之一，被列为芝加哥科学技术博物馆中当今世界88位数学伟人之一。

华罗庚童年就读于江苏金坛县仁劬小学，1922年，他进入金坛县立初级中学，毕业后，由于家中贫穷，到免学费的上海中华职业学校就读，终因家中无力提供生活费而退学。1926年，华罗庚回到金坛，帮助父亲料理杂货铺，同时开始自学数学。1929年12月，华罗庚在《科学》第14卷第14期上发表《Sturm氏定理之研究》。1930年12月，华罗庚在《科学》第15卷第2期上发表《苏家驹之代数的五次方程式解法不能成立之理由》，被清华大学数学系主任熊庆来教授发现，邀请他来清华大学。从1931年起，华罗庚在清华大学边学习边工作，用一年半时间学完了数学系的全部课程，并同时自学了英、法、德语，在国际学术杂志上发表了三篇论文。1936年他赴英国剑桥大学访问、学习，1938年回国后任西南联合大学教授。1946年他赴美国，任普林斯顿数学研究所研究员、普林斯顿大学和伊利诺斯大学教授，1950年回国。1955年华罗庚被选聘为中国科学院学部委员，1958年主持创立中国科技大学数学系，并任中国科技大学副校长兼数学系主任。1985年6月12日，华罗庚应邀到日本东京作学术报告，报告结束后突发心脏病逝世，终年75岁。

华罗庚在剑桥大学学习的两年时间中共写了20篇论文。其中一篇关于"塔内问题"研究的理论被数学界命名为"华氏定理"。华罗庚热爱科学、勤奋学习、不求名利，献身于他所热爱的数学研究事业。他把科学研究与实际应用紧密结合起来，把数学应用到工农业生产上，对我国现代化建设做出了突出的贡献。

思考与练习

一、思考题

1. 数列的极限与函数的极限有什么不同?

2. 什么是"ε-δ 语言"和"ε-N 语言"?

3. 无穷小量及无穷大量的本质属性是什么?

4. 函数连续性的本质特性是什么?

5. 函数的间断点是如何定义的? 如何进行判断?

6. 函数在某点的极限与其在该点的连续性有什么样的关系?

7. 研究函数连续性的意义是什么?

二、作业必做题

1. 求 $\lim\limits_{n\to\infty}\dfrac{2n^2+3n-2}{n^2+1}$.

2. 求 $\lim\limits_{n\to\infty}\left(\dfrac{3n+1}{n}\cdot\dfrac{n+1}{n}\right)$.

3. 求 $\lim\limits_{n\to\infty}\dfrac{2^n+3^n}{2^{n+1}+3^{n+1}}$.

4. 证明若 $a_n=1-\dfrac{1}{2^2}+\dfrac{1}{3^2}+\cdots+(-1)^{n-1}\dfrac{1}{n^2}(n\in\mathbf{N})$,则$\{a_n\}$收敛.

5. 证明若 $x_n=1+\dfrac{1}{2}+\dfrac{1}{3}+\cdots+\dfrac{1}{n}(n\in\mathbf{N})$,则$\{x_n\}$不收敛.

6. 证明$\lim\limits_{x\to 1}\dfrac{x(x-1)}{x^2-1}=\dfrac{1}{2}$.

7. 求 $\lim\limits_{x\to\frac{\pi}{4}}(x\tan x-1)$.

8. 设 $g(x)=\dfrac{1}{1+10^{\frac{1}{x}}}$,证明:(1) $\lim\limits_{x\to 0^+}g(x)=0$;(2) $\lim\limits_{x\to 0^-}g(x)=1$.

9. 求 $\lim\limits_{x\to -1}\left(\dfrac{1}{x+1}-\dfrac{3}{x^3+1}\right)$.

10. 求$\lim\limits_{x\to 0}(1+2x)^{\frac{1}{x}}$.

11. 求$\lim\limits_{x\to 0}(1-x)^{\frac{1}{x}}$.

12. 证明 $\lim\limits_{x\to +\infty}a^x=+\infty,a>1$.

13. 设函数 $f(x)=\begin{cases}\dfrac{1}{1+\mathrm{e}^{\frac{1}{x}}}, & x\neq 0 \\ 0, & x=0\end{cases}$,试讨论该函数的连续性.

14. 指出下列函数的间断点及类型:

(1) $f(x) = \begin{cases} (1+x)^{-\frac{1}{x}}, & x \neq 0 \\ \mathrm{e}, & x = 0 \end{cases}$； (2) $f(x) = \begin{cases} \dfrac{2^{\frac{1}{x}}-1}{2^{\frac{1}{x}}+1}, & x \neq 0 \\ 1, & x = 0 \end{cases}$；

(3) $f(x) = \dfrac{|x|(x-1)}{x(x^2-1)}$； (4) $f(x) = \dfrac{\sqrt{x-1}}{\ln|x-2|}$.

15. 证明函数 $f(x) = x^4 - 2x - 4$ 在 $(-2, 2)$ 之间至少有两个零点.

16. 设 $f(x)$ 在区间 $[0, a]$ 上连续 $(a > 0)$，且 $f(0) = f(a)$，证明：方程 $f(x) = f\left(x + \dfrac{a}{2}\right)$ 在区间 $(0, a)$ 内至少有一个实根.

17. 设函数 $f(x)$ 在区间 $[0, 2a]$ $(a > 0)$ 上连续，且 $f(0) = f(2a)$. 证明：在区间 $[0, a]$ 上至少存在某个 c，使 $f(c) = f(c+a)$.

18. 重力加速度 g 是随距离地面高度变化的，若深入地表以内，将按照不同的方式变化，可以表达为 r（r 是与地球中心的距离）的函数：

$$g = g(r) = \begin{cases} \dfrac{GMr}{R^3}, & 0 \leqslant r < R \\[3mm] \dfrac{GMr}{r^2}, & r \geqslant R \end{cases},$$

其中 R 是地球的半径，M 是地球的质量，G 是万有引力常数. 试讨论 $g(r)$ 是否是关于 r 的连续函数.

第3章

导数与微分

导数与微分既是微分学理论的两个基本概念,也是微积分的两种运算规则,更是高等数学学习的基础.在科学研究和实际应用中,导数与微分是解决函数值计算或近似计算的基本工具.本章将从物理学中的已知运动规律求瞬时速度以及解析几何学中的已知曲线方程求曲线的切线斜率这两个实际问题出发,归纳、抽象出导数的概念,并在此基础上探索基本求导法则与公式,进而给出微分概念.

3.1 导数的概念

导数作为微分学中最基础的概念,最初是由英国数学家牛顿和德国数学家莱布尼茨分别在研究天体力学和几何学过程中提出来的.

3.1.1 导数的定义

从函数变化的角度看,导数就是函数因变量的增量与其自变量增量的比,当函数自变量的增量趋于零时的极限.通过第 2 章关于无穷小量的学习我们知道,虽然因变量的增量和自变量的增量都是无穷小量,但是,两个无穷小量不一定是同阶或等阶无穷小,它们的比值在取极限的过程中,从量变到了质变,所以,函数导数深刻地反映了高等数学(极限思想)的辩证性.

1. 瞬时速度

我们学习物理都知道这样一个简单的问题.

一辆汽车从相距 120km 的 A 地出发到 B 地,行驶了 4h,那么该汽车行驶的速度就是 $\dfrac{120\text{km}}{4\text{h}}=30\text{km/h}$,此时的 30km/h 只是反映了汽车从 A 地到 B 地的平均速度,并不能代表汽车在某一时刻的瞬间的速度,即**瞬时速度**.那么如何根据物体的运动规律,计算它在某一时刻 t_0 的瞬时速度呢?

如果物体作非匀速直线运动,其位移函数的运动规律为 $s=f(t)$,当 $t=t_0$ 时,初始位移是 $s_0=f(t_0)$,当 $t=t_0+\Delta t$ 时,设物体运动的位移为 $s_0+\Delta s=f(t_0+\Delta t)$,那么

$$\Delta s=f(t_0+\Delta t)-s_0=f(t_0+\Delta t)-f(t_0).$$

其中 Δs 是物体在 Δt 时间内运动的位移变化量,由物理知识我们知道,该物体在 Δt 时间内

的平均速度为

$$\overline{\boldsymbol{v}}_{\Delta t} = \frac{\Delta \boldsymbol{s}}{\Delta t} = \frac{\boldsymbol{f}(t_0 + \Delta t) - \boldsymbol{f}(t_0)}{\Delta t}.$$

显然，$\overline{\boldsymbol{v}}_{\Delta t}$ 随 Δt 的变化而变化；当 $|\Delta t|$ 较小时，可将 $\overline{\boldsymbol{v}}_{\Delta t}$ 看作物体在时刻 t_0 的"瞬时速度"的近似值；当 $|\Delta t|$ 越小，它的近似程度越好. 特别地，当 Δt 无限趋近于 $0(\Delta t \neq 0)$ 时，平均速度的极限

$$\lim_{\Delta t \to 0} \overline{\boldsymbol{v}}_{\Delta t} = \lim_{\Delta t \to 0} \frac{\Delta \boldsymbol{s}}{\Delta t} = \lim_{\Delta t \to 0} \frac{\boldsymbol{f}(t_0 + \Delta t) - \boldsymbol{f}(t_0)}{\Delta t},$$

便可以认为是物体在时刻 t_0 的瞬时速度.

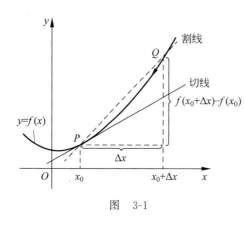

图 3-1

2. 切线的斜率

设曲线 C 为函数 $y = f(x)$ 的图像，如图 3-1 所示. 求过该曲线上一点 $P(x_0, y_0)$ 的切线斜率.

不妨设 Q 是曲线上不同于 P 点的一点，坐标为 $(x_0 + \Delta x, y_0 + \Delta y)$，其中，

$$\Delta x \neq 0, \quad \Delta y = f(x_0 + \Delta x) - f(x_0).$$

由平面解析几何可知，割线 PQ 的斜率（即 Δy 对 Δx 的平均变化率）为

$$k' \doteq \frac{\Delta y}{\Delta x} = \frac{f(x_0 + \Delta x) - f(x_0)}{\Delta x}.$$

当 $|\Delta x|$ 较小时，点 Q 较近于点 P；当 $|\Delta x|$ 逐渐变小时，Q 逐渐接近于点 P，此时割线 PQ 的斜率 k' 可看作是曲线上过点 P 的切线斜率的近似值. 当 Δx 无限趋于 $0(\Delta x \neq 0)$ 时，割线斜率的极限

$$\lim_{\Delta x \to 0} \frac{\Delta y}{\Delta x} = \lim_{\Delta x \to 0} \frac{f(x_0 + \Delta x) - f(x_0)}{\Delta x}$$

便是曲线过点 P 的切线的斜率.

尽管上述两例具体背景各不相同，但最终都归结为讨论函数值的增量 Δy 与自变量的增量 Δx 之比的极限（$\Delta x \to 0$）. 正是由于这类问题的研究，促使了导数概念的诞生.

3. 导数的定义

定义 3-1 函数 $y = f(x)$ 在 x_0 的某个邻域 $U(x_0)$ 内有定义，x 在 x_0 处有一增量 Δx，相应函数的增量为 $\Delta y = f(x_0 + \Delta x) - f(x_0)$. 若极限

$$\lim_{\Delta x \to 0} \frac{\Delta y}{\Delta x} = \lim_{\Delta x \to 0} \frac{f(x_0 + \Delta x) - f(x_0)}{\Delta x} \tag{3-1}$$

存在，则称此函数 $y = f(x)$ 在 x_0 处**可导**（或存在**导数**），并称该极限值为函数 $f(x)$ 在 x_0 处的导数，记为 $f'(x_0)$.

若令 $x = x_0 + \Delta x$，则式（3-1）可改写为

$$\lim_{x \to x_0} \frac{f(x) - f(x_0)}{x - x_0} = f'(x_0). \tag{3-2}$$

若极限(3-1)或极限(3-2)不存在,则称函数 $f(x)$ 在 x_0 处**不可导**.

函数 $f(x)$ 在 I 上某点 x_0 的导数值 $f'(x_0)$,也写作 $y'\big|_{x=x_0}$ 或 $\dfrac{\mathrm{d}y}{\mathrm{d}x}\Big|_{x=x_0}$.

若函数 $y=f(x)$ 在区间 I 上每一点都可导,则称函数 $f(x)$ 在区间 I 可导. 这样确定了一个定义在区间 I 上的函数,称其为 $f(x)$ 在 I 上的**导函数**,也简称导数,记作: $f'(x)$ 或 y' 或 $\dfrac{\mathrm{d}y}{\mathrm{d}x}$.

导数符号 $\dfrac{\mathrm{d}y}{\mathrm{d}x}$ 是莱布尼茨首先引用的. $\dfrac{\mathrm{d}y}{\mathrm{d}x}$ 可以看成一个整体,也可以把 $\dfrac{\mathrm{d}}{\mathrm{d}x}$ 理解为作用于 y 的求导运算. 学过"微分"之后,可把 $\dfrac{\mathrm{d}y}{\mathrm{d}x}$ 看成 $\mathrm{d}y$ 与 $\mathrm{d}x$ 的"商",因此导数也称"微商".

另外,在式(3-1)中,若自变量的改变量 Δx 只从大于 0 或只从小于 0 的方向趋近于 0,那么有如下定义.

定义 3-2 设函数 $y=f(x)$ 在点 x_0 的某右邻域 $U_+(x_0,\delta)$ 内有定义. 若

$$\lim_{\Delta x \to 0^+} \frac{\Delta y}{\Delta x} = \lim_{\Delta x \to 0^+} \frac{f(x_0+\Delta x)-f(x_0)}{\Delta x} \quad (0<\Delta x<\delta), \tag{3-3}$$

存在,则称该极限为 $f(x)$ 在 x_0 处的**右导数**,记作 $f'_+(x_0)$,此时亦称函数 $f(x)$ 在 x_0 处右可导.

式(3-3)也可写为 $f'_+(x_0)=\lim\limits_{x\to x_0^+}\dfrac{f(x)-f(x_0)}{x-x_0}$.

类似地,若

$$\lim_{\Delta x \to 0^-} \frac{\Delta y}{\Delta x} = \lim_{\Delta x \to 0^-} \frac{f(x_0+\Delta x)-f(x_0)}{\Delta x} \quad (-\delta<\Delta x<0), \tag{3-4}$$

存在,则称此极限为 $f(x)$ 在点 x_0 处的**左导数**,记作 $f'_-(x_0)$,此时也称函数 $f(x)$ 在 x_0 处左可导.

式(3-4)也可改为 $\lim\limits_{x\to x_0^-}\dfrac{\Delta y}{\Delta x}=\lim\limits_{x\to x_0^-}\dfrac{f(x)-f(x_0)}{x-x_0}$.

左导数和右导数统称为单侧导数.

与极限情形一样,导数与它的单侧导数有以下关系.

定理 3-1 若函数 $f(x)$ 在点 x_0 的某邻域内有定义,则 $f'(x_0)$ 存在的充要条件是 $f'_+(x_0)$ 与 $f'_-(x_0)$ 都存在,且

$$f'_+(x_0)=f'_-(x_0).$$

显然,如果我们要求函数 $y=f(x)$ 在闭区间 I 上有导数,则 $y=f(x)$ 在 I 左端点的右导数和右端点的左导数必须存在.

下面通过几个实例来熟悉导数的概念.

例 1 求函数 $f(x)=\dfrac{1}{x}$ 在点 $x_0(x_0\neq 0)$ 处的导数.

解 由于 $\Delta y=f(x_0+\Delta x)-f(x_0)=\dfrac{1}{x_0+\Delta x}-\dfrac{1}{x_0}=\dfrac{-\Delta x}{x_0(x_0+\Delta x)}$,所以

$$\lim_{\Delta x \to 0} \frac{\Delta y}{\Delta x} = \lim_{\Delta x \to 0} \frac{-1}{x_0(x_0 + \Delta x)} = -\frac{1}{x_0^2}.$$

例 2 求常量函数 $f(x) = c$ 在任一点 x 处的导数.

解 因为 $f(x + \Delta x) = c$ 且 $\Delta y = f(x + \Delta x) - f(x) = c - c = 0$,故

$$\lim_{\Delta x \to 0} \frac{\Delta y}{\Delta x} = 0.$$

即常数函数的导数为 0.

例 3 设 $f(x) = |x|$,讨论 $f(x)$ 在 $x = 0$ 处的可导性.

解 由于 $\dfrac{f(x) - f(0)}{x - 0} = \dfrac{|x| - 0}{x} = \begin{cases} 1, & x > 0 \\ -1, & x < 0 \end{cases}$,所以

$$f'_+(0) = \lim_{x \to 0^+} \frac{f(x) - f(0)}{x - 0} = \lim_{x \to 0^+} 1 = 1,$$

$$f'_-(0) = \lim_{x \to 0^-} \frac{f(x) - f(0)}{x - 0} = \lim_{x \to 0^-} (-1) = -1.$$

即 $f(x)$ 在点 $x = 0$ 处的左右导数都存在,但 $f'_+(x_0) \neq f'_-(x_0)$,由定理 3-1 可知 $f(x)$ 在 $x = 0$ 处不可导.

例 4 证明函数 $f(x) = \begin{cases} x \sin \dfrac{1}{x}, & x \neq 0 \\ 0, & x = 0 \end{cases}$,在 $x = 0$ 处不可导.

证 由于

$$\frac{f(x) - f(0)}{x - 0} = \frac{x \sin \dfrac{1}{x}}{x} = \sin \frac{1}{x},$$

当 $x \to 0$ 时,$\sin \dfrac{1}{x}$ 处于振荡状态,即极限不存在,所以 $f(x)$ 在 $x = 0$ 处不可导.

4. 函数可导与函数连续性的关系

函数在某点处的可导性与它在该点处的连续性的关系比较复杂,要具体分析.

定理 3-2 若函数 $y = f(x)$ 在点 x_0 处可导,则函数 $y = f(x)$ 在点 x_0 处连续.

证 设 x 在 x_0 处的改变量为 Δx,则相应函数改变量 $\Delta y = f(x_0 + \Delta x) - f(x_0)$,那么

$$\lim_{\Delta x \to 0} \Delta y = \lim_{\Delta x \to 0} \frac{\Delta y}{\Delta x} \cdot \Delta x = \lim_{\Delta x \to 0} \frac{\Delta y}{\Delta x} \cdot \lim_{\Delta x \to 0} \Delta x = f'(x_0) \cdot 0 = 0,$$

即 $f(x)$ 在 x_0 处连续.

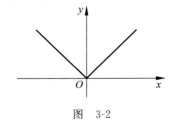

图 3-2

可导仅是函数在某点处连续的充分条件,不是必要条件.所以,定理 3-2 的逆命题是不一定成立的.即函数在一点连续,但是,函数在该点处不一定可导.

比如,例 3 中所指出的函数 $f(x) = |x|$,其图像如图 3-2 所示.由图像可知,$f(x) = |x|$ 在 $x = 0$ 处连续,但它在 $x = 0$ 处并不可导.

关于函数在某点(区间)可导和连续的关系,有如下结论:其一,连续的函数不一定可导;其二,可导的函数是连续的函数;其三,某些函数在区间处处连续,但处处不可导.

3.1.2 导数的几何意义

由图 3-1 可知,当点 Q 沿着曲线无限趋近于点 P 时,割线 PQ 的极限位置就是曲线过点 P 的切线,而过点 P 的切线斜率 k 正是割线斜率在 $x \to x_0$ 时的极限,即

$$k = \lim_{x \to x_0} \frac{f(x) - f(x_0)}{x - x_0}.$$

又由导数定义 $k = f'(x_0)$,所以导数的几何意义是:函数 $f(x)$ 在点 x_0 处的导数 $f'(x_0)$ 是曲线 $y = f(x)$ 在点 $(x_0, f(x_0))$ 处的切线的斜率.

此时曲线 $y = f(x)$ 在点 $(x_0, f(x_0))$ 处的切线方程为 $y - y_0 = f'(x_0)(x - x_0)$.

例 5 根据导数的定义证明系列关系:

(1) $y = x^n, n \in \mathbf{N}^+$,则 $y' = nx^{n-1}$;

(2) $y = \log_a x(a > 0$ 且 $a \neq 1)$,则 $y' = \frac{1}{x \ln a}$.

证 (1) $y' = \lim_{\Delta x \to 0} \frac{\Delta y}{\Delta x} = \lim_{\Delta x \to 0} \frac{(x + \Delta x)^n - x^n}{\Delta x} = \lim_{\Delta x \to 0} \frac{C_n^1 x^{n-1} \Delta x + \cdots + C_n^n \Delta x^n}{\Delta x}$

$= \lim_{\Delta x \to 0} (C_n^1 x^{n-1} + C_n^2 x^{n-2} \Delta x + \cdots + C_n^n \Delta x^{n-1}) = C_n^1 x^{n-1} = nx^{n-1}.$

(2) 因为 $\Delta y = f(x + \Delta x) - f(x) = \log_a(x + \Delta x) - \log_a x = \log_a\left(1 + \frac{\Delta x}{x}\right)$,

$$\frac{\Delta y}{\Delta x} = \frac{1}{\Delta x} \log_a\left(1 + \frac{\Delta x}{x}\right) = \frac{1}{x} \cdot \frac{x}{\Delta x} \log_a\left(1 + \frac{\Delta x}{x}\right) = \frac{1}{x} \log_a\left(1 + \frac{\Delta x}{x}\right)^{\frac{x}{\Delta x}},$$

所以,$\lim_{\Delta x \to 0} \frac{\Delta y}{\Delta x} = \lim_{\Delta x \to 0} \frac{1}{x} \log_a\left(1 + \frac{\Delta x}{x}\right)^{\frac{x}{\Delta x}} = \frac{1}{x} \log_a\left[\lim_{\Delta x \to 0}\left(1 + \frac{\Delta x}{x}\right)^{\frac{x}{\Delta x}}\right] = \frac{1}{x} \log_a e = \frac{1}{x \ln a}.$

其中 $\lim_{\Delta x \to 0}\left(1 + \frac{\Delta x}{x}\right)^{\frac{x}{\Delta x}} = e, \log_a e = \frac{\ln e}{\ln a} = \frac{1}{\ln a}.$

例 6 求 $y = x^3$ 在点 $P(x_0, y_0)$ 处的切线方程与法线方程.

解 由于 $\frac{\Delta y}{\Delta x} = 3x_0^2 + 3x_0 \Delta x + \Delta x^2$,故 $f'(x_0) = \lim_{\Delta x \to 0}[3x_0^2 + 3x_0 \Delta x + \Delta x^2] = 3x_0^2$,所以曲线 $y = x^3$ 在点 P 处的切线的斜率为 $3x_0^2$,则其切线方程为

$$y - y_0 = 3x_0^2(x - x_0).$$

由解析几何知道,若切线斜率为 k,则法线斜率为 $-\frac{1}{k}$,由于过点 $(x_0, f(x_0))$ 的法线斜率为 $-\frac{1}{f'(x_0)} = -\frac{1}{3x_0^2}$,因而法线方程为

$$y - y_0 = -\frac{1}{3x_0^2}(x - x_0).$$

3.2　求导法则

我们可以根据导数定义求出一些简单函数的导数,对于一般函数的导数,如果用定义去求,其过程可能比较繁琐. 所以,必须探寻一些常见的求导方法,使得求某些比较复杂函数的导数时,比较简洁而且有规律可循,这些方法有四则运算求导法、反函数求导法、复合函数求导法等.

3.2.1　导数的四则运算法则

定理 3-3　若函数 $f(x)$ 与 $g(x)$ 在点 x 处可导,则函数 $f(x)\pm g(x)$ 在 x 处也可导,且
$$[f(x)\pm g(x)]'=f'(x)\pm g'(x).$$

证明　设 $y=f(x)\pm g(x)$,则和函数的导数为

$$
\begin{aligned}
[f(x)\pm g(x)]' &=\lim_{\Delta x\to 0}\frac{\Delta y}{\Delta x}=\lim_{\Delta x\to 0}\frac{[f(x+\Delta x)\pm g(x+\Delta x)]-[f(x)\pm g(x)]}{\Delta x}\\
&=\lim_{\Delta x\to 0}\frac{[f(x+\Delta x)-f(x)]\pm[g(x+\Delta x)-g(x)]}{\Delta x}\\
&=\lim_{\Delta x\to 0}\frac{\Delta f\pm \Delta g}{\Delta x}.
\end{aligned}
$$

由于函数 $f(x)$ 与 $g(x)$ 在点 x 处可导,则分别有

$$\lim_{\Delta x\to 0}\frac{f(x+\Delta x)-f(x)}{\Delta x}=\lim_{\Delta x\to 0}\frac{\Delta f}{\Delta x}=f'(x),$$

与

$$\lim_{\Delta x\to 0}\frac{g(x+\Delta x)-g(x)}{\Delta x}=\lim_{\Delta x\to 0}\frac{\Delta g}{\Delta x}=g'(x),$$

所以

$$[f(x)\pm g(x)]'=f'(x)\pm g'(x).$$

推论 1　任意有限个函数代数和(差)的导数等于有限个函数导数的代数和(差).

例 1　求函数 $f(x)=\sqrt{x}+\sin x+5$ 的导数.

解　因为 $(\sqrt{x})'=\dfrac{1}{2\sqrt{x}}$,$(\sin x)'=\cos x$,$5'=0$,故

$$f'(x)=(\sqrt{x}+\sin x+5)'=(\sqrt{x})'+(\sin x)'+5'=\frac{1}{2\sqrt{x}}+\cos x.$$

定理 3-4　若函数 $f(x)$ 与 $g(x)$ 在 x 处可导,则这两个函数的乘积函数 $f(x)g(x)$ 在 x 处也可导,且 $[f(x)g(x)]'=f(x)g'(x)+g(x)f'(x)$.

证　设 $y=f(x)g(x)$,则

$$
\begin{aligned}
\frac{\Delta y}{\Delta x} &=\frac{f(x+\Delta x)g(x+\Delta x)-f(x)g(x)}{\Delta x}\\
&=\frac{f(x+\Delta x)g(x+\Delta x)-f(x+\Delta x)g(x)+f(x+\Delta x)g(x)-f(x)g(x)}{\Delta x}\\
&=\frac{f(x+\Delta x)[g(x+\Delta x)-g(x)]+g(x)[f(x+\Delta x)-f(x)]}{\Delta x}.
\end{aligned}
$$

由于 $f(x)$ 与 $g(x)$ 在 x 处可导，则有

$$\lim_{\Delta x \to 0} \frac{f(x+\Delta x)-f(x)}{\Delta x} = f'(x) \text{ 与 } \lim_{\Delta x \to 0} \frac{g(x+\Delta x)-g(x)}{\Delta x} = g'(x).$$

由定理 3-2，函数 $f(x)$ 在 x 处可导，则 $f(x)$ 也在 x 处连续，于是

$$\lim_{\Delta x \to 0} f(x+\Delta x) = f(x).$$

所以

$$\lim_{\Delta x \to 0} \frac{f(x+\Delta x)[g(x+\Delta x)-g(x)]+g(x)[f(x+\Delta x)-f(x)]}{\Delta x}$$

$$= \lim_{\Delta x \to 0} f(x+\Delta x) \cdot \lim_{\Delta x \to 0} \frac{g(x+\Delta x)-g(x)}{\Delta x} + g(x) \cdot \lim_{\Delta x \to 0} \frac{f(x+\Delta x)-f(x)}{\Delta x}$$

$$= f(x)g'(x) + g(x)f'(x).$$

即函数 $f(x)g(x)$ 在 x 处可导，且

$$[f(x)g(x)]' = f(x)g'(x) + g(x)f'(x).$$

推论 2　两个函数乘积的导数等于第一个函数乘第二个函数的导数再加上第二个函数乘第一个函数的导数.

例 2　求函数 $f(x) = x^2 \cos x$ 的导数.

解　$f'(x) = (x^2 \cos x)' = x^2 (\cos x)' + (x^2)' \cos x = -x^2 \sin x + 2x \cos x.$

定理 3-5　若函数 $f(x)$ 与 $g(x)$ 在 x 处可导，且 $g(x) \neq 0$，则函数 $\dfrac{f(x)}{g(x)}$ 在 x 处也可导，且

$$\left[\frac{f(x)}{g(x)}\right]' = \frac{f'(x)g(x) - f(x)g'(x)}{[g(x)]^2}.$$

关于此定理的证明，留作练习，请大家自行证明.

推论 3　两个函数商的导数等于另两个函数的商，其分子是原来函数分子的导数乘分母减去分母的导数乘分子，其分母是原来函数分母的平方.

3.2.2　反函数求导法则

定理 3-6　设 $y = f(x)$ 为 $x = g(y)$ 的反函数，且 $g(y)$ 在 x 的某邻域内连续，并严格单调且 $g'(y) \neq 0$，则 $y = f(x)$ 在 x 处可导且有

$$f'(x) = \frac{1}{g'(y)}.$$

证　设 $\Delta x = g(y+\Delta y) - g(y)$，$\Delta y = f(x+\Delta x) - f(x)$. 由于 $g(y)$ 在 x 的某邻域内连续，且严格单调，则 $\Delta y \neq 0$ 时，也有 $\Delta x \neq 0$，从而当 $g'(y) \neq 0$ 时有

$$f'(x) = \lim_{\Delta x \to 0} \frac{\Delta y}{\Delta x} = \lim_{\Delta y \to 0} \frac{\Delta y}{\Delta x}$$

$$= \frac{1}{\lim\limits_{\Delta y \to 0} \dfrac{\Delta x}{\Delta y}} = \frac{1}{g'(y)}.$$

推论 4　反函数的导数等于原函数导数的倒数.

例 3　求下列反三角函数的导数：

$$y = \arcsin x \left(-1 < x < 1, -\frac{\pi}{2} < y < \frac{\pi}{2} \right).$$

解　由于 $y = \arcsin x$，$x \in (-1,1)$ 为 $x = \sin y$，$y \in \left(-\frac{\pi}{2}, \frac{\pi}{2} \right)$ 的反函数，且在 $(-1,1)$ 上严格单调递增，则由反函数求导法则得

$$(\arcsin x)' = \frac{1}{(\sin y)'} = \frac{1}{\cos y} = \frac{1}{\pm \sqrt{1 - \sin^2 y}} = \frac{1}{\pm \sqrt{1 - x^2}},$$

当 $-\frac{\pi}{2} < y < \frac{\pi}{2}$ 时，$\cos y > 0$，所以

$$(\arcsin x)' = \frac{1}{\sqrt{1 - x^2}}.$$

例 4　$y = \arccos x (-1 < x < 1, 0 < y < \pi)$.

解　由于 $y = \arccos x$ 在 $(-1,1)$ 上是 $x = \cos y$ 的反函数，且在 $(-1,1)$ 上严格单调递减，则由反函数求导法则得

$$(\arccos x)' = \frac{1}{-\sin y} = -\frac{1}{\pm \sqrt{1 - \cos^2 y}} = -\frac{1}{\pm \sqrt{1 - x^2}}.$$

当 $0 < y < \pi$ 时，$\sin y > 0$，所以

$$(\arccos x)' = -\frac{1}{\sqrt{1 - x^2}}.$$

例 5　$y = \arctan x \left(x \in \mathbf{R}, -\frac{\pi}{2} < y < \frac{\pi}{2} \right).$

解　由于 $y = \arctan x$ 在 $\mathbf{R}$ 上存在反函数 $x = \tan y$，则由反函数求导法则，得

$$(\arctan x)' = \frac{1}{(\tan y)'} = \cos^2 y = \frac{1}{1 + \tan^2 y} = \frac{1}{1 + x^2}.$$

例 6　$y = \text{arccot} x (x \in \mathbf{R}, 0 < y < \pi).$

解　由于 $y = \text{arccot} x$ 在 $\mathbf{R}$ 上存在反函数 $x = \cot y$，则由反函数求导法则，得

$$(\text{arccot} x)' = \frac{1}{(\cot y)'} = -\sin^2 y = \frac{1}{1 + \cot^2 y} = -\frac{1}{1 + x^2}.$$

3.2.3　复合函数求导法则

关于复合函数的导数计算，必须了解它的求导法则.

定理 3-7　若函数 $y = f(u)$ 在 $u_0 = g(x_0)$ 处可导，函数 $u = g(x)$ 在 x_0 处可导，则复合函数 $(f \cdot g)(x)$ 在 x_0 处也可导，且

$$(f \cdot g)'(x_0) = f'(u_0)g'(x_0) = f'(g(x_0))g'(x_0).$$

证　设 $\Delta u = g(x_0 + \Delta x) - g(x_0)$，则 $g(x_0 + \Delta x) = \Delta u + u_0$. 构造函数

$$H(\Delta x) = \begin{cases} \dfrac{f(u_0 + \Delta u) - f(u_0)}{\Delta u}, & \Delta u \neq 0 \\ f'(u_0), & \Delta u \to 0 \end{cases}.$$

由于 $g(x)$ 在 x_0 处连续，故当 $\Delta x \to 0$ 时有 $\Delta u \to 0$. 又由 $H(\Delta x)$ 的定义及 $f(u)$ 在 u_0 处可

导可知,不管 Δu 是否为 0,总有

$$\lim_{\Delta x \to 0} H(\Delta x) = f'(u_0) = H(0).$$

于是函数 $H(\Delta x)$ 在 $x_0 = 0$ 时也连续,所以

$$\lim_{\Delta x \to 0} \frac{(f \cdot g)(x_0 + \Delta x) - (f \cdot g)(x_0)}{\Delta x} = \lim_{\Delta x \to 0} \frac{f(u_0 + \Delta u) - f(u_0)}{\Delta x}$$

$$= \lim_{\Delta x \to 0} \frac{H(\Delta x)\Delta u}{\Delta x} = H(0)g'(x_0) = f'(u_0)g'(x_0).$$

这就证得 $f \cdot g$ 在 x_0 处也可导,且有 $(f \cdot g)'(x_0) = f'(u_0)g'(x_0) = f'(g(x_0))g'(x_0)$ 成立.

推论 5　复合函数的导数等于函数对中间变量的导数乘以中间变量对自变数的导数.

该推论可推广到对有限个初等函数生成的复合函数求导.

如对由三个可导函数 $y = f(u)$,$\mu = g(v)$,$v = \varphi(x)$ 生成的复合函数求导,有

$$(f\{g[\varphi(x)]\})' = f'(u)g'(v)\varphi'(x).$$

例 7　求函数 $y = \cos 3x$ 的导数.

解　函数 $y = \cos 3x$ 是函数 $y = \cos u$ 与 $u = 3x$ 的复合函数,由复合函数求导法则有

$$(\cos 3x)' = (\cos u)'(3x)' = -\sin u \cdot 3 = -3\sin 3x.$$

例 8　设 $f(x) = \sqrt{x^2 + 1}$,求 $f'(0)$,$f'(1)$.

解　函数 $y = \sqrt{x^2 + 1}$ 可看成函数 $y = u^{\frac{1}{2}}$ 与 $u = x^2 + 1$ 的复合函数,所以

$$f'(x) = (u^{\frac{1}{2}})'(x^2 + 1)' = \frac{1}{2\sqrt{u}} \cdot 2x = \frac{x}{\sqrt{x^2 + 1}},$$

故 $f'(0) = 0$,$f'(1) = \dfrac{1}{\sqrt{2}}$.

3.2.4　基本求导法则与公式

为了方便大家对公式的查阅,下面将前面得到的求导法则与基本初等函数的导数公式归纳如下.

1. 基本求导法则

(1) $(u \pm v)' = u' + v'$.

(2) $(uv)' = u'v + uv'$,特别地 $(cu)' = cu'$(c 为常数).

(3) $\left(\dfrac{u}{v}\right)' = \dfrac{u'v - uv'}{v^2}$.

(4) 反函数求导:$f'(x) = \dfrac{1}{g'(y)}$,其中 $y = f(x)$ 是 $x = g(y)$ 的反函数.

(5) 复合函数求导:$\{f[g(x)]\}' = f'(\mu) = g'(x)$,其中 $\mu = g(x)$.

2. 基本初等函数求导公式

(1) $(c)' = 0$(c 为常数).

(2) $(x^a)' = ax^{a-1}$(a 为任意实数),$\left(\dfrac{1}{x}\right)' = -\dfrac{1}{x^2}$,$(\sqrt{x})' = \dfrac{1}{2\sqrt{x}}$.

（3）$(\sin x)' = \cos x$，$(\cos x)' = -\sin x$，$(\tan x)' = \sec^2 x$，$(\cot x)' = -\csc^2 x$，$(\sec x)' = \sec x \tan x$，$(\csc x)' = -\csc x \cot x$.

（4）$(\arcsin x)' = -(\arccos x)' = \dfrac{1}{\sqrt{1-x^2}}$（$(|x| < 1)$）；$(\arctan x)' = -(\text{arccot} x)' = \dfrac{1}{1+x^2}$.

（5）$(a^x)' = a^x \ln a$，特别地$(e^x)' = e^x$.

（6）$(\log_a x)' = \dfrac{1}{x \ln a}$，特别地$(\ln x)' = \dfrac{1}{x}$.

3.3　高阶导数

由前面学习已知，一个函数的导数若存在，则这个导数仍然是一个函数，一般称其为导函数. 因而可以对这个导函数继续进行求导，称为二阶导数、三阶导数、四阶导数，等等. 二阶以上的导数习惯上称为高阶导数.

在一般的变速运动中，加速度a是随时间变化而变化的函数$a(t)$，所以在t时刻的瞬时加速度即是当$\Delta t \to 0$时，平均加速度$\dfrac{\Delta v}{\Delta t}$的极限值：

$$a(t) = \lim_{x \to 0} \frac{\Delta v}{\Delta t} = \lim_{x \to 0} \frac{v(t+\Delta t) - v(t)}{\Delta t} = v'(t),$$

即加速度函数$a(t)$是速度函数$v(t)$的导数，而速度函数$v(t)$是位移函数$s(t)$的导数，那么$a(t)$可看成是$s(t)$的导函数的导数，我们称之为$s(t)$的二阶导数.

定义 3-3　若函数$f(x)$的导函数$f'(x)$在x_0处仍可导，则称$f'(x)$在x_0处的导数$\lim_{x \to 0} \dfrac{f'(x_0 + \Delta x) - f'(x_0)}{\Delta x}$为函数$f(x)$在$x_0$处的**二阶导数**，记为$f''(x_0)$或$\dfrac{d^2 y}{dx^2}\Big|_{x=x_0}$.

若$f(x)$在区间I上每一点都二阶可导，则得到一个定义在I内的**二阶导函数**，记为$f''(x)$或$\dfrac{d^2 y}{dx^2}$（$x \in I$）.

类似地，二阶导数的导数称为**三阶导数**，记为$f'''(x)$或$\dfrac{d^3 y}{dx^3}$. 以此类推，我们可以定义一般的 n **阶导数**$f^{(n)}(x)$，即

$$f^n(x) = \lim_{x \to 0} \frac{f^{(n-1)}(x+\Delta x) - f^{(n-1)}(x)}{\Delta x}.$$

二阶与二阶以上的导数，统称为**高阶导数**. $\dfrac{d^2 y}{dx^2}$也可以写为$\dfrac{d^2}{dx^2} y$或$\dfrac{d}{dx}\left(\dfrac{dy}{dx}\right)$.

利用上述记号，我们可以将加速度写为$s(t)$在t时刻的二阶导数，即

$$a(t) = s''(t) = \frac{d^2 s}{ds^2}.$$

函数f在x_0处的n阶导数记作

$$f^{(n)}(x_0), \quad y^{(n)}\big|_{x=x_0} \quad \text{或} \quad \frac{d^n y}{dx^n}\Big|_{x=x_0}.$$

我们来看几个常用的基本初等函数的高阶导数.

例 1 求 $y = x^n (n > 0)$ 的 n 阶导数.

解 由幂函数的求导公式得

$$y' = nx^{n-1},$$
$$y'' = (y')' = n(n-1)x^{n-2},$$
$$y''' = (y'')' = n(n-1)(n-2)x^{n-3},$$
$$\vdots$$
$$y^{(n-1)} = n(n-1)(n-2)\cdots 2x,$$
$$y^{(n)} = (y^{(n-1)})' = [n(n-1)(n-2)\cdots 2x]' = n!,$$
$$y^{(n+1)} = y^{(n+2)} = \cdots = 0.$$

由此可见,对于正整数幂函数 x^n,每求导一次,其幂次就降低 1,第 n 阶导数为常数,大于 n 阶的导数都等于 0.

例 2 求 $y = \sin x, y = \cos x$ 的各阶导数.

解 对于 $y = \sin x$,由三角函数求导公式得

$$y' = (\sin x)' = \cos x \quad y'' = (\cos x)' = -\sin x,$$
$$y''' = (-\sin x)' = -\cos x \quad y^{(4)} = (-\cos x)' = \sin x,$$

若继续求导,将重复以上过程.但为了求一般的 n 阶导数公式,可做如下变形:

$$y' = \cos x = \sin\left(x + \frac{\pi}{2}\right),$$
$$y'' = \left(\sin\left(x + \frac{\pi}{2}\right)\right)' = \cos\left(x + \frac{\pi}{2}\right) = \sin\left(x + \frac{2\pi}{2}\right),$$
$$y''' = \left(\sin\left(x + \frac{2\pi}{2}\right)\right)' = \cos\left(x + \frac{2\pi}{2}\right) = \sin\left(x + \frac{3\pi}{2}\right),$$

以此类推

$$y^{(n)} = \sin\left(x + \frac{n}{2}\pi\right),$$

同理可得 $(\cos x)^{(n)} = \cos\left(x + \frac{n}{2}\pi\right).$

3.4 微分及其应用

在高等数学中,函数的微分可以近似地描述当函数自变量的取值作足够小的改变时,函数的值是怎样改变的.简单地说,微分是对函数的局部变化率的一种线性描述.所以微分与导数密切相关.

3.4.1 微分的概念及其几何意义

当一个函数的自变量有微小的改变时,它的因变量一般来说也会有一个相应的改变.微分的原始思想在于去寻找一种方法,当因变量的改变也很微小的时候,能够简便又比较精确地估计出这个改变量.

定义 3-4   若函数 $y=f(x)$ 在 x_0 的改变量 Δy 与自变量 x 的改变量 Δx,有下列关系:
$$\Delta y = A\Delta x + o(\Delta x), \quad (A \text{ 是常数}),$$
称函数 $f(x)$ 在 x_0 **可微**,$A\Delta x$ 称为函数 $f(x)$ 在 x_0 的**微分**,记作
$$\mathrm{d}y\big|_{x=x_0} = A\Delta x \quad \text{或} \quad \mathrm{d}f(x)\big|_{x=x_0} = A\Delta x.$$

由定义可见,函数的微分与增量 Δy 仅相差一个较 Δx 高阶的无穷小量. 由于 $\mathrm{d}y$ 是 Δx 的一次函数,所以当 $A \neq 0$ 时,也说微分 $\mathrm{d}y$ 是增量 Δy 的线性主要部分. 所谓"线性主要部分",实际上就是在导数定义(定义 3-1)中,只保留了与 Δx 相乘的部分,即函数增量与 Δx 成线性关系的部分,因而忽略了比 Δx 更高阶无穷小的那一部分.

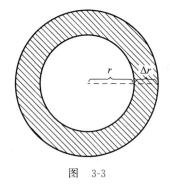

图 3-3

下面我们通过一个实例来体会可微的定义.

如图 3-3 所示,半径为 r 的圆面积 $s = \pi r^2$.

若半径 r 增大 Δr,则面积 s 也会相应地发生改变,设其改变量为 Δs,则
$$\Delta s = \pi(r+\Delta r)^2 - \pi r^2 = 2\pi r\Delta r + \pi(\Delta r)^2$$

由可微定义,Δs 的线性主要部分是 $\mathrm{d}s = 2\pi r\Delta r$,而 $\pi(\Delta r)^2$ 比 Δr 是高阶无穷小,即 $\pi(\Delta r)^2 = o(\Delta r)$,此时当 $\Delta r \to 0$ 时,$\Delta s \approx \mathrm{d}s$.

函数 $f(x)$ 在点 x_0 的可微与可导有如下关系.

定理 3-8   函数 $y=f(x)$ 在点 x_0 可微等价于函数 $f(x)$ 在点 x_0 可导.

证   **必要性**. 由于 $y=f(x)$ 在点 x_0 可微,所以
$$\Delta y = A\Delta x + o(\Delta x),$$
从而
$$\frac{\Delta y}{\Delta x} = A + \frac{o(\Delta x)}{\Delta x}.$$

又因为 $\lim\limits_{x\to 0}\dfrac{\Delta y}{\Delta x} = A + \lim\limits_{x\to 0}\dfrac{o(\Delta x)}{\Delta x} = A$,所以函数 $f(x)$ 在点 x_0 处可导.

充分性. 因为 $y=f(x)$ 在点 x_0 可导,即
$$\lim_{x\to 0}\frac{\Delta y}{\Delta x} = f'(x_0),$$
或记为 $\dfrac{\Delta y}{\Delta x} = f'(x_0) + a$,$a \to 0$(当 $\Delta x \to 0$ 时),从而
$$\Delta y = f'(x_0)\Delta x + a\Delta x = f'(x_0)\Delta x + o\Delta x, \tag{3-5}$$
其中 $f'(x_0)$ 是与 Δx 无关的常数,$o\Delta x$ 与 Δx 相比是高阶无穷小,由可微的定义可知,$f(x)$ 在点 x_0 处可微.

上述定理不仅指出了函数 $y=f(x)$ 在点 x_0 处可微与可导是等价的,而且回答了定义 3-4 中 A 含义是 $f'(x_0)$,于是函数 $y=f(x)$ 在点 x_0 的微分也可写为
$$\mathrm{d}y = f'(x_0)\Delta x \tag{3-6}$$

从几何图形看,如图 3-4 所示,设 $P(x_0, y_0)$ 是函数 $y=f(x)$ 对应的曲线 C 上的一个定点,当自变量 x 由 x_0 增加到 $x_0 + \Delta x$ 时,对应于曲线 C 上的另一个点 $Q(x_0 + \Delta x, y_0 + \Delta y)$.

过 P 点作 $y=f(x)$ 的切线 $\overline{PM}$，当倾斜角为 α 时，显然有 $f'(x_0)=\tan\alpha$，

$$\Delta y=f(x_0+\Delta x)-f(x_0)=\overline{QN},$$

那么，$\mathrm{d}y=f'(x_0)\Delta x=\tan\alpha\cdot\Delta x=\dfrac{\overline{MN}}{\Delta x}\Delta x=$ $\overline{MN}$，因此 $\Delta y-\mathrm{d}y=\overline{MQ}=o(\Delta x)(\Delta x\to 0)$，即 Δy 与 $\mathrm{d}y$ 之差距 $\overline{MQ}$ 为较 Δx 高阶无穷小量. 于是在 x_0 的充分小邻域内，可用 x_0 处的切线段来近似代替 x_0 处的曲线段.

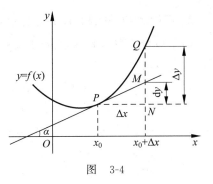

图 3-4

3.4.2 基本初等函数的微分公式与微分的运算法则

若函数 $y=f(x)$ 在区间 I 上每一点都可微，称 $y=f(x)$ 为 I 上的**可微函数**. 特别地，当 $y=x$ 时，$\mathrm{d}y=\mathrm{d}x=\Delta x$，从而微分可记作 $\mathrm{d}y=f'(x)\mathrm{d}x(x\in I)$，由此可得，函数的微分等于函数的导数与自变量微分之积.

1. 基本初等函数的微分公式

(1) $y=c$，$\mathrm{d}y=0$，其中 c 是常数.

(2) $y=x^a$，$\mathrm{d}y=ax^{a-1}\mathrm{d}x$.

特别地，$y=\dfrac{1}{x}$，$\mathrm{d}y=-\dfrac{1}{x^2}\mathrm{d}x$；$y=\sqrt{x}$，$\mathrm{d}y=\dfrac{1}{2\sqrt{x}}\mathrm{d}x$.

(3) $y=a^x$，$\mathrm{d}y=a^x\ln a\,\mathrm{d}x$；

特殊地，$y=\mathrm{e}^x$，$\mathrm{d}y=\mathrm{e}^x\mathrm{d}x$.

(4) $y=\log_a x$，$\mathrm{d}y=\dfrac{1}{x\ln a}\mathrm{d}x$；

特殊地，$y=\ln a$，$\mathrm{d}y=\dfrac{1}{x}\mathrm{d}x$.

(5) $y=\sin x$，$\mathrm{d}y=\cos x\,\mathrm{d}x$；

$y=\cos x$，$\mathrm{d}y=-\sin x\,\mathrm{d}x$；

$y=\tan x$，$\mathrm{d}y=\dfrac{1}{\cos^2 x}\mathrm{d}x$；

$y=\cot x$，$\mathrm{d}y=-\dfrac{1}{\sin^2 x}\mathrm{d}x$.

(6) $y=\arcsin x$，$\mathrm{d}y=\dfrac{1}{\sqrt{1-x^2}}\mathrm{d}x$；

$y=\arccos x$，$\mathrm{d}y=-\dfrac{1}{\sqrt{1-x^2}}\mathrm{d}x$；

$y=\arctan x$，$\mathrm{d}y=\dfrac{1}{1+x^2}\mathrm{d}x$；

$y=\operatorname{arccot}x$，$\mathrm{d}y=-\dfrac{1}{1+x^2}\mathrm{d}x$.

2. 函数的和、差、积、商的微分运算法则

由于可微与可导是等价的,且 $\mathrm{d}y = y'\mathrm{d}x$,根据导数的运算法则,我们能很容易推出如下微分运算法则:

(1) $\mathrm{d}[cu(x)] = c\,\mathrm{d}u(x)$,$c$ 是常数.

(2) $\mathrm{d}[u(x) \pm v(x)] = \mathrm{d}u(x) \pm \mathrm{d}v(x)$.

(3) $\mathrm{d}[u(x) \cdot v(x)] = u(x)\mathrm{d}v(x) + v(x)\mathrm{d}u(x)$.

(4) $\mathrm{d}\left[\dfrac{u(x)}{v(x)}\right] = \dfrac{v(x)\mathrm{d}u(x) - u(x)\mathrm{d}v(x)}{[v(x)]^2}$.

3. 复合函数的微分法则

若 $y = f(u)$,$u = g(x)$ 都可导,则 $y = f[g(x)]$ 可微,即

$$\mathrm{d}y = \mathrm{d}f[g(x)] = f'(u) \cdot g'(x)\mathrm{d}x = f'(u)\mathrm{d}u.$$

例1　求 $y = x^2\mathrm{e}^x + \sin x^2$ 的微分.

解　$\mathrm{d}y = \mathrm{d}(x^2\mathrm{e}^x + \sin x^2) = \mathrm{d}(x^2\mathrm{e}^x) + \mathrm{d}(\sin x^2)$

$\qquad = \mathrm{e}^x\mathrm{d}x^2 + x^2\mathrm{d}\mathrm{e}^x + \mathrm{d}(\sin x^2) = (2x\mathrm{e}^x + x^2\mathrm{e}^x + 2x\cos x^2)\mathrm{d}x.$

例2　设 $y = \ln(1 + \mathrm{e}^{x^2})$,求 $\mathrm{d}y$.

解　$\mathrm{d}y = \mathrm{d}[\ln(1 + \mathrm{e}^{x^2})] = \dfrac{1}{1 + \mathrm{e}^{x^2}}\mathrm{d}(1 + \mathrm{e}^{x^2}) = \dfrac{1}{1 + \mathrm{e}^{x^2}}\mathrm{d}(\mathrm{e}^{x^2}) = \dfrac{\mathrm{e}^{x^2}}{1 + \mathrm{e}^{x^2}}\mathrm{d}(x^2) = \dfrac{2x\mathrm{e}^{x^2}}{1 + \mathrm{e}^{x^2}}\mathrm{d}(x).$

3.4.3　微分在近似计算中的应用

由微分的定义 3-4 可知,若函数 $f(x)$ 在 x_0 可微,由式(3-6),即

$$\mathrm{d}y = f'(x_0)\Delta x,$$

可知,$\Delta y = \mathrm{d}y + o(\Delta x)$,$\mathrm{d}y = f'(x_0)\Delta x$;而且 $\mathrm{d}y \approx f(x) - f(x_0)$,$\Delta x = x_0 + x$.代入式(3-6)得

$$f(x) \approx f(x_0) + f'(x_0)(x - x_0) \tag{3-7}$$

我们称式(3-7)为函数值 $f(x)$ 的近似计算公式.

特殊地,当 $x_0 = 0$ 时,有

$$f(x) \approx f(0) + f'(0)x \tag{3-8}$$

由式(3-8)可以推出几个常用的近似公式如下:

(1) $\sin x \approx x$.

(2) $\mathrm{e}^x \approx 1 + x$.

(3) $\tan x \approx x$.

(4) $\ln(1 + x) \approx x$.

(5) $\dfrac{1}{1 + x} \approx 1 - x$.

(6) $\sqrt[n]{1 + x} \approx 1 + \dfrac{x}{n}$.

例 3 这里作为例题,对最后一个近似公式(6)加以证明.

证 设 $f(x) = \sqrt[n]{1+x}$,则 $f'(x) = \frac{1}{n}(1+x)^{\frac{1}{n}-1}$,所以有 $f'(0) = \frac{1}{n}$,$f(0) = 1$.

由近似公式(3-8)得

$$f(x) = \sqrt[n]{1+x} = (1+x)^{\frac{1}{n}} \approx (1+x)^{\frac{1}{n}}\Big|_{x=0} + \frac{1}{n}(1+x)^{\frac{1}{n}-1}\Big|_{x=0} x \approx 1 + \frac{x}{n}.$$

小结与复习

一、主要内容

1. 导数的概念及其定义

2. 导数的几何意义

3. 高阶导数

4. 微分的概念及其几何意义

5. 导数和微分的关系

二、主要结论与方法

1. 导数的四则运算法则

2. 反函数求导法则

3. 复合函数和隐函数的求导法则

4. 基本求导法则与导数系列公式

5. 微分在实际计算中的应用方法

三、基本要求

1. 掌握导数的定义

2. 理解导数的几何意义

3. 掌握导数的四则运算法则

4. 掌握一般简单复合函数和隐函数的求导法则

5. 理解高阶导数的含义,会求二阶导数

6. 理解微分的概念及其几何意义

7. 掌握微分在近似计算中的应用

数学家简介 德国数学家:莱布尼茨

莱布尼茨(Gottfried Wilhelm Leibniz,1646—1716),德国哲学家、数学家和自然主义科学家,是历史上少见的通才,被誉为17世纪的亚里士多德。

莱布尼茨的父亲是莱比锡大学的伦理学教授,在莱布尼茨6岁时就去世了,给他留下了一大批丰富珍贵的藏书。莱布尼茨12岁时自学拉丁文和希腊文。14岁进入莱比锡大学,专攻法律和一般大学课程。1663年他以题为《论个体原则方面的形而上学争论》的论文获得学士学位,1665年以题为《论法学之艰难》的论文获得硕士学位,但是1666年其博士论文《论身份》未获通过,莱比锡大学给出的理由是:20岁太年轻。不过从其学位论文看,他早

期的研究都是哲学,似乎与数学无关。但是,1672—1676 年间他担任外交官,有机会游历欧洲各国,结识了惠更斯等科学家,开始研究数学。1673 年他被选为英国皇家学会会员;1682 年,他创办《博学文摘》;1700 年,被选为法国科学院院士;同年,他创办柏林科学院,并担任首任院长。实际上,他担任腓特烈公爵的顾问和图书馆馆长将近 40 年,有机会探讨大量的科学问题,比如,哲学、数学、力学、光学、流体静力学、气体学、海洋学、生物学、地质学、机械学、逻辑学、语言学、历史学、神学等,撰写了各种题材的论文,其数量浩如烟海。在哲学上,莱布尼茨和笛卡儿、巴鲁赫·斯宾诺莎被认为是 17 世纪三位最伟大的理性主义哲学家。莱布尼茨是最早接触中华文化的欧洲人之一,法国汉学大师若阿基姆向莱布尼茨介绍了《周易》和八卦的系统,莱布尼茨认为,"阴"与"阳"基本上就是他的二进制的中国版。

在数学上,他与牛顿先后独立发现了微积分。莱布尼茨与牛顿谁先发明微积分的争论是数学界至今最大的公案。现在,经过历史考证,莱布尼茨和牛顿的方法和途径是不一样的,对微积分学的贡献也各有所长。牛顿注重于与物理的运动学的结合,发展完善了"变量"的概念,为微积分在各门学科的应用开辟道路。莱布尼茨从几何学出发,发明了一套简明方便使用至今的微积分符号体系。比如,他在 1684 年发表的论文中,首次采用了微分记号"$\mathrm{d}x$、$\mathrm{d}y$",并且给出了函数和、差、积、商以及幂的微分法则;在 1886 年首次引进了积分记号"$\int$";1694 年他发表论文,阐述了积分常数 C 的数学意义,等等。因此,如今学术界将微积分的发明权判定为他们两人共同享有。

另外,莱布尼茨对中国的科学、文化和哲学思想十分关注,是最早研究中国文化和中国哲学的德国人。他向耶稣会来华传教士格里马尔迪了解到了许多有关中国的情况,包括养蚕纺织、造纸印染、冶金矿产、天文地理、数学文字等,并将这些资料编辑成册出版。他认为中西相互之间应建立一种交流认识的新型关系。在《中国近况》一书的绪论中,莱布尼茨写道:"全人类最伟大的文化和最发达的文明仿佛今天汇集在我们大陆的两端,即汇集在欧洲和位于地球另一端的东方的欧洲——中国。""中国这一文明古国与欧洲相比,面积相当,但人口数量则已超过。"

思考与练习

一、思考题

1. 变化量和变化率的区别与联系是什么?

2. 函数的导数的本质是什么?

3. 在求函数的导数的时候,无穷小量起到了什么关键作用? 极限概念起到了什么关键作用?

4. 一元函数在某点可导与其在该点的连续性有什么样的关系?

5. 函数的微分和函数的导数的区别与联系是什么?

6. 函数导数的几何意义与函数微分的几何意义有什么不同？

7. 复合函数求导法则与隐函数的求导法则有什么不同？

8. 高阶导数与一阶导数有本质区别吗？为什么？

二、作业必做题

1. 求正弦函数 $f(x)=\sin x$ 在 x 处的导数.

2. 设 $f(x)=|x|$，讨论 $f(x)$ 在 $x=0$ 处的可导性.

3. 证明函数 $f(x)=\begin{cases}x\sin\dfrac{1}{x}, & x\neq0 \\ 0, & x=0\end{cases}$ 在 $x=0$ 处不可导.

4. 曲线 $y=x\mathrm{e}^{-x}$ 上哪一点处的切线平行于 x 轴？求此切线方程.

5. 求 $y=x^3$ 在点 $P(x_0,y_0)$ 处的切线方程与法线方程.

6. 设 $f(x)=\begin{cases}x^2\sin\dfrac{1}{x}, & x>0 \\ x^3, & x\leqslant0\end{cases}$，试证 $f(x)$ 在 $x=0$ 可导，而 $f'(x)$ 在 $x=0$ 不连续.

7. 设 $f(x)=\begin{cases}x^2, & x\leqslant1 \\ ax+b, & x>1\end{cases}$，为了使 $f(x)$ 在点 $x=1$ 处可导，a、b 应该取什么值？

8. 设 $f(x)$ 在点 $x=0$ 处连续，且 $\lim\limits_{x\to0}\dfrac{f(x)}{x}=3$，求 $f'(0)$.

9. (1) 设 $y=\ln\sqrt{1+x^2}$，求 y''；(2) 设 $y=x^2\ln x$，求 $y''|_{x=\mathrm{e}}$.

10. 设 $f(x)=\dfrac{2-x}{1+x^2}$，求 $f'(x)$.

11. 求证：(1) $(\tan x)'=\sec^2 x$；(2) $(\cot x)'=-\csc^2 x$；

　　 (3) $(\sec x)'=\sec x\cdot\tan x$；(4) $(\csc x)'=-\csc x\cdot\cot x$.

12. 求指数函数 $y=a^x(a>0,a\neq1)$ 的导数.

13. 求 $y=\ln[\cos(\mathrm{e}^{\sqrt{x}})]$ 的导数.

14. 设 $y=\dfrac{1}{x^2-1}$，求 $y^{(n)}$.

15. 求 $y=\ln x$ 的 n 阶导函数.

16. 设 $y=x^2\mathrm{e}^{2x}$，求 $y^{(20)}$.

17. 设 $y=\sqrt{\dfrac{x(1-2x)^5}{(x^2+1)^3}}$，求 $\dfrac{\mathrm{d}y}{\mathrm{d}x}$.

18. 设长为 5m 的直棒 $\overline{AB}$ 的两端分别沿 x 轴和 y 轴滑动，如图 3-5 所示. 当 A 端离原点的距离 $OA=3$m 时，A 端的速度为 2m/s，求此刻 B 端的速度.

19. 设 $y=\ln(1+\mathrm{e}^{x^2})$，求 $\mathrm{d}y$.

20. 利用微分计算下列数的近似值.

(1) $\sqrt{1.04}$；(2) $\tan31°$.

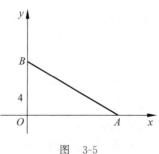

图 3-5

第4章

导数的应用

导数的应用主要通过微分中值定理体现出来. 微分中值定理不仅反映了函数导数的局部性与函数的整体性之间的关系,而且是学习者突破高等数学学习"高原期"的关键学习内容. 在这一章里,通过微分中值的数学意义、几何意义和证明过程中辅助函数构建的讨论,使学习者对高等数学的辩证思维有一个跳跃式的提高. 本章首先讨论中值定理的内容,进一步理解导数的数学内涵,然后讨论如何利用中值定理由导函数的性质推断函数的性质(单调性、极值与最值、不定式极限、凹凸性)以及函数的近似展开式.

4.1 微分中值定理

微分中值定理是一系列中值定理的总称,其是研究函数性质的有力工具,更是函数微分理论通向应用领域的桥梁.

4.1.1 罗尔中值定理

罗尔中值定理是最直观的中值定理,拉格朗日中值定理给出了理解导数应用的一种方法——构造辅助函数,柯西中值概括了更一般的情况,也就是说,罗尔中值定理和拉格朗日中值定理都是柯西中值的特殊情况.

费马引理: 函数 $f(x)$ 在点 ξ 的某邻域 $U(\xi)$ 内有定义,并且在 ξ 处可导,如果对于任意的 $x \in U(\xi)$,都有 $f(x) \leqslant f(\xi)$ (或 $f(x) \geqslant f(\xi)$),那么 $f'(\xi) = 0$.

定理 4-1(罗尔中值定理)　若函数 $f(x)$ 满足如下条件:

(1) $f(x)$ 在闭区间 $[a,b]$ 上连续;

(2) $f(x)$ 在开区间 (a,b) 内可导;

(3) $f(a) = f(b)$.

则在 (a,b) 内至少存在一点 ξ,使得 $f'(\xi) = 0$.

证　因为 $f(x)$ 在 $[a,b]$ 上连续,所以有最大值与最小值,分别用 M 与 m 表示,现分两种情况来讨论.

(1) 若 $m = M$,则 f 在 $[a,b]$ 上必为常数,从而结论显然成立.

(2) 若 $m < M$,则因为 $f(a) = f(b)$,使得最大值 M 与最小值 m 至少有一个在 (a,b) 内某点 ξ 处取得,从而 ξ 是 f 的极值点. 由条件(2),$f(x)$ 在点 ξ 处可导,由费马引理,得

$$f'(\xi) = 0.$$

关于罗尔定理,应该注意以下几点:

(1) 罗尔定理的前提条件缺一不可,当缺少条件时,罗尔定理不成立;

(2) 罗尔定理的结论只强调点 ξ 的存在性;

(3) 罗尔定理结论中满足 $f'(\xi)=0$ 的点 ξ 并不一定是唯一的.

罗尔定理的几何意义是:在每一点都可导的一段连续曲线上,如果曲线的两端点高度相等,则至少存在一条水平切线. 如图 4-1 所示,其实是非常直观的.

例 1 设 $f(x)$ 为 **R** 上可导函数,证明:如果方程 $f'(x)\neq0$,则方程 $f(x)=0$ 至多只有一个实根.

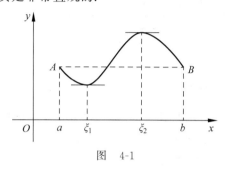

图 4-1

证 用反证法(即如果方程 $f'(x)\neq0$,方程 $f(x)=0$ 可以有一个以上实根).

设 $f(x)$ 在闭区间 $[a,b]$ 上连续,在开区间 (a,b) 内可导,$f(x)$ 有两个实根 x_1 和 x_2,即 $f(x_1)=f(x_2)=0$. 但是,函数 $f(x)$ 在 $[x_1,x_2]$ 上满足的是罗尔定理的三个条件,从而存在 $\xi\in(x_1,x_2)$,一定使 $f'(\xi)=0$,这与 $f'(x)\neq0$ 的假设相矛盾,所以,如果方程 $f'(x)=0$ 没有实根,则方程 $f(x)=0$ 至多只有一个实根.

4.1.2 拉格朗日中值定理

定理 4-2(拉格朗日中值定理) 若函数 $f(x)$ 满足下列条件:

(1) $f(x)$ 在闭区间 $[a,b]$ 上连续;

(2) $f(x)$ 在开区间 (a,b) 内可导;

则在 (a,b) 内至少存在一点 ξ,使得

$$f'(\xi)=\frac{f(b)-f(a)}{b-a}.$$

特别当 $f(a)=f(b)$ 时,本定理结论即为罗尔定理的结论.

证 受罗尔中值定理的启发,构造辅助函数,使之满足罗尔定理的条件:

$$F(x)=f(x)-f(a)-\frac{f(b)-f(a)}{b-a}(x-a).$$

显然,$F(a)=F(b)(=0)$,且 F 在 $[a,b]$ 上满足罗尔定理的另两个条件:即存在 $\xi\in(a,b)$,使得 $F'(\xi)=f'(\xi)-\frac{f(b)-f(a)}{b-a}=0$,即

$$f'(\xi)=\frac{f(b)-f(a)}{b-a}.$$

拉格朗日中值定理的几何意义是:在满足定理条件的曲线 $y=f(x)$ 上至少存在一点 $P(\xi,f(\xi))$,该曲线在该点处切线平行于曲线两端点的连线 AB,其方程是

$$y=f(a)+\frac{f(b)-f(a)}{b-a}(x-a).$$

构造的辅助函数 $F(x)$ 正是曲线 $y=f(x)$ 与直线 AB 方程之差,如图 4-2 所示.

定理 4-3(拉格朗日中值定理的推论) 如果函数 $f(x)$ 在闭区间 $[a,b]$ 上连续、开区间 (a,b) 内可导,如果导数恒为零,则该函数 $f(x)$ 在开区间 (a,b) 上是一个常数.

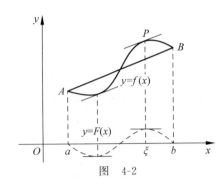

图 4-2

证 在区间 I 上 x_1、$x_2(x_1 < x_2)$,由拉格朗日中值定理得

$$f(x_2) - f(x_1) = f'(\xi)(x_2 - x_1) \quad (x_1 < \xi < x_2),$$

由假设 $f'(\xi) = 0$,则 $f(x_2) - f(x_1) = 0$,即

$$f(x_2) = f(x_1).$$

因为 x_1、x_2 是 I 上任意取两点,所以上面的等式表明:$f(x)$ 在 I 上的函数值总是相等的,这就是说,在区间 I 上是一个常数.

4.1.3 函数的单调性

可以通过 $f(x)$ 的导函数 $f'(x)$ 的性质判断函数的单调性.

定理 4-4 设 $f(x)$ 在区间 I 上可导,则 $f(x)$ 在 I 上递增的充要条件是 $f'(x) \geqslant 0$;在 I 上递减的充要条件是 $f'(x) \leqslant 0$.

证 若 $f(x)$ 为增函数,则对每一 $x_0 \in I$,当 $x \neq x_0$ 时,有

$$\frac{f(x) - f(x_0)}{x - x_0} \geqslant 0.$$

令 $x \to x_0$,即得 $f'(x_0) \geqslant 0$.

反之,若 $f(x)$ 在区间 I 上恒有 $f'(x_0) \geqslant 0$,则对任意 $x_1, x_2 \in I$(设 $x_1 < x_2$),应用拉格朗日中值定理,存在 $\xi \in (x_1, x_2) \subset I$,使得 $f(x_2) - f(x_1) = f'(\xi)(x_2 - x_1) \geqslant 0$.

由此证得 $f(x)$ 在 I 上为严格增函数.同理可证得 $f(x)$ 在 I 上为严格减函数.

定理 4-5 若函数 $f(x)$ 在 (a,b) 内可导,则 $f(x)$ 在 (a,b) 内严格递增(递减)的充要条件是:

(1) 对一切 $x \in (a,b)$,有 $f'(x) \geqslant 0(f'(x) \leqslant 0)$;

(2) 在 (a,b) 的任何子区间上 $f'(x) \not\equiv 0$.

例 2 讨论函数 $f(x) = e^x - x - 1$ 的单调性.

解 $f(x) = e^x - x - 1$ 的定义域为 $(-\infty, +\infty)$,$f'(x) = e^x - 1$.

当 $x > 0$ 时,$f'(x) > 0$,所以 $f(x)$ 在 $[0, +\infty)$ 上单增.

当 $x < 0$ 时,$f'(x) < 0$,故 $f(x)$ 在 $(-\infty, 0)$ 内单减.

但是,当 $x = 0$ 时,$f'(x) = 0$,故 $f(x)$ 在 $(-\infty, +\infty)$ 内不是严格单调函数.

4.1.4 柯西中值定理

柯西中值定理给出了一个形式更为一般的微分中值定理.

定理 4-6 设函数 $f(x)$ 和 $g(x)$ 满足

(1) 在 $[a,b]$ 上都连续;

(2) 在 (a,b) 上都可导;

(3) $f'(x)$ 和 $g'(x)$ 不同时为零;

(4) 而且 $g(a) \neq g(b)$,则存在 $\xi \in (a,b)$,使得

$$\frac{f'(\xi)}{g'(\xi)} = \frac{f(b) - f(a)}{g(b) - g(a)}.$$

证明　作辅助函数

$$F(x) = f(x) - f(a) - \frac{f(b) - f(a)}{g(b) - g(a)}(g(x) - g(a)).$$

容易验证 $F(x)$ 在 $[a,b]$ 上满足罗尔定理条件,故存在 $\xi \in (a,b)$,使得

$$F'(\xi) = f'(\xi) - \frac{f(b) - f(a)}{g(b) - g(a)}g'(\xi) = 0.$$

因为 $g'(\xi) \neq 0$(否则由上式 $f'(\xi)$ 也为零),所以可把上式改写,即得结论.

柯西中值定理有着与前两个中值定理相类似的几何意义,只是现在要把 $f(x)$ 和 $g(x)$ 这两个函数写作以 x 为参量的参量方程 $\begin{cases} u = g(x) \\ v = f(x) \end{cases}$,在 uOv 平面上表示一段曲线,如图 4-3 所示.

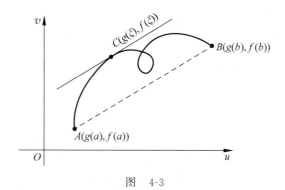

图　4-3

柯西中值定理式的右边 $\dfrac{f(b) - f(a)}{g(b) - g(a)}$ 表示连接该曲线两端的弦 AB 的斜率,而其左边的 $\dfrac{f'(\xi)}{g'(\xi)} = \dfrac{\mathrm{d}v}{\mathrm{d}u}\Big|_{x=\xi}$ 则表示该曲线上与 $x = \xi$ 相对应的一点 $C(g(\xi), f(\xi))$ 处的切线的斜率,两个斜率相等,即柯西中值定理表示 uOv 平面上曲线 ξ 点的切线与该曲线 AB 两点的弦 $\overline{AB}$ 互相平行.

例 3　设函数 f 在 $[a,b](a>0)$ 上连续,在 (a,b) 上可导,则存在 $\xi \in (a,b)$,试证明有等式: $f(b) - f(a) = \xi f'(\xi) \ln \dfrac{b}{a}$ 成立.

证明　设 $g(x) = \ln x$,显然它在 $[a,b]$ 上与 $f(x)$ 一起满足柯西中值定理条件,于是存在 $\xi \in (a,b)$ 使得

$$\frac{f(b) - f(a)}{\ln b - \ln a} = \frac{f'(\xi)}{\dfrac{1}{\xi}},$$

整理上式后即得

$$f(b) - f(a) = \xi f'(\xi) \ln \frac{b}{a}.$$

4.2　洛必达法则

洛必达法则是在一定条件下,通过分子分母分别求导后再求极限的方法.即两个无穷小之比或两个无穷大之比的极限可能存在,也可能不存在,所以称为"未定式".因此,求这类极限时往往需要适当的变形,转化成可利用极限运算法则或重要极限的形式进行计算,称这个简单而且重要的方法为**洛必达法则**.洛必达法则可以看成是柯西中值定理的直接应用.

洛必达法则的结论必须由柯西中值定理来推出.

1. 洛必达法则

洛必达法则有如下定理给出.

定理 4-7　若函数 $f(x)$ 和 $g(x)$ 满足

(1) $\lim\limits_{x \to x_0} f(x) = \lim\limits_{x \to x_0} g(x) = 0$;

(2) 在点 x_0 的某空心邻域 $U°(x_0)$ 上两者都可导,且 $g'(x) \neq 0$;

(3) $\lim\limits_{x \to x_0} \dfrac{f'(x)}{g'(x)} = A$($A$ 可为实数,也可为 $+\infty$、$-\infty$ 或 ∞),则

$$\lim\limits_{x \to x_0} \frac{f(x)}{g(x)} = \lim\limits_{x \to x_0} \frac{f'(x)}{g'(x)} = A.$$

证明　补充定义 $f(x_0) = g(x_0) = 0$,使得函数 $f(x)$ 和 $g(x)$ 在点 x_0 处连续,任取 $x \in U°(x_0)$,在区间 $[x_0, x]$(或 $[x, x_0]$)上应用柯西中值定理,有

$$\frac{f(x) - f(x_0)}{g(x) - g(x_0)} = \frac{f'(\xi)}{g'(\xi)},$$

即

$$\frac{f(x)}{g(x)} = \frac{f'(\xi)}{g'(\xi)}(\xi \text{ 介于 } x_0 \text{ 与 } x \text{ 之间}),$$

当令 $x \to x_0$ 时,也有 $\xi \to x_0$,故得

$$\lim\limits_{x \to x_0} \frac{f(x)}{g(x)} = \lim\limits_{\xi \to x_0} \frac{f'(\xi)}{g'(\xi)} = \lim\limits_{x \to x_0} \frac{f'(x)}{g'(x)} = A.$$

2. 洛必达法则的应用形式

如果 $x \to x_0$(或 $x \to \infty$)时,两个函数 $f(x)$ 与 $g(x)$ 或趋于 0 或趋于 ∞,要把两个无穷小(大)量之比化成 $\dfrac{0}{0}$ 型或 $\dfrac{\infty}{\infty}$ 型的形式,称之为未定式,然后运用定理 4-7 即洛必达法则求不定式的极限.

形式 1: $\dfrac{0}{0}$ 型.

例 1　求 $\lim\limits_{x \to 0} \dfrac{1 - \cos 2x}{x^2}$.

解　这是 $\dfrac{0}{0}$ 型.因为 $\dfrac{(1 - \cos 2x)'}{(x^2)'} = \dfrac{2 \sin x \cos x}{x}$,由洛必达法则,就可以得到

$$\lim_{x \to 0} \frac{1-\cos 2x}{x^2} = \lim_{x \to 0} \frac{(1-\cos 2x)'}{(x^2)'} = \lim_{x \to 0} \frac{2\sin x \cos x}{x} = 2\lim_{x \to 0} \frac{\sin x}{x} \lim_{x \to 0} \cos x = 2.$$

如果 $\lim\limits_{x \to x_0} \dfrac{f'(x)}{g'(x)}$ 仍是 $\dfrac{0}{0}$ 型不定式极限,只要有可能,我们可再次使用洛必达法则,即考查极限 $\lim\limits_{x \to x_0} \dfrac{f'(x)}{g'(x)}$ 是否存在,当然这时 $f'(x)$ 和 $g'(x)$ 在点 x_0 的某个邻域上仍然必须满足定理 4-7 的条件.

例 2　求 $\lim\limits_{x \to 0} \dfrac{\mathrm{e}^x - (1+2x)^{\frac{1}{2}}}{\ln(1+x^2)}$.

解　利用 $\ln(1+x^2) \sim x^2 (x \to 0)$,这是 $\dfrac{0}{0}$ 型. 则由洛必达法则得

$$\lim_{x \to 0} \frac{\mathrm{e}^x - (1+2x)^{\frac{1}{2}}}{\ln(1+x^2)} \approx \lim_{x \to 0} \frac{\mathrm{e}^x - (1+2x)^{\frac{1}{2}}}{x^2} = \lim_{x \to 0} \frac{\mathrm{e}^x - (1+2x)^{-\frac{1}{2}}}{2x}$$

$$= \lim_{x \to 0} \frac{\mathrm{e}^x + (1+2x)^{-\frac{3}{2}}}{2} = \frac{2}{2} = 1.$$

例 3　求 $\lim\limits_{x \to 0^+} \dfrac{\sqrt{x}}{1 - \mathrm{e}^{\sqrt{x}}}$.

解　这也是 $\dfrac{0}{0}$ 型未定式极限,可直接运用洛必达法则求解,但若作适当变换,在计算上可方便些. 为此,令 $t = \sqrt{x}$,当 $x \to 0^+$ 时有 $t \to 0^+$,于是有

$$\lim_{x \to 0^+} \frac{\sqrt{x}}{1 - \mathrm{e}^{\sqrt{x}}} = \lim_{x \to 0^+} \frac{t}{1 - \mathrm{e}^t} = \lim_{x \to 0^+} \frac{1}{-\mathrm{e}^t} = -1.$$

形式 2：$\dfrac{\infty}{\infty}$ 型.

定理 4-8　若函数 $f(x)$ 和 $g(x)$ 满足

(1) 在 x_0 的某个去心邻域 $U^\circ(x_0)$ 上两者可导,且 $g'(x) \neq 0$;

(2) $\lim\limits_{x \to x_0} f(x) = \infty$, $\lim\limits_{x \to x_0} g(x) = \infty$;

(3) $\lim\limits_{x \to x_0} \dfrac{f(x)}{g(x)} = A$($A$ 可为实数,也可为 $+\infty$、$-\infty$ 或 ∞),则

$$\lim_{x \to x_0} \frac{f(x)}{g(x)} = A.$$

若将定理 4-7 和定理 4-8 中 $x \to x_0$ 换成 $x \to x_0^+$,$x \to x_0^-$,$x \to \pm\infty$,$x \to \infty$,将原极限修正为 $\dfrac{0}{0}$ 或 $\dfrac{\infty}{\infty}$,继续使用洛必达法则,可得到同样的结论.

例 4　$\lim\limits_{x \to +\infty} \dfrac{\ln x}{x}$.

解　这是 $\dfrac{\infty}{\infty}$ 型,$\lim\limits_{x \to +\infty} \dfrac{\ln x}{x} = \lim\limits_{x \to +\infty} \dfrac{\frac{1}{x}}{1} = 0.$

其他类型的未定式：其他极限形式的未定式有：$0 \cdot \infty, 1^{\infty}, 0^{0}, \infty^{0}, \pm\infty$ 等，一般都可以化为 $\dfrac{0}{0}$ 或 $\dfrac{\infty}{\infty}$，从而可以使用洛必达法则求出极限.

例 5　$\lim\limits_{x \to 0}(\cos x)^{\frac{1}{x^2}}$.

解　这是 1^{∞} 型，$(\cos x)^{\frac{1}{x^2}} = \mathrm{e}^{\frac{\ln\cos x}{x^2}}$，而 $\lim\limits_{x \to 0}\dfrac{\ln\cos x}{x^2}$ 是 $\dfrac{0}{0}$ 型，所以

$$\lim_{x \to 0}\frac{\ln\cos x}{x^2} = \lim_{x \to 0}\frac{-\sin x}{2x\cos x} = -\frac{1}{2},$$

即

$$\lim_{x \to 0}(\cos x)^{\frac{1}{x^2}} = \mathrm{e}^{-\frac{1}{2}}.$$

4.3　泰勒公式

在高等数学中，泰勒公式是用函数在某点的信息描述其附近取值的公式. 如果函数足够光滑的话，已知函数在某一点的各阶导数值，我们通常希望用一些简单的函数或试图用这些导数值做系数构建一个多项式来近似表示函数在这一点（邻域中）的值，而且还给出这个多项式和实际的函数值之间的偏差，这个多项式就是泰勒公式. 因此，泰勒公式是近似计算与理论分析的重要工具.

4.3.1　泰勒公式

我们在学习微分概念时已经知道，如果函数 $f(x)$ 在点 x_0 可导，则有
$$f(x) = f(x_0) + f'(x_0)(x - x_0) + o(x - x_0),$$
即在点 x_0 附近，用一次多项式 $f(x_0) + f'(x_0)(x - x_0)$ 逼近函数 $f(x)$ 时，其误差为 $(x - x_0)$ 的高阶无穷小量. 然而在很多场合，取一次多项式逼近是不够的，往往需要用二次、三次或更高次的多项式去逼近，并要求误差为 $o((x - x_0)^n)$，其中 n 为多项式的次数. 为此，我们考查任一 n 次多项式
$$p_n(x) = a_0 + a_1(x - x_0) + a_2(x - x_0)^2 + \cdots + a_n(x - x_0)^n, \tag{4-1}$$
求它在点 x_0 处的各阶导数，得到
$$p_n(x_0) = a_0, \quad p_n'(x_0) = a_1, \quad p_n''(x_0) = 2!a_2, \cdots, p_n^{(n)}(x_0) = n!a_n,$$
即

$$a_0 = p_n(x_0), \quad a_1 = \frac{p_n'(x_0)}{1!}, \quad a_2 = \frac{p_n''(x_0)}{2!}, \quad \cdots, \quad a_n = \frac{p_n^{(n)}(x_0)}{n!}.$$

由此可见，多项式 $p_n(x_0)$ 的各项系数由其在点 x_0 的各阶导数值所唯一确定.

对于一般函数 $f(x)$，设它在点 x_0 存在直到 n 阶的导数. 由这些导数构造一个 n 次多项式

$$T_n(x) = f(x_0) + \frac{f'(x_0)}{1!}(x - x_0) + \frac{f''(x_0)}{2!}(x - x_0)^2 + \cdots + \frac{f^{(n)}(x_0)}{n!}(x - x_0)^n$$

$$\tag{4-2}$$

称为函数 $f(x)$ 在点 x_0 处的**泰勒(Taylor)多项式**,$T_n(x)$ 的各项系数称为**泰勒系数**.

由上面对多项式系数的讨论,易知 $f(x)$ 与其泰勒多项式 $T_n(x)$ 在点 x_0 有相同的函数值和相同的 n 阶导数值,即

$$f^{(k)}(x_0) = T_n^{(k)}(x_0), \quad k = 0,1,2,\cdots,n. \tag{4-3}$$

下面将要证明 $f(x) - T_n(x) = o((x-x_0)^n)$ 即以式(4-2)所示的泰勒多项式逼近 $f(x)$ 时,其误差为关于 $(x-x_0)^n$ 的高阶无穷小量.

定理 4-9 若函数 $f(x)$ 在点 x_0 存在 n 阶导数,则有 $f(x) = T_n(x) + o((x-x_0)^n)$,即

$$f(x) = f(x_0) + f'(x_0)(x-x_0) + \frac{f''(x_0)}{2!}(x-x_0)^2 + \cdots +$$

$$\frac{f^{(n)}(x_0)}{n!}(x-x_0)^n + o((x-x_0)^n). \tag{4-4}$$

证 设 $Q_n(x) = (x-x_0)^n$,令 $R_n(x) = f(x) - T_n(x) = o((x-x_0)^n)$,由关系式(4-3)可知,

$$R_n(x_0) = R'_n(x_0) = \cdots = R_n^{(n)}(x_0) = 0,$$

显然

$$Q_n(x_0) = Q'_n(x_0) = \cdots = Q_n^{(n-1)}(x_0) = 0, \quad Q_n^{(n)}(x_0) = n!.$$

因为 $f^{(n)}(x_0)$ 存在,所以在点 x_0 的某邻域 $U(x_0)$ 上,$f(x)$ 存在 $n-1$ 阶导函数 $f(x)$. 于是,当 $x \in U^\circ(x_0)$ 且 $x \to x_0$ 时,$\dfrac{R_i(x)}{Q_i(x)}$ 一直是 $\dfrac{0}{0}$ 型,所以可以连续使用洛必达法则 $n-1$ 次,得到

$$\lim_{x \to x_0} \frac{R_n(x)}{Q_n(x)} = \lim_{x \to x_0} \frac{R'_n(x)}{Q'_n(x)} = \cdots = \lim_{x \to x_0} \frac{R_n^{(n-1)}(x)}{Q^{(n-1)}(x)}$$

$$= \lim_{x \to x_0} \frac{f^{(n-1)}(x) - f^{(n-1)}(x_0) - f^{(n)}(x_0)(x-x_0)}{n(n-1)\cdots2(x-x_0)}$$

$$= \frac{1}{n!} \lim_{x \to x_0} \left[\frac{f^{(n-1)}(x) - f^{(n-1)}(x_0)}{x-x_0} - f^{(n)}(x_0) \right] = 0.$$

式(4-4)称为函数 $f(x)$ 在 x_0 处的泰勒公式,$R_n(x) = o((x-x_0)^n)$ 称为泰勒公式的余项.

4.3.2 麦克劳林公式

泰勒公式(4-4)在 $x_0 = 0$ 时,称为麦克劳林公式.

验证下列函数的麦克劳林公式:

(1) $e^x = 1 + x + \dfrac{x^2}{2!} + \cdots + \dfrac{x^n}{n!} + o(x^n)$;

(2) $\sin x = x - \dfrac{x^3}{3!} + \dfrac{x^5}{5!} + \cdots + (-1)^{m-1} \dfrac{x^{2m-1}}{(2m-1)!} + o(x^{2m})$;

(3) $\cos x = 1 - \dfrac{x^2}{2!} + \dfrac{x^4}{4!} + \cdots + (-1)^m \dfrac{x^{2m}}{(2m)!} + o(x^{2m+1})$;

(4) $\ln(1+x)=x-\dfrac{x^2}{2}+\dfrac{x^3}{3}+\cdots+(-1)^{n-1}\dfrac{x^n}{n}+o(x^n)$;

(5) $(1+x)^\alpha=1+\alpha x+\dfrac{\alpha(\alpha-1)}{2!}x^2+\cdots+\dfrac{\alpha(\alpha-1)\cdots(\alpha-n+1)}{n!}x^n+o(x^n)$;

(6) $\dfrac{1}{1-x}=1+x+x^2+\cdots+x^n+o(x^n)$.

证明这里只验证其中两个公式,其余请读者自行证明.

例 1 作为例题,我们证明麦克劳林公式(2).

解 设 $f(x)=\sin x$,由第 3 章高阶导数,我们求得 $f^{(k)}(x)=\sin\left(x+\dfrac{k\pi}{2}\right)$,因此

$$f^{(2k)}(0)=0,\quad f^{(2k-1)}(0)=(-1)^{k-1},\quad k=1,2,\cdots,n.$$

把这些系数代入麦克劳林公式(6),便得到函数 $\sin x$ 的麦克劳林公式.

利用麦克劳林公式,可间接求得其他一些函数的麦克劳林公式或泰勒公式,还可用来求某种类型的极限.

例 2 求出 $f(x)=\mathrm{e}^{-\frac{x^2}{2}}$ 的麦克劳林公式并给出 $f^{(98)}(0)$ 与 $f^{(99)}(0)$.

解 用 $\left(-\dfrac{x^2}{2}\right)$ 替换麦克劳林公式(1)中的 x,便得

$$\mathrm{e}^{-\frac{x^2}{2}}=1-\frac{x^2}{2}+\frac{x^4}{2^2\cdot 2!}+\cdots+(-1)^n\frac{x^{2n}}{2^n n!}+o(x^{2n}),$$

上式即为所求的麦克劳林公式.

由泰勒公式系数的定义,在上述 $f(x)$ 的麦克劳林公式中,x^{98} 与 x^{99} 的系数分别为

$$\frac{1}{98!}f^{(98)}(0)=(-1)^{49}\frac{1}{2^{49}\times 49!},\quad \frac{1}{99!}f^{(99)}(0)=0,$$

由此得到

$$f^{(98)}(0)=-\frac{98!}{2^{49}\times 49!},\quad f^{(99)}(0)=0.$$

4.3.3 在近似计算上的应用

这里只讨论泰勒公式在近似计算上的应用,在后两节里还要借助泰勒公式这一工具去研究函数的极值与凸性.

例 3 求极限 $\lim\limits_{x\to 0}\dfrac{a^x+a^{-x}-2}{x^2}(a>0)$.

解 作变换 $a^x=\mathrm{e}^{x\ln a}$,运用麦克劳林公式:$\mathrm{e}^x=1+x+\dfrac{x^2}{2!}+\cdots+\dfrac{x^n}{n!}+o(x^n)$,保留二次项,得

$$a^x=\mathrm{e}^{x\ln a}=1+x\ln a+\frac{x^2}{2}\ln^2 a+o(x^2),$$

同理得:$a^{-x}=1-x\ln a+\dfrac{x^2}{2}\ln^2 a+o(x^2)$.

因为 $a^x+a^{-x}-2=x^2\ln^2 a+o(x^2)$,得

$$\lim_{x \to 0} \frac{a^x + a^{-x} - 2}{x^2} = \lim_{x \to 0} \frac{x^2 \ln^2 a + o(x^2)}{x^2} = \ln^2 a.$$

4.4 函数的极值与最值

函数最值分为函数最小值与函数最大值. 最小值即定义域中函数值的最小值,最大值即定义域中函数值的最大值.

一般地说,最值和极值是两个完全不同的概念. 最值是给定范围内的最高点或最低点. 极值是在某一区间内(不一定在其定义域内)的最高点或最低点,只要在区间内存在某一点附近的单调性不同,就是极值.

极值可能是最值,但是最值不一定是极值.

4.4.1 极值判别

函数的极值是函数性态的一个重要特征. 若函数 $f(x)$ 在点 x_0 可导,且 x_0 为 $f(x)$ 的极值点,则 $f'(x_0)=0$. 但是,$f'(x_0)=0$ 是可导函数在点 x_0 取极值的充分条件而不是必要条件. 下面讨论函数的极值的充分条件.

定理 4-10(**极值的第一充分条件**) 设 $f(x)$ 在点 x_0 连续,在某邻域 $U^{\circ}(x_0;\delta)$ 上可导.

(1) 若当 $x \in (x_0-\delta, x_0)$ 时,$f'(x) \leqslant 0$;当 $x \in (x_0, x_0+\delta)$ 时,$f'(x) \geqslant 0$,则 $f(x)$ 在点 x_0 取得极小值.

(2) 若当 $x \in (x_0-\delta, x_0)$ 时,$f'(x) \geqslant 0$;当 $x \in (x_0, x_0+\delta)$ 时,$f'(x) \leqslant 0$,则 $f(x)$ 在点 x_0 取得极大值.

定理 4-10 又称为一阶导数判别法.

证 下面只证明(2),(1)的证明可类似地进行.

由定理 4-10 的条件及定理 4-4,$f(x)$ 在 $(x_0-\delta, x_0)$ 内递增,在 $(x_0, x_0+\delta)$ 内递减,又由 $f(x)$ 在 x_1, x_2 处连续,故对任意 $x \in U(x_0, \delta)$,恒有

$$f(x) \leqslant f(x_0).$$

如果 $f(x)$ 是二阶可导函数,则有如下判别极值定理.

定理 4-11(**极值的第二充分条件**) 设 $f(x)$ 在 x_0 的某邻域 $U^{\circ}(x_0;\delta)$ 上一阶可导,$x = x_0$ 处二阶可导,且 $f'(x_0)=0$,$f''(x_0) \neq 0$.

(1) 若 $f''(x) < 0$,则 $f(x)$ 在 x_0 取得极大值;

(2) 若 $f''(x) > 0$,则 $f(x)$ 在 x_0 取得极小值.

定理 4-11 又称为二阶导数判别法.

证 由定理 4-11 条件,可得 $f(x)$ 在 x_0 处的二阶泰勒公式

$$f(x) = f(x_0) + f'(x_0)(x-x_0) + \frac{1}{2!}f''(x_0)(x-x_0)^2 + o((x-x_0)^2),$$

由于 $f'(x_0)=0$,因此

$$f(x) - f(x_0) = \left[\frac{f''(x_0)}{2} + o(1)\right](x-x_0)^2 \tag{4-5}$$

又因为 $f''(x_0) \neq 0$,故存在正数 $\delta' \leqslant \delta$,当 $x \in U°(x_0, \delta')$(去心邻域)时,$\frac{1}{2}f''(x_0)$ 与 $\frac{1}{2}f''(x_0) + o(1)$ 同号. 所以,如果 $f''(x_0) < 0$ 时,即式(4-5)取负值,从而对任意 $x \in U°(x_0, \delta')$ 有

$$f(x) - f(x_0) < 0,$$

即 $f(x)$ 在 x_0 取极大值;如果 $f''(x_0) > 0$ 时,即式(4-5)取正值,从而对任意 $x \in U°(x_0, \delta')$ 有

$$f(x) - f(x_0) > 0,$$

即 $f(x)$ 在 x_0 取极小值.

定义 4-1 驻点是函数一阶导数为零的点.

驻点(也称为稳定点、临界点)可以划分函数的单调区间,即在驻点处的单调性可能改变.

值得注意的是,一个函数的驻点不一定是这个函数的极值点(即这一点左右一阶导数符号不改变的情况);比如,如 $f(x) = x^3$,$f'(x) = 3x^2$,$f'(0) = 0$;显然 $x = 0$ 是驻点,但不是极值点. 反过来,在某设定区域内,一个函数的极值点也不一定是这个函数的驻点(即可能是区间的边界). 比如,$f(x) = |x|$ 在 $x = 0$ 处导数不存在,当然也就不是驻点,但 $x = 0$ 显然是极小值点.

例 1 求 $f(x) = (2x - 5)\sqrt[3]{x^2}$ 的极值点与极值.

解 $f(x) = (2x - 5)\sqrt[3]{x^2} = 2x^{\frac{5}{3}} - 5x^{\frac{2}{3}}$,显然,该函数的定义域为 $x \in (-\infty, +\infty)$,且当 $x \neq 0$ 时,则其一阶导数为

$$f'(x) = \frac{10}{3}x^{\frac{2}{3}} - \frac{10}{3}x^{-\frac{1}{3}} = \frac{10}{3}\frac{x-1}{\sqrt[3]{x}}.$$

易见,$x = 1$ 为 $f(x)$ 的驻点;$x = 0$ 为 $f(x)$ 不可导点;这两点是否是极点,需要根据其导数特性作进一步讨论. 现列表 4-1(表中 ↗ 表示递增,↘ 表示递减):

表 4-1

x	$(-\infty, 0)$	0	$0, 1$	1	$(1, +\infty)$
y'	$+$	不存在	$-$	0	$+$
y	↗	0	↘	-3	↗

由表 4-1 可见:点 $x = 0$ 为 $f(x)$ 的极大值点,其极大值 $f(0) = 0$;$x = 1$ 为 $f(x)$ 的极小值点,极小值 $f(1) = -3$.

例 2 求 $f(x) = (x-1)\sqrt[3]{x^2}$ 的极值点与极值.

解 $f(x) = x^{\frac{5}{3}} - x^{\frac{2}{3}}$ 在 **R** 上连续,且当 $x \neq 0$ 时,

$$f'(x) = \frac{5}{3}x^{\frac{2}{3}} - \frac{2}{3}x^{-\frac{1}{3}} = \frac{1}{3}x^{-\frac{1}{3}}(5x - 2).$$

令 $f(x_0) = 0$,得 $x = \frac{2}{5}$,为 $f(x)$ 的驻点. 现列表 4-2:

表 4-2

x	$(-8,0)$	0	$\left(0,\dfrac{2}{5}\right)$	$\dfrac{2}{5}$	$\left(\dfrac{2}{5},+\infty\right)$
$f'(x)$	$+$	不存在	$-$	0	
$f(x)$	↗	0	↘	$-\dfrac{3}{5}\sqrt[3]{\dfrac{4}{25}}$	↘

由表 4-2 可得：点 $x=0$ 为 $f(x)$ 的极大值点，极大值为 0；$x=\dfrac{2}{5}$ 为 $f(x)$ 的极小值点，

极小值为 $-\dfrac{3}{5}\sqrt[3]{\dfrac{4}{25}}$．

4.4.2 最大值与最小值

根据定理 2-13(2.6.2 节闭区间上连续函数的性质)，若函数 $f(x)$ 在闭区间 $[a,b]$ 上连续，则 $f(x)$ 在 $[a,b]$ 上一定有最大(小)值．因此，若函数 $f(x)$ 的最大(小)值点 x_0 在开区间 (a,b) 上，则 x_0 必定是 $f(x)$ 的极大(小)值点；又若 $f(x)$ 在 x_0 可导，则在开区间 (a,b) 上有驻点．所以，我们只需要比较 $f(x)$ 在所有驻点、不可导点和区间端点上的函数值，就能从中找到 $f(x)$ 在 $[a,b]$ 上的最大值与最小值，下面举例说明这个求解过程．

例 3 求函数 $f(x)=|2x^3-9x^2+12x|$ 在区间 $\left[-\dfrac{1}{4},\dfrac{5}{2}\right]$ 上的最大值与最小值．

解 因为 $f'(x)=(|2x^3-9x^2+12x|)'=|6(x^2-3x+2)|=|6(x-1)(x-2)|$

$$=\begin{cases} -6(x-1)(x-2), & -\dfrac{1}{4}\leqslant x<0 \\ 6(x-1)(x-2), & 0<x\leqslant\dfrac{5}{2} \end{cases},$$

又因 $f'(0_-)=-12$，$f'(0_+)=12$，所以由导数存在定理(3.1 节定理 3-1)推知函数在 $x=0$ 处不可导；同时 $x=1,2$ 都是函数 $f(x)$ 驻点，其各点函数值如下(图 4-4)：

$$f(1)=5,\quad f(2)=4,\quad f(0)=0,$$
$$f\left(-\dfrac{1}{4}\right)=\dfrac{115}{32}\approx 3.6,\quad f\left(\dfrac{5}{2}\right)=5.$$

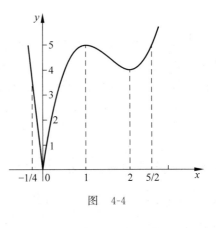

图 4-4

由于 $f''(x)=\begin{cases} -12x+18, & -\dfrac{1}{4}\leqslant x<0 \\ 12x-18, & 0<x\leqslant\dfrac{5}{2} \end{cases}$，有

$f''(0)=18>0,f''(2)=4>0$；$f''(1)=-6<0$；所以由定理 4-11(极值的二阶导数判别法)，在 $x=0,2$ 时，函数取得极小值；在 $x=1$ 时，函数取得极大值(见表 4-3)．

表 4-3

x	0_-	0_+	1	2	$-\dfrac{1}{4}$	$\dfrac{5}{2}$	备　注
$f(x)$	0	0	5	4	3.6	5	在 $x=0$ 取得极小值， 在 $x=1$ 取得极大值
$f'(x)$	-12	$+12$	0	0	<0	>0	$f(x)$ 在 $x=0$ 不可导
$f''(x)$	$12>0$	$12>0$	$+6,-6$	$-6,+6$			

函数 $f(x)=\left|2x^3-9x^2+12x\right|$ 在 $x=0$ 不可导，说明 $f'(x_0)=0$ 是可导函数在点 x_0 取极值的充分条件而不是必要条件．

4.5　函数的凸（凹）性、拐点及函数作图

函数的单调性反映在图形上，就是其曲线的上升或下降．但是曲线在上升或下降的过程中，还有一个弯曲的方向问题，即凸凹问题．

4.5.1　函数的凸（凹）性

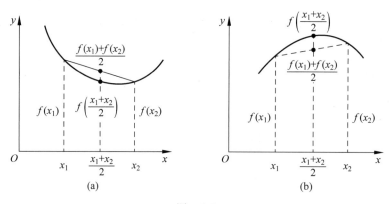

图　4-5

在函数曲线上任意选取两点，连接这两点构成一弦，我们直观地看到，有的弦总是位于这两点弧的上方，如图 4-5(a)所示；有的弦总是位于这两点弧的下方，如图 4-5(b)所示；曲线的这种特性就是曲线的凸凹性．为此我们定义如下．

定义 4-2　设 $f(x)$ 为定义在区间 I 上的函数，若对 I 上的任意两点 x_1、x_2 总有

$$f\left(\frac{x_1+x_2}{2}\right)>\frac{f(x_1)+f(x_2)}{2} \tag{4-6}$$

则称 $f(x)$ 为 I 上的凸函数．反之，如果总有

$$f\left(\frac{x_1+x_2}{2}\right)<\frac{f(x_1)+f(x_2)}{2} \tag{4-7}$$

则称 $f(x)$ 为 I 上的凹函数．

定理 4-12　设 $f(x)$ 为区间 I 上的二阶可导函数，则在 I 上 $f(x)$ 为凸（凹）函数的充要条件是

$$f''(x) \leqslant 0(f''(x) \geqslant 0), \quad x \in I.$$

例 1 讨论函数 $f(x) = \arctan x$ 的凸(凹)性区间.

解 $f''(x) = \dfrac{-2x}{(1+x^2)^2}$,当 $x<0$ 时,有 $f''(x)>0$;$x>0$ 时 $f''(x)<0$.所以由定理 4-11 知,在 $(-\infty, 0]$ 上 $f(x)$ 为凹函数,在 $[0, +\infty)$ 上 $f(x)$ 为凸函数.

例 2 判断曲线 $y = x^3$ 凸(凹)性.

解 $y''=6x$.当 $x<0$ 时,$y''<0$,所以由定理 4-11 知,曲线在 $(-\infty, 0]$ 内为凸性;当 $x>0$ 时,$y''>0$,$[0, +\infty)$ 曲线在 $(-\infty, 0]$ 内为凹性.

4.5.2 函数的拐点

定义 4-3 设曲线 $y=f(x)$ 在点 $(x_0, f(x_0))$ 处有穿过曲线的切线.且在切点近旁,曲线在切线的两侧分别是严格凸和严格凹的,这时称点 $(x_0, f(x_0))$ 为曲线 $y=f(x)$ 的拐点.

如图 4-6 所示,由定义 4-2 可见,拐点正是凸和凹曲线的分界点.例 1 中的点 $(0,0)$ 为 $y=\arctan x$ 的拐点.容易验证:正弦曲线 $y=\sin x$ 的拐点为 π 的整数倍位置.容易证明下述两个有关拐点的定理.

定理 4-13 若 $f(x)$ 在 x 二阶可导,则 $(x_0, f(x_0))$ 为曲线 $y=f(x)$ 的拐点的必要条件是

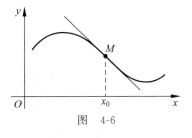

图 4-6

$$f''(x_0) = 0.$$

定理 4-14 设 $f(x)$ 在 x_0 可导,在某邻域 $U^\circ(x_0)$ 上二阶可导.若在 $U^\circ_+(x_0)$ 和 $U^\circ_-(x_0)$ 上 $f''(x)$ 的符号相反,则 $(x_0, f(x_0))$ 为曲线 $y=f(x)$ 的拐点.

4.5.3 函数的渐近线

定义 4-4 如果曲线 C 上的点沿曲线趋于无穷远时,此点与某条直线 $l: ax+by+c=0$ 的距离趋于零,则称该直线 l 为该曲线 C 的一条渐近线.

由定义 4-3 可知,当 $b=0$ 时,l 为该曲线 C 的一条垂直渐近线;$a=0$ 时,l 为该曲线 C 的一条水平渐近线.至于斜渐近线,有如下定理.

定理 4-15 设有曲线 $y=f(x)$ 和直线 $y=ax+b$,如果满足 $\lim\limits_{x \to \infty}[f(x)-ax-b]=0$,则 $y=ax+b$ 为曲线 $y=f(x)$ 的一条**斜渐近线**.

由定理 4-15,因为 $\lim\limits_{x \to \infty}[f(x)-ax-b]=0$,所以 $\lim\limits_{x \to \infty}\dfrac{[f(x)-ax-b]}{x}=0$,得

$$a = \lim_{x \to \infty}\frac{f(x)}{x} \quad \text{和} \quad b = \lim_{x \to \infty}[f(x)-ax]=0.$$

4.5.4 曲线的曲率

通俗地说,曲率就是曲线在某一点的弯曲程度的数值.在高等数学里,通过微分来定义曲率.曲率越大,表示曲线的弯曲程度越大,也就是表明曲线偏离直线的程度越大.

定义 4-5 曲线的曲率 K 就是以曲线上某个点的切线方向角对弧长的转动率:

$$K = \left| \frac{\mathrm{d}\alpha}{\mathrm{d}s} \right|.$$

定理 4-16　曲率的倒数就是曲率半径，即 $R = \dfrac{1}{K}$.

如图 4-7 所示，设曲线 $y = f(x)$ 在 P 点切线斜率为 $y' = \tan\alpha$，$\alpha = \arctan y'$，有

$$\mathrm{d}\alpha = \mathrm{d}(\arctan y') = (\arctan y')' \mathrm{d}y' = \frac{1}{1 + y'^2} \mathrm{d}y' = \frac{y''}{1 + y'^2} \mathrm{d}x;$$

如图 4-8 所示，$\mathrm{d}\alpha$ 对应的弧长为 $\mathrm{d}s = \sqrt{1 + y'^2}\, \mathrm{d}x$，则根据定义 4-5，曲线的曲率公式为

$$K = \left| \frac{\mathrm{d}\alpha}{\mathrm{d}s} \right| = \left| \frac{\dfrac{y''}{1 + y'^2}\mathrm{d}x}{\sqrt{1 + y'^2}\, \mathrm{d}x} \right| = \left| \frac{y''}{(1 + y'^2)^{\frac{3}{2}}} \right|;$$

则，曲线该部分的曲率半径为

$$R = \frac{1}{K} = \left| \frac{(1 + y'^2)^{\frac{3}{2}}}{y''} \right|.$$

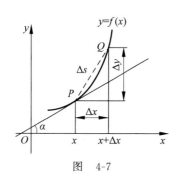

图　4-7

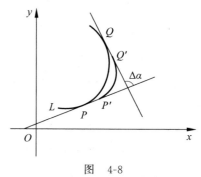

图　4-8

例 3　求直线的曲率.

解　设直线 $l: y = ax + b$. $y' = a$，$y'' = 0$，所以 $K = 0$. 说明直线不弯曲.

例 4　求半径为 R 的圆的曲率.

解　设圆的方程为 $x^2 + y^2 = R^2$. 两边对 x 求导（隐函数求导）有

$$2x + 2yy' = 0, \quad 即 \quad x + yy' = 0, 得$$

$$y' = -\frac{x}{y},$$

再将方程 $x + yy' = 0$ 对 x 求导，则有 $1 + y'^2 + yy'' = 0$，即

$$y'' = -\frac{1 + y'^2}{y},$$

所以

$$K = \left| \frac{y''}{(1 + y'^2)^{\frac{3}{2}}} \right| = \left| \frac{-\dfrac{1 + y'^2}{y}}{(1 + y'^2)^{\frac{3}{2}}} \right| = \left| \frac{1}{y\sqrt{1 + y'^2}} \right|$$

$$= \left| \frac{1}{y\sqrt{1 + \left(-\dfrac{x}{y}\right)^2}} \right| = \left| \frac{1}{\sqrt{x^2 + y^2}} \right| = \frac{1}{R}.$$

4.5.5 作函数图像

在中小学阶段,我们主要依赖描点作图法,画出了一些简单函数的图像,一般来说,这样得到的图像比较粗糙.我们现在可以应用导数的特性研究函数的性态,比如,函数的单调区间、极值点、凸凹性区间和拐点位置等;还可以结合前面学过的方法综合研究函数的周期性、奇偶性和渐近线等特性,这样就可以比较完整地作出函数的图像了.

作函数图像的一般程序是:

(1)求函数的定义域;

(2)考查函数的奇偶性、周期性;

(3)求函数的某些特殊点如与两个坐标轴的交点的不连续点、不可导点等;

(4)确定函数的单调区间、极值点、凸性区间以及拐点;

(5)考查渐近线;

(6)综合以上讨论结果画出函数图像.

例 5 讨论函数 $f(x)=\sqrt[3]{x^3-x^2-x+1}$ 的形态并作出其图像.

解 由于 $f(x)=\sqrt[3]{x^3-x^2-x+1}=\sqrt[3]{(x-1)^2}\cdot\sqrt[3]{x+1}$,可见此曲线与坐标轴交于 $(1,0),(-1,0),(0,1)$ 三点,求出导数

$$f'(x)=\frac{2}{3}\frac{\sqrt[3]{x+1}}{\sqrt[3]{x-1}}+\frac{1}{3}\frac{\sqrt[3]{(x-1)^2}}{\sqrt[3]{(x+1)^2}}=\frac{x+\dfrac{1}{3}}{\sqrt[3]{x-1}\cdot\sqrt[3]{(x+1)^2}}.$$

由此得到稳定点 $x=-\dfrac{1}{3}$ 不可导点 $x=\pm1$.但因函数在 $x=\pm1$ 处连续,$y'|_{x=\pm1}=\infty$,所以在 $x=\pm1$ 处有垂直切线.

再求二阶导数,可得 $f''(x)=-\dfrac{8}{9\sqrt[3]{(x-1)^4}\cdot\sqrt[3]{(x+1)^5}}.$

表 4-4 展示 $f'(x)$ 变号区间,$f(x)$ 的单调区间;$f''(x)$ 变号区间,即 $f(x)$ 凸性区间,并说明函数的形态.

表 4-4

x	$(-\infty,-1)$	-1	$\left(-1,-\dfrac{1}{3}\right)$	$-\dfrac{1}{3}$	$\left(-\dfrac{1}{3},1\right)$	1	$(1,+8)$
$f'(x)$	$+$	∞	$+$	0	$-$	∞	$+$
$f''(x)$	$+$	不存在	$-$	$-$	$-$	不存在	$-$
$f(x)$	凸增↗	拐点$(1,0)$	凹增↗	极大值$\dfrac{2}{3}\sqrt[3]{4}$	凹减↘	极小值0	凹增↗

由定理 4-15,求得曲线 $y=\sqrt{x^3-x^2-x+1}$ 有渐近线:$y=x-\dfrac{1}{3}.$

这样,根据表 4-4 的信息,我们就可作出该函数图像如图 4-9 所示.

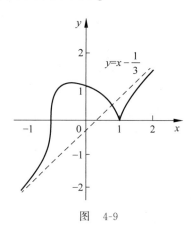

图　4-9

小结与复习

一、主要内容

1. 三个微分中值定理

2. 洛必达法则

3. 泰勒公式和麦克劳林公式

4. 函数的极值与最值

5. 函数的凸(凹)性、渐近线和曲率

二、主要结论与方法

1. 三个微分中值定理及其推论的证明方法

2. 洛必达法则适用条件及其应用

3. 泰勒公式和麦克劳林公式展开方法

4. 函数极值的判别方法

5. 函数曲线的凸(凹)性的判定方法

6. 函数渐近线的求法和曲率的定义和相关定理

三、基本要求

1. 掌握三个微分中值定理

2. 掌握洛必达法则

3. 理解并会应用泰勒公式和麦克劳林公式

4. 会应用导数及其结论判定函数的极值与最值

5. 理解函数的凸(凹)性、渐近线和曲率的概念,掌握用导数进行判定的方法

6. 基本掌握运用函数的导数进行作图的方法

数学家简介　法国数学家：柯西

柯西(Augustin Louis Cauchy,1789—1857)是法国数学家、物理学家、天文学家. 柯西的研究领域广泛,最大的贡献集中在代数学、光学、理论物理学、弹性理论等,所以,其学术

成果非常辉煌,他的著作全集总计有 28 卷,仅次于天才数学家欧拉.

19 世纪初期,微积分已发展成一个庞大的分支,内容丰富,应用非常广泛. 与此同时,它的薄弱之处也越来越暴露出来,微积分的理论基础并不严格. 为解决新问题并澄清微积分概念,数学家们展开了数学分析严谨化的工作,在分析基础的奠基工作中,做出卓越贡献的首推伟大的数学家柯西. 不仅如此,柯西在数学的许多领域都有很高的建树和造诣,很多数学的定理和公式也都以他的名字命名,如柯西不等式、柯西中值定理和柯西积分公式.

柯西在数学领域的主要贡献有两个方面. 其一是单复变函数的成果——柯西最重要和最有首创性的工作是关于单复变函数论的. 18 世纪的数学家们采用过上、下限是虚数的定积分,但没有给出明确的定义. 柯西首先阐明了相关概念,并且用这种积分来研究多种多样的问题,如级数与无穷乘积的展开,用含参变量的积分表示微分方程的解等. 其二是分析基础——柯西在综合工科学校所授分析课程及有关数学教材中发现,理论的不严密和逻辑混乱给数学造成了极大的影响,而且自从牛顿和莱布尼茨发明微积分(即无穷小分析,简称分析)以来,这门学科的理论基础是模糊的,所以必须建立严格的理论,柯西认识到:正是因为代数无法直接处理"无限"的概念,所以要间接利用代数处理代表无限的量,于是牛顿和莱布尼茨都精心构造了"极限"的概念,但是没有对"极限"进行严格的理论定义——这就引发了第二次数学危机,即"无穷小量的数学本质是什么?"1821 年,柯西出版了《分析教程》《无穷小计算讲义》《无穷小计算在几何中的应用》几部划时代的著作,给出了许多概念的严格定义,提出了关于函数极限的"ε-δ"方法以及数列和函数项级数极限"ε-N"方法,给出了"无穷小量"明晰的数学意义,给出了定积分和广义积分的严格定义以及级数收敛判别法等。因此,柯西的"极限"理论完善了微积分学的理论基础.

思考与练习

一、思考题

1. 为什么说"微分中值定理及其应用"的学习效果是突破高等数学学习"高原期"的标志?

2. 三个微分中值定理有什么联系与区别?

3. 三个微分中值定理的几何意义分别是什么?

4. 从柯西中值定理的证明过程中,你得到什么启发(或学习方法)?

5. 洛必达法则的数学本质是什么?

6. 泰勒公式和麦克劳林公式的联系与区别是什么?

7. 为什么函数的一阶导数和二阶导数都能够刻画函数(在某点)的单调性、极值甚至最值?

8. 函数的凸(凹)性、渐近线和曲率反映了函数的什么特性?

二、作业必做题

1. 证明不等式 $|\arctan a-\arctan b|\leqslant|a-b|$.

2. 求分段函数 $f(x)=\begin{cases}x+\sin x^2, & x\leqslant0\\ \ln(1+x), & x>0\end{cases}$ 的导数.

3. 证明不等式 $e^x>1+x, x\neq0$.

4. 设 $f(x)$ 在区间 $(0,1]$ 上可导, $\lim\limits_{x\to0_+}\sqrt{x}f'(x)=A$. 求证: $f(x)$ 在区间 $(0,1]$ 上一致连续.

5. 求 $\lim\limits_{x\to\infty}\dfrac{x^a}{e^{bx}}(a>0,b>0)$.

6. 设 $f(x)$ 在区间 $[0,+\infty]$ 上可导, $\lim\limits_{x\to+\infty}(f(x)+f'(x))=A$. 证明
$$\lim_{x\to+\infty}f(x)=A.$$

7. 求 $\lim\limits_{x\to0^+}x\ln x$.

8. 求 $\lim\limits_{x\to0}(\cos x)^{\frac{1}{x^2}}$.

9. 求 $\lim\limits_{x\to0^+}(\sin x)^{\frac{k}{1+\ln x}}$ (k 为常数).

10. 求 $\lim\limits_{x\to0^+}\ln^x\dfrac{1}{x}$.

11. 求 $\lim\limits_{x\to1}\left(\dfrac{1}{x-1}-\dfrac{1}{\ln x}\right)$.

12. 求 $\lim\limits_{x\to\frac{\pi}{2}^+}(\sin x)^{\tan x}$.

13. 求 $\lim\limits_{x\to\frac{\pi}{2}}\dfrac{1+\sin x}{1-\cos x}$.

14. 设 $f(x)=\begin{cases}\dfrac{g(x)}{x}, & x\neq0\\ 0, & x=0\end{cases}$, 且已知, $g(0)=g'(0)=0, g''(0)=3$, 试求 $f'(0)$.

15. 求 $f(x)=\ln x$ 在 $x=2$ 处的泰勒公式.

16. 求极限 $\lim\limits_{x\to0}\dfrac{\cos x-e^{-\frac{x^2}{2}}}{x^4}$.

17. 求 $f(x)=(x-1)\sqrt[3]{x^2}$ 的极值点与极值.

18. 试求函数 $f(x)=x^4(x-1)^3$ 的极值.

19. 一艘轮船在航行中的燃料费和它的速度的立方成正比. 已知当速度为 $10(\text{km/h})$ 时, 燃料费为每小时 6 元, 而其他与速度无关的费用为每小时 96 元. 问轮船的速度为多少时, 每航行 1km 所消耗的费用最小?

20. 剪去正方形四角同样大小的小方块后制成一个无盖盒子, 如图 4-10 所示, 问剪去

小方块的边长为何值时,可使盒子的容积最大?

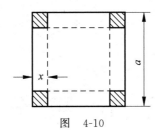

图 4-10

21. 设 $f(x)$ 为区间 (a,b) 上的凸函数,不恒为常数. 证明: $f(x)$ 不取最大值.

22. 求证: $1+x^2 \leqslant 2^x \leqslant 1+x, x \in [0,1]$.

23. 证明不等式 $(abc)^{\frac{a+b+c}{3}} \leqslant a^a b^b c^c$,其中 a,b,c 均为正数.

24. 设 $f(x)$ 为开区间 I 内的凸(凹)函数,证明 $f(x)$ 在 I 内任一点 x_0 都存在左、右导数.

第5章

不 定 积 分

正如加法有其逆运算减法,乘法有其逆运算除法一样,微分法也有它的逆运算——积分法.我们已经知道,微分法的基本问题是研究如何从已知函数求出它的导函数,那么与之相反的问题是:已知导函数了,需要求一个未知函数,使该未知函数的导函数恰好等于已知的导函数.之所以提出这个逆问题,是因为它出现在许多实际问题之中.例如:已知速度求路程;已知加速度求速度;已知曲线上每一点处的切线斜率(或斜率所满足的某一规律),求曲线方程等.本章与第6章(定积分与定积分的应用)构成一元函数积分学.

5.1 不定积分的概念

在微积分中,一个函数的不定积分,就是由导数求出原来的函数的过程,即已知该函数的导数,求出原来的函数——通常称为"原函数".不定积分是一个重要的运算法则.实际上,不定积分是高等数学中最基本的三种运算法则之一.

5.1.1 原函数

定义 5-1 设函数 $f(x)$ 与 $F(x)$ 在区间 I 上都有定义.若

$$F'(x) = f(x), \quad x \in I,$$

则称 $F(x)$ 为 $f(x)$ 在区间 I 上的一个**原函数**.

例如,$\dfrac{1}{2}x^2$ 是 x 在 $(-\infty, +\infty)$ 上的一个原函数,因为 $\left(\dfrac{1}{2}x^2\right)' = x$;又如 $\sin x$ 与 $\sin x + 1$ 都是 $\cos x$ 在 $(-\infty, +\infty)$ 上的原函数,因为 $(\sin x)' = \cos x$,$(\sin x + 1)' = \cos x$.这些简单的例子,我们可以直接看出来原函数.但是,有些函数比较复杂,比如 $f(x) = \arctan x$,我们不容易直接看出它的原函数是 $F(x) = x\arctan x - \dfrac{1}{2}\ln(1+x^2)$.必须借助于基本求导公式进行反推而得到,这就是不定积分.同时,我们研究原函数还必须解决下面两个重要问题:

其一,满足何种条件的函数必定存在原函数?如果存在,是否唯一?

其二,若已知某个函数的原函数存在,又怎样把它求出来?

关于第一个问题,我们用下面两个定理来回答;至于第二个问题,其解答则是本章接着要介绍的各种积分方法.

定理 5-1 若函数 $f(x)$ 在区间 I 上连续,则 $f(x)$ 在 I 上存在原函数 $F(x)$,即 $F'(x) = f(x), x \in I$.

由于初等函数在其定义区间上为连续函数,因此每个初等函数在其定义区间上都有原函数.但可能会出现两种情况:其一,某些初等函数的原函数不一定是初等函数;其二,如果函数存在间断点,那么此函数在其间断点所在的区间上就不一定存在原函数.

定理 5-2 设 $F(x)$ 是 $f(x)$ 在区间 I 上的一个原函数,则

(1) $F(x) + C$ 也是 $f(x)$ 在 I 上的原函数,其中 C 为任意常数;

(2) $f(x)$ 在 I 上的任意两个原函数之间,只可能相差一个常数.

证明 (1)这是因为 $[F(x) + C]' = F'(x) = f(x), x \in I$.

(2) 设 $F(x)$ 和 $G(x)$ 是 $f(x)$ 在 I 上的任意两个原函数,则有

$$[F(x) - G(x)]' = F'(x) - G'(x) = f(x) - f(x) = 0, \quad x \in I,$$

根据第 4 章拉格朗日中值定理的推论(定理 4-3),知道

$$F(x) - G(x) \equiv C, \quad x \in I.$$

5.1.2 不定积分

定义 5-2 函数 $f(x)$ 在区间 I 上的全体原函数称为 $f(x)$ 在 I 上的不定积分,记作

$$\int f(x) \mathrm{d}x \tag{5-1}$$

其中称 $\int$ 为**积分号**,$f(x)$ 为**被积函数**,$f(x)\mathrm{d}x$ 为**被积表达式**,x 为**积分变量**.

由定义 5-2 可见,不定积分与原函数是总体与个体的关系,即若 $F(x)$ 是 $f(x)$ 的一个原函数,由定理 5-2 可知,$f(x)$ 的不定积分是一个函数族 $\{F(x) + C\}$,其中 C 是任意常数.所以,函数 $f(x)$ 的不定积分,写作如下形式

$$\int f(x) \mathrm{d}x = F(x) + C. \tag{5-2}$$

这时又称 C 为**积分常数**,它可取任意实数值.

根据导数和微分的定义,我们又有

$$\left[\int f(x) \mathrm{d}x \right]' = [F(x) + C]' = f(x), \tag{5-3}$$

$$\mathrm{d} \int f(x) \mathrm{d}x = \mathrm{d}[F(x) + C] = f(x)\mathrm{d}x. \tag{5-4}$$

所以,本节开头所举的几个例子可写作

$$\int x^2 \mathrm{d}x = \frac{1}{3}x^3 + C,$$

$$\int \sin 2x \mathrm{d}x = -\frac{1}{2}\cos 2x + C,$$

$$\int \arctan x \mathrm{d}x = x\arctan x - \frac{1}{2}\ln(1 + x^2) + C.$$

因此,一个函数"存在不定积分"与"存在原函数"是等同的说法.

5.1.3 不定积分的几何意义

在式(5-2)即 $\int f(x)\mathrm{d}x = F(x)+C$ 中,若 $F(x)$ 是 $f(x)$ 的一个原函数,则称 $y=F(x)$ 的图像为 $f(x)$ 的一条积分曲线.积分常数 C 在几何上表示该积分曲线沿纵轴方向任意平移量,C 取不同值所得一切积分曲线组成了曲线族:即 $y=F(x)+C$,如图 5-1 所示.显然,若在每一条积分曲线上横坐标相同的点处作切线,则这些切线互相平行.

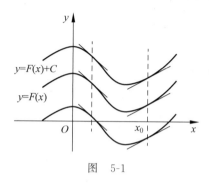

图 5-1

那么对于具体的实际问题,积分常数 C 的含义又是什么呢? 在求原函数的具体问题中,往往先求出全体原函数,然后从中确定一个满足条件 $F(x_0)=y_0$ 的原函数,即积分曲线族中通过点 (x_0,y_0) 的那一条积分曲线.这就是所谓的**初始条件**,它由具体问题所规定.例如,质点作匀加速直线运动时,$a(t)=v'(t)=a$,则

$$v(t)=\int a\,\mathrm{d}t = at+C.$$

若已知速度的初始条件 $v(t_0)=v_0$,代入上式后,确定积分常数 $C=v_0-at_0$,于是就有

$$v(t)=a(t-t_0)+v_0.$$

又因 $s'(t)=v(t)$,所以又有

$$s(t)=\int[a(t-t_0)+v_0]\mathrm{d}t = \frac{1}{2}a(t-t_0)^2 + v_0 t + C_1.$$

若再有已知位移的初始条件 $s(t_0)=s_0$,则 $C_1=s_o-v_0t_0$ 代入上式得到

$$s(t)=\frac{1}{2}a(t-t_0)^2 + v_0(t-t_0)+s_0.$$

5.1.4 基本积分表

求原函数比求导数困难得多.原因在于原函数的定义不像导数定义那样直接根据定义进行严谨的推演.所以,求不定积分只是告诉我们,某个函数的导数恰好等于已知函数,而没有指出怎样求出它的原函数的具体形式和途径,因此,我们只能先按照微分法的已知结果去试探.

首先,我们把基本导数公式改写成基本的不定积分公式.

(1) $\int 0\,\mathrm{d}x = C.$

(2) $\int 1\,\mathrm{d}x = \int \mathrm{d}x = x + C.$

(3) $\int x^\alpha\,\mathrm{d}x = \dfrac{x^{\alpha+1}}{\alpha+1} + C\ (\alpha \neq -1, x>0).$

(4) $\int \dfrac{1}{x}\,\mathrm{d}x = \ln|x| + C\ (x \neq 0).$

(5) $\int \mathrm{e}^x\,\mathrm{d}x = \mathrm{e}^x + C.$

(6) $\int a^x \mathrm{d}x = \dfrac{a^x}{\ln a} + C \ (a > 0, a \neq 1)$.

(7) $\int \cos\alpha x \, \mathrm{d}x = \dfrac{1}{\alpha}\sin\alpha x + C \ (\alpha \neq 0)$

(8) $\int \sin\alpha x \, \mathrm{d}x = -\dfrac{1}{\alpha}\cos\alpha x + C \ (\alpha \neq 0)$.

(9) $\int \sec^2 x \, \mathrm{d}x = \tan x + C$.

(10) $\int \csc^2 x \, \mathrm{d}x = -\cot x + C$.

(11) $\int \sec x \cdot \tan x \, \mathrm{d}x = \sec x + C$.

(12) $\int \csc x \cdot \cot x \, \mathrm{d}x = -\csc x + C$.

(13) $\displaystyle\int \frac{\mathrm{d}x}{\sqrt{1-x^2}} = \arcsin x + C = -\arccos x + C_1$.

(14) $\displaystyle\int \frac{\mathrm{d}x}{1+x^2} = \arctan x + C = -\operatorname{arccot} x + C_1$.

上述基本积分公式,是我们根据其导数直接记住得来的,对于稍微复杂函数的不定积分,比如即使像 $\ln x, \tan x, \cot x, \sec x, \csc x, \arcsin x, \arctan x$ 这样一些基本初等函数,需要从一些求导法则去导出相应的不定积分法则,并逐步扩充不定积分公式.

5.1.5　不定积分的性质

定理 5-3　若函数 $f(x)$ 与 $g(x)$ 在区间 I 上都存在原函数,k_1, k_2 为两个任意常数,则 $k_1 f(x) + k_2 g(x)$ 在 I 上也存在原函数,且当 k_1 和 k_2 不同时为零时有

$$\int [k_1 f(x) + k_2 g(x)] \mathrm{d}x = k_1 \int f(x) \mathrm{d}x + k_2 \int g(x) \mathrm{d}x \tag{5-5}$$

证　根据函数的求导法则

$$\left[k_1 \int f(x) \mathrm{d}x + k_2 \int g(x) \mathrm{d}x \right]' = k_1 \left(\int f(x) \mathrm{d}x \right)' + k_2 \left(\int g(x) \mathrm{d}x \right)'$$
$$= k_1 f(x) + k_2 g(x).$$

证毕.

例 1　已知:$p(x) = a_0 x^n + a_1 x^{n-1} + \cdots + a_{n-1} x + a_n$,求 $\int p(x) \mathrm{d}x$.

解　$\displaystyle\int p(x) \mathrm{d}x = \frac{a_0}{n+1} x^{n+1} + \frac{a_1}{n} x^n + \cdots + \frac{a_{n-1}}{2} x^2 + a_n x + C$.

例 2　$\displaystyle\int \frac{x^4 + 1}{x^2 + 1} \mathrm{d}x$.

解　原式 $= \displaystyle\int \left(x^2 - 1 + \frac{2}{x^2 + 1} \right) \mathrm{d}x = \frac{1}{3} x^3 - x + 2\arctan x + C$.

例3　求 $\displaystyle\int\frac{\mathrm{d}x}{\cos^2 x\sin^2 x}$.

解　原式 $=\displaystyle\int\frac{\cos^2 x+\sin^2 x}{\cos^2 x\sin^2 x}\mathrm{d}x=\int(\csc^2 x+\sec^2 x)\,\mathrm{d}x=-\cot x+\tan x+C$.

例4　求 $\displaystyle\int\cos 3x\cdot\sin x\,\mathrm{d}x$.

解　原式 $=\displaystyle\frac{1}{2}\int(\sin 4x-\sin 2x)\,\mathrm{d}x=\frac{1}{2}\left(-\frac{1}{4}\cos 4x+\frac{1}{2}\cos 2x\right)+C$

$\qquad\qquad =-\dfrac{1}{8}(\cos 4x-2\cos 2x)+C$.

5.2　换元积分法与分部积分法

虽然我们得出了不定积分的一些性质和积分运算法则以及基本积分公式,但仅对较简单的函数易求出其不定积分,而对较复杂的函数就较难求了.例如 $\displaystyle\int x\sin x\,\mathrm{d}x$ 就不能用运算法则来求,所以我们要另辟蹊径,寻找求不定积分的一般方法.通常有两种方法:**换元积分法和分部积分法**.

5.2.1　换元积分法

由复合函数求导法,可以导出换元积分法求不定积分,又叫**凑微分法**和**变量置换法**.

定理5-4(第一种换元积分法)　设函数 $f(x)$ 在区间 I 上有定义,$\varphi(t)$ 在区间 J 上可导,且 $\varphi(J)\subseteq I$.如果不定积分 $\displaystyle\int f(x)\mathrm{d}x=F(x)+C$ 在 I 上存在,则不定积分 $\displaystyle\int f(\varphi(t))\varphi'(t)\mathrm{d}t$ 在 J 上也存在,且

$$\int f(\varphi(t))\varphi'(t)\mathrm{d}t=F(\varphi(t))+C \tag{5-6}$$

证　用复合函数求导法进行验证.因为对于任何 $t\in J$,有

$$\frac{\mathrm{d}}{\mathrm{d}t}(F(\varphi(t)))=F'(\varphi(t))\varphi'(t)=f(\varphi(t))\varphi'(t)$$

所以 $f(\varphi(t))\varphi'(t)$ 以 $F(\varphi(t))$ 为其原函数,式(5-6)成立;这种凑微分法又叫第一换元积分法.

在使用公式(5-6)时,也可把它写成如下简便形式:

$$\int f(\varphi(x))\varphi'(x)\mathrm{d}x=\int f(\varphi(x))\mathrm{d}\varphi(x)=F(\varphi(x))+C \tag{5-7}$$

例1　求 $\displaystyle\int\frac{\mathrm{d}x}{\sqrt{a^2-x^2}}(a>0)$.

解　$\displaystyle\int\frac{\mathrm{d}x}{\sqrt{a^2-x^2}}=\frac{1}{a}\int\frac{\mathrm{d}x}{\sqrt{1-\left(\frac{x}{a}\right)^2}}=\int\frac{\mathrm{d}\left(\frac{x}{a}\right)}{\sqrt{1-\left(\frac{x}{a}\right)^2}}=\arcsin\frac{x}{a}+C$.

例 2 求 $\displaystyle\int \frac{\mathrm{d}x}{x^2-a^2}(a\neq 0)$.

解 $\displaystyle\int \frac{\mathrm{d}x}{x^2-a^2}=\frac{1}{2a}\int\left(\frac{1}{x-a}-\frac{1}{x+a}\right)\mathrm{d}x=\frac{1}{2a}\frac{\mathrm{d}(x-a)}{x-a}-\int\frac{\mathrm{d}(x+a)}{x+a}$

$$=\frac{1}{2a}(\ln|x-a|-\ln|x+a|)+C=\frac{1}{2a}\ln\left|\frac{x-a}{x+a}\right|+C.$$

例 3 $\displaystyle\int x^2\sqrt{4-3x^3}\,\mathrm{d}x$.

解 $\displaystyle\int x^2\sqrt{4-3x^3}\,\mathrm{d}x=\frac{1}{3}\int\sqrt{4-3x^3}\,\mathrm{d}x^3=-\frac{1}{9}\int\sqrt{4-3x^3}\,\mathrm{d}(4-3x^3)$

$$=-\frac{1}{9}\times\frac{2}{3}(4-3x^3)^{\frac{2}{3}}+C=-\frac{2}{27}(4-3x^3)^{\frac{3}{2}}+C.$$

例 4 求 $\sec x\,\mathrm{d}x$.

解法一 $\displaystyle\int \sec x\,\mathrm{d}x=\int\frac{\cos x}{\cos^2 x}\mathrm{d}x=\int\frac{\mathrm{d}(\sin x)}{1-\sin^2 x}=\frac{1}{2}\ln\left|\frac{1+\sin x}{1-\sin x}\right|+C.$

解法二 $\displaystyle\int \sec x\,\mathrm{d}x=\int\frac{\sec x(\sec x+\tan x)}{\sec x+\tan x}\mathrm{d}x=\int\frac{\mathrm{d}(\sec x+\tan x)}{\sec x+\tan x}$

$$=\ln|\sec x+\tan x|+C.$$

两种解法所得结果只是形式上的不同.

从上几例看到,使用第一换元积分法的关键在于把被积表达式凑成 $f(\varphi(x))\varphi'(x)\mathrm{d}x$ 的形式,以便选取变换 $u=\varphi(x)$,化为易于积分的 $\displaystyle\int f(u)\mathrm{d}u$,最终不要忘记把新引入的变量($u$)还原为起始变量($x$).

定理 5-5(第二种换元积分法) 设函数 $f(x)$ 在区间 I 上有定义,$\varphi(t)$ 在区间 J 上可导,且 $\varphi(J)\subseteq I$. 如果 $x=\varphi(t)$ 在 J 上存在反函数 $t=\varphi^{-1}(x)$,$x\in I$,且不定积分 $\displaystyle\int f(x)\mathrm{d}x$ 在 I 上存在,则当不定积分 $\displaystyle\int f(\varphi(t))\varphi'(t)\mathrm{d}t=G(t)+C$ 在 J 上存在时,在 I 上有

$$\int f(x)\mathrm{d}x=G(\varphi^{-1}(x))+C. \tag{5-8}$$

证 设 $\displaystyle\int f(x)\mathrm{d}x=F(x)+C,t=\varphi^{-1}(x),x\in I$. 对于任何 $t\in J$ 有

$$\frac{\mathrm{d}}{\mathrm{d}t}(F(\varphi(t))-G(t))=F'(\varphi(t))\varphi'(t)-G'(t)$$

$$=f(\varphi(t))\varphi'(t)-f(\varphi(t))\varphi'(t)=0.$$

所以存在常数 C_1,使得 $F(\varphi(t))-G(t)=C_1$ 对于任何 $t\in J$ 成立,从而 $G(\varphi^{-1}(x))=F(x)-C_1z$ 对于任何的 $x\in I$ 成立,因此对于任何 $x\in I$ 有

$$\frac{\mathrm{d}}{\mathrm{d}x}(G(\varphi^{-1}(x)))=F'(x)=f(x),$$

即 $C(\varphi^{-1}(x))$ 为 $f(x)$ 的原函数,式(5-8)成立;这种变量置换法又叫第二换元积分法.

第二换元积分法从形式上看是第一换元积分法的逆行,但目的都是为了化为容易求得原函数的形式,最后结果不要忘记变量还原.

例 5 求 $\displaystyle\int \frac{\mathrm{d}u}{\sqrt{u} + \sqrt[3]{u}}$.

解 为去掉被积函数中的根式，取根次数 2 与 3 的最小公倍数 6，并令 $u = x^6$，则可把原来的不定积分化为简单有理式的积分，有

$$\int \frac{\mathrm{d}u}{\sqrt{u} + \sqrt[3]{u}} = \int \frac{6x^5}{x^3 + x^2} \mathrm{d}x = 6\int \left(x^2 - x + 1 - \frac{1}{x+1} \right) \mathrm{d}x$$

$$= 6\left(\frac{x^3}{3} - \frac{x^2}{2} + x - \ln|x+1| \right) + C$$

$$= 2\sqrt{u} - 3\sqrt[3]{u} + 6\sqrt[6]{u} - 6\ln|\sqrt[6]{u} + 1| + C.$$

我们再给出几个常用积分公式.

(15) $\displaystyle\int \frac{1}{a^2 + x^2} \mathrm{d}x = \frac{1}{a}\arctan\frac{x}{a} + C \,(a > 0)$.

(16) $\displaystyle\int \frac{1}{x^2 - a^2} \mathrm{d}x = \frac{1}{2a}\ln\left| \frac{x-a}{x+a} \right| + C \,(a > 0)$.

(17) $\displaystyle\int \frac{1}{\sqrt{a^2 + x^2}} \mathrm{d}x = \arctan\frac{x}{a} + C \,(a > 0)$.

(18) $\displaystyle\int \frac{1}{\sqrt{x^2 \pm a^2}} \mathrm{d}x = \ln\left| x + \sqrt{x^2 \pm a^2} \right| + C \,(a > 0)$.

5.2.2 分部积分法

由导数乘积的求导法和全微分法则，可以导出分部积分法.

定理 5-6（分部积分法） 若 $u(x)$ 与 $v(x)$ 可导，不定积分 $\displaystyle\int u'(x)v(x)\mathrm{d}x$ 存在，则 $\displaystyle\int u(x)v'(x)\mathrm{d}x$ 也存在，并有

$$\int u(x)v'(x)\mathrm{d}x = u(x)v(x) - \int u'(x)v(x)\mathrm{d}x \tag{5-9}$$

证 由 $[u(x)v(x)]' = u'(x)v(x) + u(x)v'(x)$，得

$$u(x)v'(x) = [u(x)v(x)]' - u'(x)v(x),$$

对上式两边求不定积分，就得到式(5-9).

式(5-9)称为分部积分公式，常简写作

$$\int u\,\mathrm{d}v = uv - \int v\,\mathrm{d}u. \tag{5-10}$$

实际上，由全微分法则：$\mathrm{d}(uv) = u\,\mathrm{d}v + v\,\mathrm{d}u$，立即可以导出式(5-10).

例 6 求 $\displaystyle\int x\cos x\,\mathrm{d}x$.

解 令 $u = x, v' = \cos x$，则有 $u' = 1, v = \sin x$. 由式(5-9)得

$$\int x\cos x\,\mathrm{d}x = \int \mathrm{d}(x\sin x) - \int \sin x\,\mathrm{d}x = x\sin x - \int \sin x\,\mathrm{d}x$$

$$= x\sin x + \cos x + C.$$

例 7 求 $\displaystyle\int x^3 \ln x\,\mathrm{d}x$.

解 令 $u = \ln x, v' = x^3$，由式(5-10)则有

$$\int x^3 \ln x \, dx = \int \ln x \, d\left(\frac{x^4}{4}\right) = \frac{1}{4}\left(x^4 \ln x - \int x^3 \, dx\right) = \frac{x^4}{16}(4\ln x - 1) + C.$$

有时需要接连使用几次分部积分才能求得结果；有些还会出现与原不定积分同类的项，需经移项合并后方能完成求解.

例 8 求 $\int x^2 e^{-x} \, dx$.

解 $\int x^2 e^{-x} \, dx = \int x^2 \, d(-e^{-x}) = -x^2 e^{-x} + 2\int x e^{-x} \, dx = -x^2 e^{-x} + 2\int x \, d(-e^{-x})$

$$= -x^2 e^{-x} - 2x e^{-x} + 2\int e^{-x} \, dx = -e^{-x}(x^2 + 2x + 2) + C.$$

使用分部积分法，必须先分析分部积分法的使用对象，然后确定先还原被积函数的哪个部分，这样才能达到简化计算的效果. 一般地，当被积函数含有指数函数时，使用分部积分法可以有效降幂；当被积函数含有三角函数时，使用分部积分法可以有效利用恒等变换. 下面对分部积分法的使用做一总结.

(1) 对于 $\int x^n e^x \, dx$，$\int x^n \sin x \, dx$，$\int x^n \cos x \, dx$ 型不定积分，必须对幂函数进行降幂，应首先还原指数函数和三角函数.

(2) 对于 $\int x \ln x \, dx$，$\int x \arctan x \, dx$，$\int x \arcsin x \, dx$ 型不定积分，应首先还原幂函数，使用分部积分法即可求出原函数来.

(3) 对于 $\int e^{ax} \sin bx \, dx$，$\int e^{ax} \cos bx \, dx$ 型不定积分，无论想还原哪种函数，只要连续使用两次分部积分法，移项解代数方程可得结果.

*5.3 有理函数的积分法

本节将讨论某些特殊类型的不定积分，这些不定积分无论怎样复杂，原则上都可按一定的步骤把它求出来. 本节和 5.4 节只是学习求更复杂原函数的方法，并没有新的知识，所以，可以作为选学内容.

5.3.1 有理函数的积分法的一般步骤

有理函数是指由两个多项式函数的商所表示的函数，其一般形式为

$$R(x) = \frac{P(x)}{Q(x)} = \frac{\alpha_0 x^n + \alpha_1 x^{n-1} + \cdots + \alpha_n}{\beta_0 x^m + \beta_1 x^{m-1} + \cdots + \beta_m}, \tag{5-11}$$

其中 n、m 为非负整数，$\alpha_0, \alpha_1, \cdots, \alpha_n$ 与 $\beta_0, \beta_1, \cdots, \beta_m$ 都是常数，且 $\alpha_0 \neq 0$，$\beta_0 \neq 0$.

若 $m > n$，则称它为真分式；若 $m \leqslant n$，则称它为假分式，由多项式的除法可知，假分式总能化为一个多项式与一个真分式之和，由于多项式的不定积分是容易求得的，因此只需研究真分式的不定积分，故设式(5-11)为一有理真分式.

根据代数知识，有理真分式必定可以表示成若干个部分分式之和（称为部分分式分

注：* 号为选学内容。

解).因而问题归结为求那些部分分式的不定积分.为此,先把怎样分解部分分式的步骤简述如下(可与后面的例 1 对照着做).

第一步对分母 $Q(x)$ 在实数内作标准分解:

$$Q(x)=(x-a_1)^{\lambda_1}\cdots(x-a_s)^{\lambda_s}(x^2+p_1x+q_1)^{\mu_1}\cdots(x^2+p_tx+q_t)^{\mu_t},\qquad(5\text{-}12)$$

其中 $\beta_0=1,\lambda_i,\mu_j(i=1,2,\cdots,s;j=1,2,\cdots,t)$ 均为自然数,而且

$$\sum_{i=1}^s\lambda_i+2\sum_{j=1}^t\mu_j=m,\quad p_j^2-4q_j<0,j=1,2,\cdots,t.$$

第二步根据分母的各个因式分别写出与之相应的部分分式:对于每个形如 $(x-a)^k$ 的因式,它所对应的部分分式是

$$\frac{A_1}{x-a}+\frac{A_2}{(x-a)^2}+\cdots+\frac{A_k}{(x-a)^k};$$

对每个形如 $(x^2+px+q)^k$ 的因式,它所对应的部分分式是

$$\frac{B_1x+C_1}{x^2+px+q}+\frac{B_2x+C_2}{(x^2+px+q)^2}+\cdots+\frac{B_kx+C_k}{(x^2+px+q)^k}.$$

把所有部分分式加起来,使之等于 $R(x)$(至此,部分分式中的常数系数 A_i,B_i,C_i 尚为待定的).

第三步确定待定系数:一般方法是将所有部分分式通分相加,所得分式的分母即为原分母 $Q(x)$,而其分子亦应与原分子 $P(x)$ 恒等.于是,按同幂项系数必定相等,得到一组关于待定系数的线性方程,这组方程的解就是需要确定的系数.

例 1 对 $R(x)=\dfrac{2x^4-x^3+4x^2+9x-10}{x^5+x^4-5x^3-2x^2+4x-8}$ 作部分分式分解.

解 按上述步骤依次执行如下:

$$Q(x)=x^5+x^4-5x^3-2x^2+4x-8$$
$$=(x-2)(x+2)^2(x^2-x+1).$$

$$R(x)=\frac{A_0}{x-2}+\frac{A_1}{x+2}+\frac{A_2}{(x+2)^2}+\frac{Bx+C}{x^2-x+1}.\qquad(5\text{-}13)$$

用 $Q(x)$ 乘上式两边,得一恒等式

$$2x^4-x^3+4x^2+9x-10\equiv A_0(x+2)^2(x^2-x+1)+$$
$$A_1(x-2)(x+2)(x^2-x+1)+A_2(x-2)(x^2-x+1)+$$
$$(Bx+C)(x-2)(x+2)^2.\qquad(5\text{-}14)$$

然后使等式两边同幂项系数相等,得到线性方程组:

$$\begin{cases}A_0+A_1+B=2, & \cdots\cdots x^4\text{ 的系数}\\ 3A_0-A_1+A_2+2B+C=-1, & \cdots\cdots x^3\text{ 的系数}\\ A_0-3A_1-3A_2-4B+2C=4, & \cdots\cdots x^2\text{ 的系数}\\ 4A_1+3A_2-8B-4C=9, & \cdots\cdots x^1\text{ 的系数}\\ 4A_0-4A_1-2A_2-8C=-10, & \cdots\cdots \text{ 常数项}\end{cases}$$

求出它的解:$A_0=1,A_1=2,A_2=-1,B=-1,C=1$,并代入式(5-13),这便完成了对

$R(x)$的部分分式分解

$$R(x) = \frac{1}{x-2} + \frac{2}{x+2} - \frac{1}{(x+2)^2} - \frac{x-1}{x^2-x+1}.$$

上述待定系数法有时可用较简便的方法去替代,例如可将x的某些特定值(如$Q(x)=0$的根)代入式(5-14),以便得到一组较简单的方程,或直接求得某几个待定系数的值,对于上例,若分别用$x=2$和$x=-2$代入式(5-14),立即求得

$$A_0 = 1 \text{ 和 } A_2 = -1.$$

于是式(5-14)简化成为

$$x^4 - 3x^3 + 12x - 16 = A_1(x-2)(x+2)(x^2-x+1) +$$
$$(Bx+C)(x-2)(x+2)^2.$$

为继续求出A_1,B,C,还可用x的三个简单值代入上式,如令$x=0,1,-1$,相应得到

$$\begin{cases} A_1 + 2C = 4 \\ A_1 + 3B + 3C = 2. \\ 3A_1 - B + C = 8 \end{cases}$$

由此易得$A_1=2,B=-1,C=1$. 这就同样确定了所有待定系数.

一旦完成了部分分式分解,最后求各个部分分式的不定积分.

5.3.2 有理函数的积分法的应用举例

由以上讨论知道,任何有理真分式的不定积分都将归为求以下两种形式的不定积分.

例 2 $\displaystyle\int \frac{\mathrm{d}x}{(x-a)^k}$.

解 根据积分公式,显然有 $\displaystyle\int \frac{\mathrm{d}x}{(x-a)^k} = \begin{cases} \ln|x-a| + C, & k=1 \\ \dfrac{1}{(1-k)(x-a)^{k-1}} + C, & k>1 \end{cases}$.

例 3 $\displaystyle\int \frac{Lx+M}{(x^2+px+q)^k}\mathrm{d}x \,(p^2-4q<0)$.

解 作适当换元$\left(\text{令 } t = x + \dfrac{p}{2}\right)$,便化为

$$\int \frac{Lx+M}{(x^2+px+q)^k}\mathrm{d}x = \int \frac{Lt+N}{(t^2+r^2)^k}\mathrm{d}t$$
$$= L\int \frac{t}{(t^2+r^2)^k}\mathrm{d}t + N\int \frac{\mathrm{d}t}{(t^2+r^2)^k} \tag{5-15}$$

其中$r^2 = q - \dfrac{p^2}{4}$, $N = M - \dfrac{p}{2}L$.

当$k=1$时,式(5-15)右边两个不定积分分别为

$$\int \frac{t}{t^2+r^2}\mathrm{d}t = \frac{1}{2}\ln(t^2+r^2) + C$$
$$\int \frac{\mathrm{d}t}{t^2+r^2} = \frac{1}{r}\arctan\frac{t}{r} + C \tag{5-16}$$

当 $k=2$ 时,式(5-15)右边第一个不定积分为

$$\int \frac{t}{(t^2+r^2)^k} dt = \frac{1}{2(1-k)(t^2+r^2)^{k-1}} + C.$$

对于第二个不定积分,记

$$I_k = \int \frac{dt}{(t^2+r^2)^k}.$$

可用分部积分法导出递推公式如下:

$$\begin{aligned}
I_k &= \frac{1}{r^2} \int \frac{(t^2+r^2)-t^2}{(t^2+r^2)^k} dt \\
&= \frac{1}{r^2} I_{k-1} - \frac{1}{r^2} \int \frac{t^2}{(t^2+r^2)^k} dt \\
&= \frac{1}{r^2} I_{k-1} + \frac{1}{2r^2(k-1)} \int t\, d\left(\frac{1}{(t^2+r^2)^{k-1}} \right) \\
&= \frac{1}{r^2} I_{k-1} + \frac{1}{2r^2(k-1)} \left(\frac{t}{(t^2+r^2)^{k-1}} - I_{k-1} \right).
\end{aligned}$$

经整理得到

$$I_k = \frac{t}{2r^2(k-1)(t^2+r^2)^{k-1}} + \frac{2k-3}{2r^2(k-1)} I_{k-1}. \tag{5-17}$$

重复使用递推公式(5-17),最终归为计算 I_1,这已由式(5-16)给出.

把所有这些局部结果代回式(5-15),并命令 $t=x+\dfrac{p}{2}$,就完成了对不定式积分的计算.

*5.4 可化为有理函数的积分法

一些无理函数不能够直接积分,可以采取"变量代换"或者"函数变换"方法,将无理函数化为有理函数,即可求出相应的不定积分.

5.4.1 无理函数的积分法

1. $\int R\left(x, \sqrt[n]{\dfrac{ax+b}{cx+d}} \right) dx$ 型不定积分($ad-bc \neq 0$),对此,只需令 $t = \sqrt[n]{\dfrac{ax+b}{cx+d}}$,可化为有理函数的不定积分.

例1 求 $\int \dfrac{1}{x} \sqrt{\dfrac{x+2}{x-2}} dx$.

解 令 $t = \sqrt{\dfrac{1+x}{2-x}}$,则有 $x = \dfrac{2(t^2+1)}{t^2-1}$,$dx = \dfrac{-8t}{(t^2-1)^2} dt$,于是

$$\begin{aligned}
\int \frac{1}{x} \sqrt{\frac{x+2}{x-2}} dx &= \int \frac{4t^2}{(1-t^2)(1+t^2)} dt = \int \left(\frac{2}{1-t^2} - \frac{2}{1+t^2} \right) dt \\
&= \ln \left| \frac{1+t}{1-t} \right| - 2\arctan t + C \\
&= \ln \left| \frac{1+\sqrt{(x+2)/(x-2)}}{1-\sqrt{(x+2)/(x-2)}} \right| - 2\arctan \sqrt{\frac{x+2}{x-2}} + C.
\end{aligned}$$

2. $\int R\left(x,\sqrt{ax^2+bx+c}\right)\mathrm{d}x$ 型不定积分($a>0$时$b^2-4ac\neq0$,$a<0$时$b^2-4ac>0$).

由于

$$ax^2+bx+c=a\left[\left(x+\frac{b}{2a}\right)^2+\frac{4ac-b^2}{4a^2}\right],$$

若记 $u=x+\dfrac{b}{2a}$,$k^2=\left|\dfrac{4ac-b^2}{4a^2}\right|$,则此二次三项式必属于以下三种情形之一:

$$a\mid(u^2+k^2)\mid,\quad\mid a\mid(u^2-k^2),\quad a\mid(k^2-u^2)\mid,$$

因此上述无理根式的不定积分也就转化为以下三种类型之一:

$$\int R\left(u,\sqrt{u^2+k^2}\right)\mathrm{d}u,\quad\int R\left(u,\sqrt{u^2-k^2}\right)\mathrm{d}u,\quad\int R\left(u,\sqrt{k^2-u^2}\right)\mathrm{d}u.$$

当分别令 $u=k\tan t$,$u=k\sec t$,$u=k\sin t$ 后,它们都化为三角有理式的不定积分.

例2 求 $I=\displaystyle\int\frac{\mathrm{d}x}{x\sqrt{x^2-2x-3}}$.

解法一 按上述一般步骤,求得

$$I=\int\frac{\mathrm{d}x}{x\sqrt{(x-1)^2-4}}=\int\frac{\mathrm{d}u}{(u+1)\sqrt{u^2-4}}\quad(x=u+1)$$

$$=\int\frac{2\sec\theta\tan\theta}{(2\sec\theta+1)\cdot2\tan\theta}\mathrm{d}\theta(u=2\sec\theta)=\int\frac{\mathrm{d}\theta}{2+\cos\theta}=\int\frac{\dfrac{2}{1+t^2}}{2+\dfrac{1-t^2}{1+t^2}}\mathrm{d}t\quad\left(t=\tan\frac{\theta}{2}\right)$$

$$=\int\frac{2}{t^2+3}\mathrm{d}t=\frac{2}{\sqrt3}\arctan\frac{t}{\sqrt3}+C=\frac{2}{\sqrt3}\arctan\left(\frac{2}{\sqrt3}\tan\frac{\theta}{2}\right)+C.$$

由于 $\tan\dfrac{\theta}{2}=\dfrac{\sin\theta}{1+\cos\theta}=\dfrac{\tan\theta}{\sec\theta+1}=\dfrac{\sqrt{\left(\dfrac{u}{2}\right)^2-1}}{\dfrac{u}{2}+1}=\dfrac{\sqrt{x^2-2x-3}}{x+1}$,因此

$$I=\frac{2}{\sqrt3}\arctan\frac{\sqrt{x^2-2x-3}}{\sqrt3(x+1)}+C.$$

解法二 若令 $\sqrt{x^2-2x-3}=x-t$,则可解出

$$x=\frac{t^2+3}{2(t-1)},\quad\mathrm{d}x=\frac{t^2-2t-3}{2(t-1)^2}\mathrm{d}t,$$

$$\sqrt{x^2-2x-3}=\frac{t^2+3}{2(t-1)}-t=\frac{-(t^2-2t-3)}{2(t-1)},$$

于是所求不定式积分直接化为有理函数的不定积分:

$$I=\int\frac{2(t-1)}{t^2+3}\cdot\frac{2(t-1)}{-(t^2-2t-3)}\cdot\frac{t^2-2t-3}{2(t-1)^2}\mathrm{d}t$$

$$=-\int\frac{2}{t^2+3}\mathrm{d}t=-\frac{2}{\sqrt3}\arctan\frac{t}{\sqrt3}+C$$

$$= \frac{2}{\sqrt{3}} \arctan \frac{\sqrt{x^2 - 2x - 3} - x}{\sqrt{3}} + C.$$

可以证明

$$\arctan \frac{\sqrt{x^2 - 2x - 3} - x}{\sqrt{3}} = \arctan \frac{\sqrt{x^2 - 2x - 3}}{\sqrt{3}(x+1)} - \frac{\pi}{3},$$

所以两种解法所得结果是一致的。此外,上述结果对 $x = 0$ 同样成立.

相比之下,解法二优于解法一,这是因为它所选择的变换能直接化为有理形式(而解法一通过三次换元才化为有理形式).如果改令

$$\sqrt{x^2 - 2x - 3} = x + t,$$

显然有相同效果——两边各自平方后能消去 x^2 项,从而解出 x 为 t 的有理函数.

一般地,二次三项式 $ax^2 + bx + c$ 中若 $a > 0$,则可令

$$\sqrt{ax^2 + bx + c} = \sqrt{ax} \pm t;$$

若 $c > 0$,还可令

$$\sqrt{ax^2 + bx + c} = xt \pm \sqrt{c}.$$

这类变换称为欧拉变换.

5.4.2 三角函数的积分法

由 $u(x)$、$v(x)$ 及常数经过有限次四则运算所得到的函数称为关于 $u(x)$、$v(x)$ 的有理式,并用 $R(u(x), v(x))$ 表示.

$\int R(\sin x, \cos x) \mathrm{d}x$ 是三角函数有理式的不定积分,一般通过变换 $t = \tan \frac{x}{2}$,可把它化为有理函数的不定积分. 这是因为

$$\sin x = \frac{2\sin \frac{x}{2} \cos \frac{x}{2}}{\sin^2 \frac{x}{2} + \cos^2 \frac{x}{2}} = \frac{2\tan \frac{x}{2}}{1 + \tan^2 \frac{x}{2}} = \frac{2t}{1 + t^2}, \tag{5-18}$$

$$\cos x = \frac{\cos^2 \frac{x}{2} - \sin^2 \frac{x}{2}}{\sin^2 \frac{x}{2} + \cos^2 \frac{x}{2}} = \frac{1 - \tan^2 \frac{x}{2}}{1 + \tan^2 \frac{x}{2}} = \frac{1 - t^2}{1 + t^2}, \tag{5-19}$$

$$\mathrm{d}x = \frac{2}{1 + t^2} \mathrm{d}t, \tag{5-20}$$

所以 $\int R(\sin x, \cos x) \mathrm{d}x = \int R\left(\frac{2t}{1 + t^2}, \frac{1 - t^2}{1 + t^2}\right) \frac{2}{1 + t^2} \mathrm{d}t.$

例 3 求 $\int \frac{1 + \sin x}{\sin x (1 + \cos x)} \mathrm{d}x.$

解 令 $t = \tan \frac{x}{2}$,将式(5-18)、式(5-19)、式(5-20)代入被积表达式,得

$$\int \frac{1+\sin x}{\sin x(1+\cos x)}\mathrm{d}x = \int \frac{1+\dfrac{2t}{1+t^2}}{\dfrac{2t}{1+t^2}\left(1+\dfrac{1-t^2}{1+t^2}\right)} \cdot \frac{2}{1+t^2}\mathrm{d}t = \int \frac{1}{2}\left(t+2+\frac{1}{t}\right)\mathrm{d}t$$

$$= \frac{1}{2}\left(\frac{t^2}{2}+2t+\ln|t|\right)+C$$

$$= \frac{1}{4}\tan^2\frac{x}{2}+\tan\frac{x}{2}+\frac{1}{2}\ln\left|\tan\frac{x}{2}\right|+C.$$

这里所用的变换 $t=\tan\dfrac{x}{2}$,对三角函数有理式的不定积分虽然总是有效的,但并不意味着在任何场合都是简便的.

通常当被积函数是 $\sin^2 x$,$\cos^2 x$ 及 $\sin x\cos x$ 的有理式时,采用变换 $t=\tan x$ 往往较为简便.其他特殊情形可因题而异,选择合适的变换.

至此我们已经学过了求不定积分的基本方法,以及某些特殊类型不定积分的求法,需要指出的是,通常所说的"求不定积分",是指用初等函数的形式把这个不定积分表示出来,在这个意义下,并不是任何初等函数的不定积分都能"求出"来.例如 $\int \mathrm{e}^{\pm x^2}\mathrm{d}x$,$\int \dfrac{\mathrm{d}x}{\ln x}$,$\int \dfrac{\sin x}{x}\mathrm{d}x$,$\int \sqrt{1-k^2\sin^2 x}\,\mathrm{d}x\ (0<k^2<1)$ 等,虽然它们都存在,但却无法用初等函数来表示,即初等函数的原函数不一定是初等函数,在下章将会知道,这类非初等函数可采用定积分形式来表示.

当前,许多计算机软件(例如 Mathematica,Maple 等)也都具有求不定积分的实用功能,但对于高等数学的学习者来说,重要的是应该掌握各种积分方法的原理、推演过程和推演能力,以提高自己的逻辑思维能力,而不是借助于计算机程序机械地做出什么结果.

小结与复习

一、主要内容

1. 原函数与不定积分
2. 不定积分的几何意义
3. 换元积分法与分部积分法
4. 有理函数的积分法
5. 可化为有理函数的积分法

二、主要结论与方法

1. 不定积分的概念及定义
2. 换元积分法与分部积分法
3. 有理函数的积分法
4. 可化为有理函数的积分法

三、基本要求

1. 理解原函数的概念

2. 掌握不定积分的概念及其几何意义

3. 掌握基本初等函数为被积函数的不定积分(系列公式)

4. 掌握换元积分法与分部积分法

5. 掌握有理函数的积分法

6. 理解比较简单的可化为有理函数的积分法

数学家简介   法国数学家:笛卡儿

勒内·笛卡儿(René Descartes,1596—1650),世界著名的法国哲学家、数学家、物理学家和生理学家,17世纪欧洲哲学领域和自然科学界最具有影响力的科学巨匠。笛卡儿是欧洲近代哲学的奠基人之一,黑格尔称他为"现代哲学之父"。他自成体系,熔唯物主义与唯心主义于一炉,在哲学史上产生了深远的影响。"我思故我在"是笛卡儿最经典的唯心主义哲学观点,流行全球;而我们使用的直角坐标系即笛卡儿坐标系横贯整个数学和定量科学。

笛卡儿对现代数学的发展做出的重要贡献是创立了《解析几何学》,他因将几何坐标体系公式化而被认为是解析几何之父。一方面,笛卡儿成功地将当时完全分开的代数和几何学联系到了一起。他的著作《几何》证明:几何问题可以归结成代数问题,也可以通过代数转换来发现、证明几何性质。笛卡儿引入了立体直角坐标系,建立了有向线段的概念及其运算规则。另一方面,笛卡儿在数学上的成就也为后人完善微积分理论提供了坚实的基础,从而是现代数学的重要基石。此外,现在使用的许多数学符号都是笛卡儿最先使用的,比如已知数用 $a,b,c,\cdots$ 表征,未知数用 $x,y,z,\cdots$ 表征;约定俗成地给出了指数的表示方法,等等。他还发现了凸多面体边、顶点、面之间的关系,后人称之为欧拉-笛卡儿公式。

笛卡儿在物理学也有所建树。他在《屈光学》中首次对光的折射定律提出了理论论证。他还解释了人的视力失常的原因,并设计了矫正视力的透镜。力学上笛卡儿则发展了伽利略运动相对性的理论,强调了惯性运动的直线性。笛卡儿发现了动量守恒原理。

笛卡儿哲学观念主要体现在他对宇宙的认识方面。他把自己的机械论观点应用到天体,发展了宇宙演化论,形成了关于宇宙发生与构造的学说。他创立了漩涡说,认为天体的运动来源于惯性和某种宇宙物质漩涡对天体的压力,在各种大小不同的漩涡的中心必有某一天体,以这种假说来解释天体间的相互作用。比如,认为太阳的周围有巨大的漩涡,带动着行星不断运转;物质的质点处于统一的漩涡之中,在运动中分化出土、空气和火二种元素,土形成行星,火则形成太阳和恒星。笛卡儿的太阳起源的以太漩涡模型第一次依靠力学而不是神学,解释了天体、太阳、行星、卫星、彗星等的形成过程,比康德的星云说早一个世纪,是 17 世纪中最权威的宇宙论。当然,笛卡儿的天体演化说、漩涡模型和近距作用观点,正如他的整个思想体系一样,一方面以丰富的物理思想和严密的科学方法为特色,起着反对经院哲学、启发科学思维、推动当时自然科学前进的作用,对许多自然科学家的思想产生深远的影响;而另一方面这些理论又经常停留在直观和定性阶段,不是从定量的实验事实出发,因而一些具体结论往往有很多缺陷。

思考与练习

一、思考题

1. 原函数的概念与不定积分的概念是同一概念吗? 为什么?

2. 不定积分的原函数的数学意义是什么?

3. 不定积分的几何意义是什么?

4. 不定积分的原函数中的积分常数的意义是什么?

5. 分部积分法的数学原理(基础)是什么?

6. 为什么说求导数一般比较容易,而求某些函数的不定积分不是那么容易?

二、作业必做题

1. 求 $\int (10^x - 10^{-x})^2 \, \mathrm{d}x$.

2. 求 $\int |x-1| \, \mathrm{d}x$.

3. 求 $\int \tan x \, \mathrm{d}x$.

4. 求 $\int \dfrac{1}{x^2} \mathrm{e}^{\frac{1}{x}} \, \mathrm{d}x$.

5. 求 $\int \dfrac{\mathrm{d}x}{a^2 + x^2} \, (a > 0)$.

6. 求 $\int \sqrt{a^2 - x^2} \, \mathrm{d}x \, (a > 0)$.

7. 求 $\int \dfrac{\mathrm{d}x}{x^2 \sqrt{x^2 - 1}}$.

8. 求 $\int \arctan x \, \mathrm{d}x$.

9. 求 $\int x \cos x \, \mathrm{d}x$.

10. 已知 $f(x)$ 的一个原函数为 $(1 + \sin x)\ln x$,求 $\int x f'(x) \, \mathrm{d}x$.

11. 求 $I_1 = \int \mathrm{e}^{ax} \cos bx \, \mathrm{d}x$ 和 $I_2 = \int \mathrm{e}^{ax} \sin bx \, \mathrm{d}x$.

12. 求 $\displaystyle\int \dfrac{x^2+1}{(x^2-2x+2)^2}\mathrm{d}x$.

13. 设 $f'(\mathrm{e}^x)=a\sin x+b\cos x$，其中 a、b 是不同时为零的常数，求 $f(x)$.

14. 求 $\displaystyle\int \dfrac{\mathrm{d}x}{(1+x)\sqrt{2+x-x^2}}$.

15. 求 $\displaystyle\int \dfrac{\mathrm{d}x}{a^2\sin^2 x+b^2\cos^2 x}(ab\neq 0)$.

第6章

定积分及其应用

第 5 章我们学习了求一个函数的所谓原函数,叫做求它的不定积分.那么,什么是定积分呢?微积分初创阶段,黎曼说,把直角坐标系上的函数的图像,用平行于 y 轴的直线分割成无数个矩形,然后把某个区间 $[a,b]$ 上的矩形累加起来,所得到的就是这个函数的图像在区间 $[a,b]$ 的面积,即求一个函数相应于闭区间带标志点分划趋于无限多时的极限,叫做该函数在这个闭区间上的定积分.所以数学家们喜欢把定积分的正式名称叫做黎曼积分,其实,用定积分求面积的方法最初是由牛顿发明的.

6.1 定积分

开普勒第二定律指出:在相等时间内,太阳和运动中的行星的连线(向量半径)所扫过的面积都是相等的,如何计算这个面积呢? 17 世纪初,牛顿在研究万有引力定律时感到非常困惑,于是,发明了用先微分后积分的方法来计算这个不规则面积.此后,牛顿和莱布尼茨先后独立地发现了定积分与不定积分之间的联系,建立了微积分基本定理,使得微分学与积分学构成一个有机的整体.

6.1.1 定积分的概念

从数学理论的角度,定积分是一元函数积分学中最基本的内容之一,它主要是处理诸如求不规则几何面的面积等这类涉及无穷小量的无穷积累问题.

1. 实例分析

我们通过分析实例,给出定积分的定义.

(1) 曲边梯形的面积

设 $f(x)$ 为闭区间 $[a,b]$ 上的连续函数,且 $f(x) \geqslant 0$.由曲线 $y=f(x)$,直线 $x=a$,$x=b$ 以及 x 轴所围成的平面图形,称为曲边梯形,如图 6-1 所示.如何求出这个曲边梯形的面积呢?

在区间 $[a,b]$ 上任取 $n-1$ 个分点,它们依次为

$$a = x_0 < x_1 < x_2 < \cdots < x_{n-1} < x_n = b.$$

这些点把 $[a,b]$ 分割成 n 个小区间 $[x_{i-1}, x_i]$,$i=1,2,\cdots,n$.再用直线 $x=x_i$,$i=1$,$2,\cdots,n-1$ 把曲边梯形分割成 n 个小曲边梯形,在每个小区间 $[x_{i-1}, x_i]$ 上任取一点 ξ_i,作

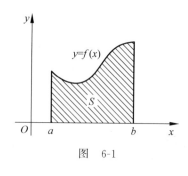

图　6-1

以 $f(\xi_i)$ 为高,$[x_{i-1},x_i]$ 为底的小矩形.当分割 $[a,b]$ 的分点较多,又分割得较细密时,由于 $f(x)$ 为连续函数,它在每个小区间上的值变化不大,从而可用这些小矩形的面积近似代替相应小曲边梯形的面积,于是,这 n 个小矩形面积之和就可作为该曲边梯形面积 S 的近似值,即

$$S \approx \sum_{i=1}^{n} f(\xi_i)\Delta x_i \quad (\Delta x_i = x_i - x_{i-1}).$$

注意到上式右边的求和式既依赖于对区间 $[a,b]$ 的分割,又与所有中点 $\xi_i (i=1,2,\cdots,n)$ 的取法有关.可以想象,当分点无限增多,且对 $[a,b]$ 无限细分时,如果此和式与某一常数无限接近,而且与分点 x_i 和中间点 ξ_i 的选取无关,则就把此常数定义作为曲边梯形的面积 S.

（2）**变速直线运动的位移**（这里只考虑大小,不考虑方向）

物理的运动学中,设一物体作变速直线运动,其速度大小是时间 t 的连续函数 $v = v(t)$,求物体在时刻 $t=t_a$ 到 $t=t_b$ 间所经过的位移 S.

我们知道,匀速直线运动的位移公式是 $S=vt$,现设物体运动的速度 v 是随时间的变化而连续变化的,不能直接用此公式计算位移,而采用以下方法计算:

第一步,分割——把整个运动时间分成 n 个时间段.

在时间间隔 $[t_a,t_b]$ 内任意插入 $n-1$ 个分点:$t_a=t_0<t_1<\cdots<t_{n-1}<t_n=t_b$,把 $[t_a,t_b]$ 分成 n 个小区间:$[t_0,t_1],[t_1,t_2],\cdots,[t_{i-1},t_i],\cdots,[t_{n-1},t_n]$,第 i 个小区间的长度为 $\Delta t_i=t_i-t_{i-1}(i=1,2,\cdots,n)$,第 i 个时间段内对应的位移记作 $\Delta S_i(i=1,2,\cdots,n)$.

第二步,近似——在每个小区间上以匀速直线运动的位移近似代替变速直线运动的位移.

在小区间 $[t_{i-1},t_i]$ 上任取一点 $\xi_i(i=1,2,\cdots,n)$,用速度 $v(\xi_i)$ 近似代替物体在时间 $[t_{i-1},t_i]$ 上各个时刻的速度,则有 $\Delta S_i \approx v(\xi_i)\Delta t_i(i=1,2,\cdots,n)$.

第三步,求和——求 n 个小时间段位移之和,将所有这些近似值求和,得到总位移大小的近似值,即

$$S = \Delta S_1 + \Delta S_2 + \cdots + \Delta S_n \approx v(\xi_1)\Delta t_1 + v(\xi_2)\Delta t_2 + \cdots + v(\xi_n)\Delta t_n = \sum_{i=1}^{n} v(\xi_i)\Delta t_i.$$

第四步,取极限——令 $\lambda = \max_{1\leqslant i\leqslant n}\{\Delta t_i\}$,当分点的个数 n 无限增多且 $\lambda \to 0$ 时,和式 $\sum_{i=1}^{n} v(\xi_i)\Delta t_i$ 的极限便是所求的位移 S. 即

$$S = \lim_{\lambda \to 0} \sum_{i=1}^{n} v(\xi_i)\Delta t_i.$$

从上面两个实例可以看出,虽然两者的实际意义不同,但是解决问题的方法却是相同的,即采用"分割—近似—求和—取极限"的方法,最后都归结为同一种结构的和式极限问题.类似这样的实际问题还有很多,我们抛开实际问题的具体意义,抓住它们在数量关系上共同的本质特征,就引出了定积分的概念.

2. 定积分的定义

定义 6-1　设函数 $y=f(x)$ 在区间 $[a,b]$ 上有定义. 任取分点,把区间 $[a,b]$ 分成

$$a=x_0<x_1<x_2<\cdots<x_{n-1}<x_n=b,$$

n 个小区间 $[x_{i-1},x_i](i=1,2,\cdots,n)$,如图 6-2 所示,记为

$$\Delta x_i=x_i-x_{i-1}(i=1,2,\cdots,n),$$

$$\|T\|=\max_{1\leqslant i\leqslant n}\{\Delta x_i\}.$$

再在每个小区间 $[x_{i-1},x_i]$ 上任取一点 ξ_i,做乘积 $f(\xi_i)\Delta x_i$,得和式,即

$$\sum_{i=1}^n f(\xi_i)\Delta x_i.$$

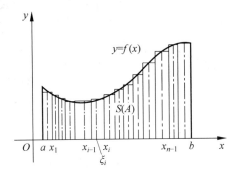

图　6-2

如果 $\|T\|\to 0$ 时,上述极限存在(即这个极限值与 $[a,b]$ 的分割及点 ξ_i 的取法均无关),则称函数 $f(x)$ 在闭区间 $[a,b]$ 上**可积**,并且称此极限值为函数 $f(x)$ 在 $[a,b]$ 上的**定积分**,记作 $\int_a^b f(x)\mathrm{d}x$,即

$$\int_a^b f(x)\mathrm{d}x=\lim_{\lambda\to 0}\sum_{i=1}^n f(\xi_i)\Delta x_i,$$

其中 $f(x)$ 称为**被积函数**,$f(x)\mathrm{d}x$ 称为**被积表达式**,x 称为**积分变量**,$[a,b]$ 称为**积分区间**,a 与 b 分别称为**积分下限**与**积分上限**,符号 $\int_a^b f(x)\mathrm{d}x$ 读作函数 $f(x)$ 从 a 到 b 的**定积分**.

定积分的结果是一个数值.

3. 定积分的几何意义

对于 $[a,b]$ 上一元连续函数 $f(x)$ 的定积分,$J=\int_a^b f(x)\mathrm{d}x$ 几何意义就是求该函数在区间 $[a,b]$ 包围的面积. 当 $f(x)\geqslant 0$,该曲边梯形的面积位于 x 轴上方;当 $f(x)\leqslant 0$,该曲边梯形的面积为"负",其几何意义是其位于 x 轴下方.

例 1　已知函数 $f(x)=x^2$ 在区间 $[0,b]$ $(b>0)$ 上可积. 用定积分的定义求积分 $\int_0^b x^2\mathrm{d}x$.

解　如图 6-3 所示,取 n 等分区间 $[0,b]$ 作为分法 t,$\Delta x_i=\dfrac{b}{n}$. 在区间 $[x_{i-1},x_i]$ 中任意取一点 ξ_i,即取 $\xi_i=x_i=i\dfrac{b}{n}$ $(1\leqslant i\leqslant n)$,则

$$\int_0^b x^2\mathrm{d}x=\lim_{n\to\infty}\sum_{i=1}^n x_i^2\Delta x_i=\lim_{n\to\infty}\sum_{i=1}^n\left(i\frac{b}{n}\right)_i^2\Delta x_i=\lim_{n\to\infty}\sum_{i=1}^n i^2\left(\frac{b}{n}\right)^3$$

$$=\lim_{n\to\infty}\left(\frac{b}{n}\right)^3\sum_{i=1}^n i^2=\lim_{n\to\infty}\left(\frac{b}{n}\right)^3\cdot\frac{1}{6}n(n+1)(2n+1)=\frac{b^3}{3},$$

其中 $\sum_{i=1}^n i^2=\dfrac{1}{6}n(n+1)(2n+1)$.

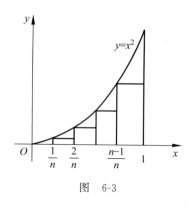

图 6-3

例 2 利用定积分的几何意义，证明 $\int_{-1}^{1}\sqrt{1-x^2}\,\mathrm{d}x=\dfrac{\pi}{2}$.

证 令 $y=\sqrt{1-x^2}$，$x\in[-1,1]$，显然 $y\geqslant 0$，则由 $y=\sqrt{1-x^2}$ 和直线 $x=-1$，$x=1$，$y=0$ 所围成的曲边梯形是单位圆位于 x 轴上方的半圆. 因为单位圆的面积 $S=\pi$，所以半圆的面积为 $\dfrac{\pi}{2}$. 由定积分的几何意义知

$$\int_{-1}^{1}\sqrt{1-x^2}\,\mathrm{d}x=\frac{\pi}{2}$$

6.1.2 积分的基本公式

从数学直观的角度，定积分就是由不定积分求出的原函数的改变量；但是，从数学逻辑的角度，必须给出定积分与不定积分之间关系的定理及其严格的证明.

1. 变上限定积分

定义 6-2 设函数 $f(x)$ 在区间 $[a,b]$ 上连续，对于任意 $x\in[a,b]$，$f(x)$ 在区间 $[a,x]$ 上也连续，所以函数 $f(x)$ 在 $[a,x]$ 上也可积. 显然对于 $[a,b]$ 上的每一个 x 的取值，都有唯一对应的定积分 $\int_{a}^{x}f(t)\mathrm{d}t$ 和 x 对应，因此 $\int_{a}^{x}f(t)\mathrm{d}t$ 是定义在 $[a,b]$ 上的函数. 记为

$$\Phi(x)=\int_{a}^{x}f(t)\mathrm{d}t,\quad x\in[a,b].$$

称 $\Phi(x)$ 叫做**变上限定积分**，有时又称为变上限积分函数.

变上限积分函数的几何意义是：如果 $f(x)>0$，对 $[a,b]$ 上任意 x，都对应唯一一个曲边梯形的面积 $\Phi(x)$，如图 6-4 中的阴影部分. 因此变上限积分函数有时又称为面积函数.

例 3 计算 $\dfrac{\mathrm{d}}{\mathrm{d}x}\int_{0}^{x}\mathrm{e}^{-t}\sin t\,\mathrm{d}t$.

解 $\dfrac{\mathrm{d}}{\mathrm{d}x}\int_{0}^{x}\mathrm{e}^{-t}\sin t\,\mathrm{d}t=\left[\int_{0}^{x}\mathrm{e}^{-t}\sin t\,\mathrm{d}t\right]'=\mathrm{e}^{-x}\sin x$.

例 4 求 $\lim\limits_{x\to 0}\dfrac{1}{x^2}\int_{0}^{x}\ln(1+t)\,\mathrm{d}t$.

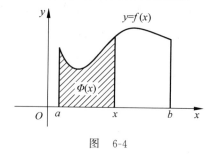

图 6-4

解 当 $x\to 0$ 时，此极限为 $\dfrac{0}{0}$ 型不定式，两次利用洛必达法则有

$$\lim_{x\to 0}\frac{1}{x^2}\int_{0}^{x}\ln(1+t)\,\mathrm{d}t=\lim_{x\to 0}\frac{\displaystyle\int_{0}^{x}\ln(1+t)\,\mathrm{d}t}{x^2}$$

$$=\lim_{x\to 0}\frac{\ln(1+x)}{2x}=\lim_{x\to 0}\frac{\dfrac{1}{1+x}}{2}=\frac{1}{2}.$$

2. 牛顿-莱布尼茨公式

通过变上限积分的定义(实际上也是微积分基本定理之一)可以得到牛顿-莱布尼茨定理,该定理是连接不定积分和定积分的桥梁,从而把求定积分转化为求原函数.

定理 6-1 若函数 $f(x)$ 在 $[a,b]$ 上连续,且存在原函数 $F(x)$,即 $F'(x)=f(x), x \in [a,b]$,则 $f(x)$ 在 $[a,b]$ 上可积,且

$$\int_a^b f(x)\mathrm{d}x = F(b) - F(a). \qquad (6-1)$$

式(6-1)称为**牛顿-莱布尼茨公式**,它也常写成

$$\int_a^b f(x)\mathrm{d}x = F(x)\Big|_a^b.$$

证 由定积分定义,任给 $\varepsilon > 0$,要存在 $\delta > 0$,当 $\|T\| = \max\limits_{1 \leqslant i \leqslant n}\{\Delta x_i\} < \delta$ 时,有

$$\Big| \sum_{i=1}^n f(\xi)\Delta x_i - [F(b) - F(a)] \Big| < \varepsilon.$$

下面证明满足如此要求的 a 确实是存在的.

事实上,对于 $[a,b]$ 的任一分割 $t = \{a = x_1, x_2, \cdots, x_n = b\}$,在每个小区间 $[x_{i-1}, x_i]$ 上对 $f(x)$ 使用拉格朗日中值定理,则分别存在 $\eta_i \in (x_{i-1}, x_i), i = 1, 2, \cdots, n$,使得

$$F(a) - F(b) = \sum_{i=1}^n [F(x_i) - F(x_{i-1})] = \sum_{i=1}^n F'(\eta_i)\Delta x_i = \sum_{i=1}^n f(\eta_i)\Delta x_i. \qquad (6-2)$$

因为 $f(x)$ 在 $[a,b]$ 上连续,从而一致连续,所以对上述 $\varepsilon > 0$,存在 $\delta > 0$,当 $x', x'' \in [a,b]$,且 $|x' - x''| < \delta$ 时,有

$$|f(x') - f(x'')| < \frac{\varepsilon}{b-a},$$

于是,当 $\Delta x_i \leqslant \|T\| < \delta$ 时,任取 $\xi_i \in [x_{i-1}, x_i]$,便有 $|\xi_i - \eta_i| < \delta$,这就证得

$$\Big| \sum_{i=1}^n f(\xi)\Delta x_i - [F(b) - F(a)] \Big| = \Big| \sum_{i=1}^n [f(\xi_i) - f(\eta_i)]\Delta x_i \Big|$$

$$\leqslant \sum_{i=1}^n |f(\xi_i) - f(\eta_i)|\Delta x_i < \frac{\varepsilon}{b-a} \sum_{i=1}^n \Delta x_i = \varepsilon.$$

所以 $f(x)$ 在 $[a,b]$ 上可积,且有式(6-1)成立.

例 5 计算 $I_n = \int_0^{\frac{\pi}{2}} \sin^n x \, \mathrm{d}x$ 和 $J_n = \int_0^{\frac{\pi}{2}} \cos^n x \, \mathrm{d}x \ (n = 0, 1, 2, \cdots)$.

解 令 $x = \frac{\pi}{2} - t$,则 $\mathrm{d}x = -t$. 于是

$$I_n = \int_0^{\frac{\pi}{2}} \sin^n x \, \mathrm{d}x = \int_{\frac{\pi}{2}}^0 -\sin^n\left(\frac{\pi}{2} - t\right)\mathrm{d}t$$

$$= -\int_{\frac{\pi}{2}}^0 \cos^n t \, \mathrm{d}t = \int_0^{\frac{\pi}{2}} \cos^n t \, \mathrm{d}t = \int_0^{\frac{\pi}{2}} \cos^n x \, \mathrm{d}x = J_n.$$

由此可见

$$\int_0^{\frac{\pi}{2}} \sin^n x \, \mathrm{d}x = \int_0^{\frac{\pi}{2}} \cos^n x \, \mathrm{d}x \quad (n = 0, 1, 2, \cdots).$$

下面利用递推法求出其值.

$$I_0 = \int_0^{\frac{\pi}{2}} \mathrm{d}x = \frac{\pi}{2}, \quad I_1 = \int_0^{\frac{\pi}{2}} \sin x \, \mathrm{d}x = -\cos x \Big|_0^{\frac{\pi}{2}} = 1.$$

当 $n \geqslant 2$ 时,用分部积分法求得

$$I_n = \int_0^{\frac{\pi}{2}} \sin^n x \, \mathrm{d}x = -\int_0^{\frac{\pi}{2}} \sin^{n-1} x \, \mathrm{d}(\cos x) = -\sin^{n-1} x \cos x \Big|_0^{\frac{\pi}{2}} + (n-1) \int_0^{\frac{\pi}{2}} \sin^{n-2} x \cos^2 x \, \mathrm{d}x$$

$$= (n-1) \int_0^{\frac{\pi}{2}} \sin^{n-2} x \, \mathrm{d}x - (n-1) \int_0^{\frac{\pi}{2}} \sin^n x \, \mathrm{d}x = (n-1) I_{n-2} - (n-1) I_n.$$

移项整理后得到推导公式 $I_n = \dfrac{n-1}{n} I_{n-2} (n \geqslant 2)$.

其一,若 n 为偶数时,即 $n = 2m$,则有

$$I_{2m} = \frac{2m-1}{2m} \cdot \frac{2m-3}{2m-2} \cdots \frac{1}{2} \cdot \frac{\pi}{2} = \frac{(2m-1)!!}{(2m)!!2} \cdot \frac{\pi}{2}.$$

其二,若 n 为奇数时,即 $n = 2m+1$,则有

$$I_{2m+1} = \frac{2m}{2m+1} \cdot \frac{2m-2}{2m-1} \cdots \frac{2}{3} \cdot 1 = \frac{(2m)!!1}{(2m+1)!!} \cdot \frac{\pi}{2}.$$

由此讨论可知,定积分运算可看作不定积分拥有确定的上下限的结果,不仅其与不定积分运算规则相同,其本质也是相同的,关键是求出被积函数的原函数. 所以,必须记住不定积分常用的基本公式.

6.1.3 定积分性质

定积分的性质,包括定积分的线性性质、积分区间的可加性、乘积性、积分不等式与积分中值定理,这些性质为定积分研究和计算提供了新的工具.

1. 定积分的基本性质

性质 1 若 $f(x)$ 在 $[a,b]$ 上可积,k 为常数,则 $kf(x)$ 在 $[a,b]$ 上也可积,且

$$\int_a^b kf(x) \mathrm{d}x = k \int_a^b f(x) \mathrm{d}x.$$

证 当 $k = 0$ 时结论显然成立.

当 $k \neq 0$ 时,由于

$$\Big| \sum_{i=1}^n kf(\xi_i) \Delta x_i - kJ \Big| = |k| \cdot \Big| \sum_{i=1}^n f(\xi_i) \Delta x_i - J \Big|,$$

其中 $J = \displaystyle\int_a^b f(x) \mathrm{d}x$,因此当 $f(x)$ 在 $[a,b]$ 上可积时,由定义,任给 $\varepsilon > 0$,存在 $\delta > 0$,当 $\|T\| < \delta$ 时,有

$$\Big| \sum_{i=1}^n f(\xi_i) \Delta x_i - J \Big| < \frac{\varepsilon}{k},$$

从而

$$\Big| \sum_{i=1}^n f(\xi_i) \Delta x_i - kJ \Big| < \varepsilon.$$

即 kf 在 $[a,b]$ 上可积,且

$$\int_a^b kf(x) \mathrm{d}x = kJ = k \int_a^b f(x) \mathrm{d}x.$$

性质 2 若 $f(x), g(x)$ 都在 $[a,b]$ 上可积,则 $f(x) \pm g(x)$ 在 $[a,b]$ 上也可积,且

$$\int_a^b [f(x) \pm g(x)] \mathrm{d}x = \int_a^b f(x) \mathrm{d}x \pm \int_a^b g(x) \mathrm{d}x.$$

其证明与性质 1 类同,留给读者.

性质 1 与性质 2 是定积分的线性性质,合起来即为

$$\int_a^b [\alpha f(x) \pm \beta g(x)] \mathrm{d}x = \alpha \int_a^b f(x) \mathrm{d}x \pm \beta \int_a^b g(x) \mathrm{d}x.$$

其中 α, β 为常数.

性质 3 $f(x)$ 在 $[a,b]$ 上可积的充要条件是:任给 $c \in (a,b)$,$f(x)$ 在 $[a,c]$ 与 $[c,b]$ 上都可积. 此时又有等式

$$\int_a^b f(x) \mathrm{d}x = \int_a^c f(x) \mathrm{d}x + \int_c^b f(x) \mathrm{d}x \tag{6-3}$$

证明从略.

性质 3 及式(6-3)称为关于积分区间的可加性. 当 $f(x) \geqslant 0$,式(6-3)的几何意义就是曲边梯形面积的可加性. 如图 6-5 所示,曲边梯形 $AabB$ 的面积等于曲边梯形 $AacC$ 的面积与 $CcbB$ 的面积之和.

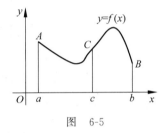

图 6-5

$\int_a^b f(x) \mathrm{d}x$ 要求 $a < b$,按定积分的定义,当 $a = b$,显然 有 $\int_a^a f(x) \mathrm{d}x = 0$;当 $a > b$,我们规定

$$\int_a^b f(x) \mathrm{d}x = -\int_b^a f(x) \mathrm{d}x.$$

性质 4 设 $f(x)$ 是在 $[a,b]$ 上的可积函数. 若 $f(x) \geqslant 0, x \in [a,b]$,则

$$\int_a^b f(x) \mathrm{d}x \geqslant 0.$$

性质 5 若 $f(x)$ 在 $[a,b]$ 上可积,则 $|f(x)|$ 在 $[a,b]$ 上也可积,且

$$\left| \int_a^b f(x) \mathrm{d}x \right| \leqslant \int_a^b |f(x)| \mathrm{d}x. \tag{6-4}$$

2. 定积分中值定理

定理 6-2 若 $f(x)$ 在 $[a,b]$ 上连续,则至少存在一点 $\xi \in [a,b]$,使得

$$\int_a^b f(x) \mathrm{d}x = f(\xi)(b-a) \tag{6-5}$$

证 由于 $f(x)$ 在 $[a,b]$ 上连续,因此存在最大值 M 和最小值 m. 由 $m \leqslant f(x) \leqslant M, x \in [a,b]$,使用积分不等式性质得到

$$m(b-a) \leqslant \int_a^b f(x) \mathrm{d}x \leqslant M(b-a),$$

或

$$m \leqslant \frac{1}{(b-a)} \int_a^b f(x) \mathrm{d}x \leqslant M.$$

再由连续函数的介值性,至少存在一点 $\xi \in [a,b]$ 使得

$$f(\xi) = \frac{1}{b-a} \int_a^b f(x) \mathrm{d}x. \tag{6-6}$$

这就证得式(6-5)成立.

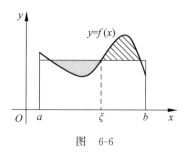

图 6-6

积分中值定理的几何意义如图 6-6 所示,若 $f(x)$ 在 $[a,b]$ 上非负连续,则 $y=f(x)$ 在 $[a,b]$ 上的曲边梯形面积等于以式(6-6)中 $f(\xi)$ 为高, $[a,b]$ 为底的矩形面积,而 $\dfrac{1}{b-a}\displaystyle\int_a^b f(x)\mathrm{d}x$ 则可理解为 $f(x)$ 在区间 $[a,b]$ 上所有函数值的平均值. 这也是通常有限个数的算术平均值的推广.

6.2 反常积分

在一些实际问题中,常会遇到积分区间为无穷区间,或者被积函数为无界函数的积分,它们已经不属于一般意义上的定积分了,因此对定积分进行推广.

6.2.1 反常积分的概念

前面讨论的定积分,事实上有两个前提:其一是积分区间是有限的;其二是被积函数是有界的. 但实际问题中,这两个前提往往得不到满足,则需要将函数 $f(x)$ 在区间 $[a,b]$ 上的定积分 $\displaystyle\int_a^b f(x)\mathrm{d}x$ 从不同方面给予推广. 例如,将区间 $[a,b]$ 推广到无限区间 $(-\infty,b)$, $[a,+\infty)$, $(-\infty,+\infty)$,就有无限区间的积分;将区间 $[a,b]$ 上的有界函数推广到无界函数,就有了无界函数的积分;这两种情形都是无穷积分,通常称其为反常积分. 有时候把无界函数的反常积分称为瑕积分,无界点称为瑕点.

例 1 求曲线 $y=\dfrac{1}{x^2}$ 和直线 $x=1$ 及 x 轴所围成的开口曲边梯形的面积.

解 显然,积分的上限是无穷大,如图 6-7 所示. 在区间 $[1,+\infty)$ 中任取一点 b,那么由 x 轴、曲线 $y=\dfrac{1}{x^2}$ 及直线 $x=1$ 与所围图形的面积是可以用定积分计算的,即

$$F(b)=\int_1^b \frac{\mathrm{d}x}{x^2}=1-\frac{1}{b}.$$

很自然,把极限

$$\lim_{b\to+\infty} F(b)=\lim_{b\to+\infty}\left(1-\frac{1}{b}\right)=1$$

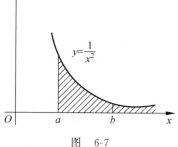

图 6-7

当作所求曲边梯形的面积,写作 $S=\displaystyle\int_1^{+\infty}\frac{1}{x^2}\mathrm{d}x$.

由此可得一般的反常积分的概念.

6.2.2 无限区间的反常积分

1. 无限区间反常积分的定义

定义 6-3 设函数 $f(x)$ 在区间 $[a,+\infty)$ 连续,任取 $t\geqslant a$,则称极限

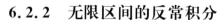

$$\lim_{a \to +\infty} \int_a^t f(x)\mathrm{d}x$$

为函数 $f(x)$ 在区间 $[a,+\infty)$ 上的**反常积分（无穷积分）**，记作 $\int_a^{+\infty} f(x)\mathrm{d}x$，即

$$\int_a^{+\infty} f(x)\mathrm{d}x = \lim_{t \to +\infty} \int_a^t f(x)\mathrm{d}x.$$

若此极限存在，称反常积分 $\int_a^{+\infty} f(x)\mathrm{d}x$ 收敛. 若此极限不存在，则称反常积分 $\int_a^{+\infty} f(x)\mathrm{d}x$ 发散. 发散时仍用记号 $\int_a^{+\infty} f(x)\mathrm{d}x$ 表示，但它不表示任何数.

类似地，可定义函数 $f(x)$ 在 $(-\infty,b]$ 上的反常积分为

$$\int_{-\infty}^b f(x)\mathrm{d}x = \lim_{t \to -\infty} \int_t^b f(x)\mathrm{d}x,$$

定义函数 $f(x)$ 在 $(-\infty,+\infty)$ 上的反常积分为

$$\int_{-\infty}^{+\infty} f(x)\mathrm{d}x = \int_{-\infty}^c f(x)\mathrm{d}x + \int_c^{+\infty} f(x)\mathrm{d}x,$$

其中 c 为任意常数. 当且仅当上式右端的两个反常积分都收敛时，称反常积分 $\int_{-\infty}^{+\infty} f(x)\mathrm{d}x$ 收敛，否则称反常积分 $\int_{-\infty}^{+\infty} f(x)\mathrm{d}x$ 发散.

设 $F(x)$ 是 $f(x)$ 的一个原函数，并记

$$F(+\infty) = \lim_{x \to +\infty} F(x), \quad F(-\infty) = \lim_{x \to -\infty} F(x)$$

则反常积分又可表示为

$$\int_a^{+\infty} f(x)\mathrm{d}x = F(x) \Big|_a^{+\infty} = F(+\infty) - F(a)$$

$$\int_{-\infty}^b f(x)\mathrm{d}x = F(x) \Big|_{-\infty}^b = F(b) - F(-\infty)$$

$$\int_{-\infty}^{+\infty} f(x)\mathrm{d}x = F(x) \Big|_{-\infty}^{+\infty} = F(+\infty) - F(-\infty)$$

2. 无限区间反常积分的计算

求反常积分的基本思路是：**先求定积分，再取极限.**

例 2 计算下列无穷积分.

(1) $\displaystyle\int_{-\infty}^{+\infty} \frac{1}{1+x^2}\mathrm{d}x$ ；(2) $\displaystyle\int_0^{+\infty} \mathrm{e}^{-x}\mathrm{d}x$ ；(3) $\displaystyle\int_0^{+\infty} x\,\mathrm{e}^{-x^2}\mathrm{d}x$ ；(4) $\displaystyle\int_\mathrm{e}^{+\infty} \frac{1}{x(\ln x)^2}\mathrm{d}x$.

解 (1) $\displaystyle\int_{-\infty}^{+\infty} \frac{1}{1+x^2}\mathrm{d}x = \arctan x \Big|_{-\infty}^{+\infty} = \lim_{x \to +\infty} \arctan x - \lim_{x \to -\infty} \arctan x = \frac{\pi}{2} - \left(-\frac{\pi}{2}\right) = \pi.$

(2) $\displaystyle\int_0^{+\infty} \mathrm{e}^{-x}\mathrm{d}x = -\mathrm{e}^{-x} \Big|_0^{+\infty} = \lim_{x \to +\infty} (-\mathrm{e}^{-x}) + \mathrm{e}^0 = 1.$

(3) $\displaystyle\int_0^{+\infty} x\,\mathrm{e}^{-x^2}\mathrm{d}x = -\frac{1}{2} \int_0^{+\infty} \mathrm{e}^{-x^2}\mathrm{d}(-x^2) = -\frac{1}{2} \mathrm{e}^{-x^2} \Big|_0^{+\infty} = \lim_{x \to +\infty} \left(-\frac{1}{2}\mathrm{e}^{-x^2}\right) + \frac{1}{2} = \frac{1}{2}.$

(4) $\displaystyle\int_\mathrm{e}^{+\infty} \frac{1}{x(\ln x)^2}\mathrm{d}x = \int_\mathrm{e}^{+\infty} \frac{1}{(\ln x)^2}\mathrm{d}\ln x = -\frac{1}{\ln x} \Big|_\mathrm{e}^{+\infty} = \lim_{x \to +\infty} \frac{1}{\ln x} + \frac{1}{\ln \mathrm{e}} = 1.$

如果被积函数的原函数不易求出或不是初等函数，需要讨论判别反常积分敛散性.

例 3 求反常积分 $K = \int_0^{+\infty} e^{-x} \sin x \, dx$.

解 $K = \int_0^{+\infty} e^{-x} \sin x \, dx = \int_0^{+\infty} e^{-x} d(-\cos x) = -e^{-x} \cos x \Big|_0^{+\infty} - \int_0^{+\infty} e^{-x} \cos x \, dx$

$= 1 - \int_0^{+\infty} e^{-x} d\sin x = 1 - \left(e^{-x} \sin x \Big|_0^{+\infty} + \int_0^{+\infty} e^{-x} \sin x \, dx \right) = 1 - K$.

则 $2K = 1$ 或 $K = \dfrac{1}{2}$，即 $K = \int_0^{+\infty} e^{-x} \sin x \, dx = \dfrac{1}{2}$.

6.2.3 无界函数的反常积分

无界函数的积分（瑕积分），是被积函数带有瑕点的广义积分. 若函数 $f(x)$ 在点 b 的任意邻域无界，则称 b 是函数 $f(x)$ 的瑕点. 例如：a 是函数 $f(x) = \dfrac{1}{x-a}$ 的瑕点；-1 和 1 都是函数 $g(x) = \ln(1-x^2)$ 的瑕点.

1. 无界函数反常积分的定义

定义 6-4 设函数 $f(x)$ 在区间 $[a,b)$ 上连续，而 $\lim\limits_{x \to b^-} f(x) = \infty$，取 $\varepsilon > 0$，称极限

$$\lim_{\varepsilon \to 0^+} \int_a^{b-\varepsilon} f(x) \, dx$$

为函数 $f(x)$ 在区间 $[a,b)$ 上的反常积分（瑕积分）. 记作 $\int_a^b f(x) \, dx$，即

$$\int_a^b f(x) \, dx = \lim_{\varepsilon \to 0^+} \int_a^{b-\varepsilon} f(x) \, dx$$

若此极限存在，称反常积分 $\int_a^b f(x) \, dx$ 收敛. 若此极限不存在，则称反常积分 $\int_a^b f(x) \, dx$ 发散. 发散时仍用记号 $\int_a^b f(x) \, dx$ 表示.

类似可定义

$$\int_a^b f(x) \, dx = \lim_{\varepsilon \to 0^+} \int_{a+\varepsilon}^b f(x) \, dx$$

其中，$x = a$ 为瑕点.

$$\int_a^b f(x) \, dx = \int_a^c f(x) \, dx + \int_c^b f(x) \, dx = \lim_{\varepsilon \to 0^+} \int_a^{c-\varepsilon} f(x) \, dx + \lim_{\varepsilon \to 0^+} \int_{c+\varepsilon}^b f(x) \, dx$$

其中，$x = c$ 为瑕点.

当上式右端的两个反常积分都收敛时，称反常积分 $\int_a^b f(x) \, dx$ 收敛，否则发散.

例 4 求下列反常积分.

（1）$\int_0^1 \dfrac{1}{\sqrt{1-x^2}} \, dx$；（2）$\int_{-1}^1 \dfrac{1}{x^2} \, dx$；（3）$\int_0^1 \ln x \, dx$.

解 （1）$x = 1$ 为被积函数 $\dfrac{1}{\sqrt{1-x^2}}$ 的瑕点，有

$$\int_0^1 \frac{1}{\sqrt{1-x^2}} \, dx = \lim_{\varepsilon \to 0^+} \int_0^{1-\varepsilon} \frac{1}{\sqrt{1-x^2}} \, dx = \lim_{\varepsilon \to 0^+} \arcsin x \Big|_0^{1-\varepsilon}$$

$$= \lim_{\varepsilon \to 0^+} \arcsin(1-\varepsilon) = \arcsin 1 = \frac{\pi}{2}$$

（2）$x=0$ 是被积函数 $\dfrac{1}{x^2}$ 的瑕点，则

$$\int_{-1}^{1}\frac{1}{x^2}\mathrm{d}x=\int_{-1}^{0}\frac{1}{x^2}\mathrm{d}x+\int_{0}^{1}\frac{1}{x^2}\mathrm{d}x=\lim_{\varepsilon\to0^+}\int_{-1}^{0-\varepsilon}\frac{1}{x^2}\mathrm{d}x+\lim_{\varepsilon\to0^+}\int_{\varepsilon}^{1}\frac{1}{x^2}\mathrm{d}x$$

$$=\lim_{\varepsilon\to0^+}\left(-\frac{1}{x}\right)\Big|_{-1}^{-\varepsilon}+\lim_{\varepsilon\to0^+}\left(-\frac{1}{x}\right)\Big|_{\varepsilon}^{1}=\lim_{\varepsilon\to0^+}\left(\frac{1}{\varepsilon}-1\right)+\lim_{\varepsilon\to0^+}\left(\frac{1}{\varepsilon}-1\right)=+\infty.$$

（3）$x=0$ 是被积函数 $\ln x$ 的瑕点，则

$$\int_{0}^{1}\ln x\,\mathrm{d}x=\lim_{\varepsilon\to0^+}\int_{\varepsilon}^{1}\ln x\,\mathrm{d}x=\lim_{\varepsilon\to0^+}(x\ln x-x)\Big|_{\varepsilon}^{1}=\lim_{\varepsilon\to0^+}(-1-\varepsilon\ln\varepsilon+\varepsilon)=-1.$$

例 5　判别反常积分 $\displaystyle\int_{1}^{2}\frac{1}{x\ln x}\mathrm{d}x$ 的敛散性.

解　$x=1$ 为被积函数 $\dfrac{1}{x\ln x}$ 的瑕点，有

$$\int_{1}^{2}\frac{1}{x\ln x}\mathrm{d}x=\lim_{\varepsilon\to0^+}\int_{1+\varepsilon}^{2}\frac{1}{x\ln x}\mathrm{d}x=\lim_{\varepsilon\to0^+}\ln(\ln x)\Big|_{1+\varepsilon}^{2}$$

$$=\lim_{\varepsilon\to0^+}\{\ln(\ln 2)-\ln[\ln(1+\varepsilon)]\}=+\infty$$

即，该反常积分 $\displaystyle\int_{1}^{2}\frac{1}{x\ln x}\mathrm{d}x$ 发散.

2. 无界函数反常积分的收敛判别法

定理 6-3（柯西收敛准则）　反常积分 $\displaystyle\int_{a}^{b}f(x)\mathrm{d}x$（$a$ 为瑕点）收敛的充要条件是：对任给的正数 ε，存在正数 δ，当 $a<u_1<a+\delta, a<u_2<a+\delta$ 时，有

$$\left|\int_{u_1}^{u_2}f(x)\mathrm{d}x\right|<\varepsilon.$$

推论 1　反常积分 $\displaystyle\int_{a}^{b}f(x)\mathrm{d}x$ 收敛的充要条件是：对任何 $c\in(a,b)$，反常积分 $\displaystyle\int_{a}^{c}f(x)\mathrm{d}x$ 收敛.

推论 2　若反常积分 $\displaystyle\int_{a}^{b}|f(x)|\mathrm{d}x$ 收敛，则反常积分 $\displaystyle\int_{a}^{b}f(x)\mathrm{d}x$ 收敛.

定理 6-4　设正值函数 $f(x)$ 在包含于 $(a,b]$ 内的任何闭区间上都可积，则反常积分 $\displaystyle\int_{a}^{b}f(x)\mathrm{d}x$ 收敛的充要条件是：存在正数 M，对任何 $u\in(a,b]$，有

$$\int_{u}^{b}f(x)\mathrm{d}x\leqslant M.$$

定理 6-5（比较原则）　设定义在 $(a,b]$ 上的正值函数 $f(x)$ 与 $g(x)$ 在任何区间 $[u,b]$（$u>a$）上可积，且 $f(x)\leqslant kg(x),k>0$，则

（i）当反常积分 $\displaystyle\int_{a}^{b}g(x)\mathrm{d}x$ 收敛时，反常积分 $\displaystyle\int_{a}^{b}f(x)\mathrm{d}x$ 也收敛；

（ii）当反常积分 $\displaystyle\int_{a}^{b}f(x)\mathrm{d}x$ 收敛时，反常积分 $\displaystyle\int_{a}^{b}g(x)\mathrm{d}x$ 也收敛.

推论 3　设 $f(x)\geqslant0,g(x)>0$，且 $\displaystyle\lim_{x\to a^+}\frac{f(x)}{g(x)}=L$，则

(i) 当 $0 < L < +\infty$ 时,反常积分 $\int_a^b f(x)\mathrm{d}x$ 与 $\int_a^b g(x)\mathrm{d}x$ 同时收敛或同时发散;

(ii) 当 $L = 0$,且反常积分 $\int_a^b g(x)\mathrm{d}x$ 收敛时,$\int_a^b f(x)\mathrm{d}x$ 也收敛;

(iii) 当 $L = +\infty$,且 $\int_a^b g(x)\mathrm{d}x$ 发散时,$\int_a^b f(x)\mathrm{d}x$ 也发散.

推论 4 设 $f(x) \geqslant 0$,且 $\lim\limits_{x \to a^+} x^p f(x) = L$,则

(i) 当 $0 \leqslant L < +\infty$,$0 < p < 1$ 时,$\int_a^b f(x)\mathrm{d}x$ 收敛;

(ii) 当 $0 < L \leqslant +\infty$,$p \geqslant 1$ 时,$\int_a^b f(x)\mathrm{d}x$ 发散.

以上判别法都是以 a 为瑕点的情形给出,读者不难仿此给出以 b 为瑕点的判别法.

例 6 判别反常积分 $\int_0^1 \dfrac{\mathrm{d}x}{\sqrt{\sin x}}$ 的敛散性.

解 $x = 0$ 是被积函数 $\dfrac{1}{\sqrt{\sin x}}$ 的瑕点,由

$$\lim_{x \to 0^+} x^{\frac{1}{2}} \frac{1}{\sqrt{\sin x}} = \lim_{x \to 0^+} \sqrt{\frac{x}{\sin x}} = 1,$$

根据推论 4,反常积分 $\int_0^1 \dfrac{\mathrm{d}x}{\sqrt{\sin x}}$ 收敛.

6.3 定积分的应用

定积分在数学、物理学、工程技术和经济学等领域中都有广泛的应用. 比如,求曲边梯形的面积、旋转体的表面积和体积、物体的重心、变力做功和转动惯量等.

6.3.1 平面图形的面积

对于不规则平面图形的面积计算,必须借助于定积分. 比如,在机械制作中,设某凸轮横截面的轮廓线是由极坐标方程 $r = a(1 + \cos\theta)(a > 0)$ 确定的,则需要由此方程计算该凸轮的面积.

1. 直角坐标系下面积的计算

求由两条曲线 $y = f(x)$,$y = g(x)(f(x) \geqslant g(x))$ 及直线 $x = a$,$x = b$ 所围成平面图形的面积. 取 x 为积分变量,$x \in [a, b]$,则由牛顿-莱布尼茨公式得

$$A = \int_a^b [f(x) - g(x)]\mathrm{d}x \tag{6-7}$$

该问题可以换一种表述:求由两条曲线 $x = \phi(y)$,$x = \varphi(y)(\varphi(y) \geqslant \phi(y))$ 及直线 $y = c$,$y = d$ 所围成平面图形的面积. 如果取 y 为积分变量,$y \in [c, d]$,则由牛顿-莱布尼茨公式得

$$A = \int_c^d [\varphi(y) - \phi(y)]\mathrm{d}y \tag{6-8}$$

例 1 求由曲线 $y=x^2$ 与 $y=2x-x^2$ 所围成图形的面积.

解 先画出所围的图形,如图 6-8 所示.由方程组

$\begin{cases} y=x^2 \\ y=2x-x^2 \end{cases}$ 的公共解得两条曲线的交点为 $O(0,0)$,

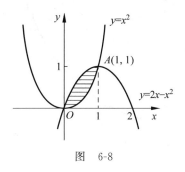

$A(1,1)$,取 x 为积分变量,$x\in[0,1]$.由式(6-7)得

$$A=\int_0^1 (f(x)-g(x))\mathrm{d}x=\int_0^1 (2x-x^2-x^2)\mathrm{d}x$$

$$=\left[x^2-\frac{2}{3}x^3\right]_0^1=\frac{1}{3}.$$

图 6-8

该题也可以取 y 为积分变量,即应用式(6-8),请读者完成.

2. 极坐标系下面积的计算

如图 6-9 所示,设曲边扇形由极坐标方程 $\rho=\rho(\theta)$ 与射线 $\theta=\alpha$,$\theta=\beta(\alpha<\beta)$ 所围成,求其面积 A.

以极角 θ 为积分变量,它的变化区间是 $[\alpha,\beta]$,相应的曲边扇形的面积微元近似等于半径为 $\rho(\theta)$、中心角为 $\mathrm{d}\theta$ 的圆扇形的面积,即 $\mathrm{d}A=\frac{1}{2}[\rho(\theta)]^2\mathrm{d}\theta$.于是,所求曲边扇形的面积为

$$A=\int_\alpha^\beta \frac{1}{2}[\rho(\theta)]^2\mathrm{d}\theta \qquad (6-9)$$

例 2 计算心形线 $\rho=a(1+\cos\theta)(a>0)$ 所围成图形的面积,如图 6-10 所示.

解 此图形相对极轴对称,因此所求图形的面积 A 是极轴上方部分图形面积 A_1 的两倍,对于极轴上方部分图形,取 θ 为积分变量,$\theta\in[0,\pi]$,由式(6-9)得

$$A=2A_1=2\int_0^\pi \frac{1}{2}\rho(\theta)^2\mathrm{d}\theta=\int_0^\pi a^2(1+\cos\theta)^2\mathrm{d}\theta=a^2\int_0^\pi (1+2\cos\theta+\cos^2\theta)\mathrm{d}\theta$$

$$=a^2\int_0^\pi \left(\frac{3}{2}+2\cos\theta+\frac{1}{2}\cos2\theta\right)\mathrm{d}\theta=a^2\left[\frac{3}{2}\theta+2\sin\theta+\frac{1}{4}\cos2\theta\right]_0^\pi=\frac{3}{2}\pi a^2.$$

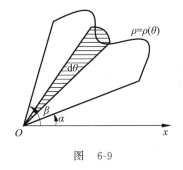

图 6-9

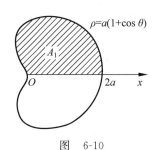

图 6-10

6.3.2 平面曲线的弧长

曲线的弧长也称曲线的长度,是曲线的特征之一.

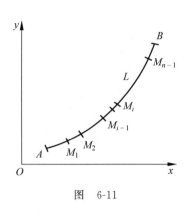

图　6-11

1. 曲线弧长的积分表式

设平面曲线 L. 在 L 上从 A 到 B 依次取分点,如图 6-11 所示.

$$A = M_1, M_2, \cdots, M_{n-1} = B,$$

构成对曲线 L 的一系列分割,记为 T,然后用线段连接 T 中每相邻两点,得到 L 的 n 条弦 $\overline{M_{i-1}M_i}$ $(i = 1, 2, \cdots, n)$,这 n 条弦又成为 L 的一条内接折线,即

$$\| T \| = \max_{1 \leqslant i \leqslant n} | M_{i-1}M_i | \to s_T = \sum_{i=1}^{n} | M_{i-1}M_i |,$$

分别表示最长弦的长度和折线的总长度.

定理 6-6　光滑曲线的弧是可以求长度的.(证明从略)

根据定理 6-6,我们可以应用定积分计算光滑曲线的弧长.

设平面曲线 L 由参数方程 $x = \varphi(t)$,$y = \psi(t)$ $(t \in [\alpha, \beta])$ 给出,如果 $\varphi(t)$ 与 $\psi(t)$ 在 $[\alpha, \beta]$ 上连续可微,且 $\varphi'(t)$ 与 $\psi'(t)$ 不同时为零,即 $\varphi'^2(t) + \psi'^2(t) \neq 0$ $(t \in [\alpha, \beta])$,则称 L 为一条光滑曲线,取 t 为积分变量,在 $[\alpha, \beta]$ 上任意小区间 $[t, t+\mathrm{d}t]$ 的小弧段的长度 Δs 近似等于对应的弦的长度 $\sqrt{(\Delta x)^2 + (\Delta y)^2}$,由全微分知

$$\Delta x = \frac{\Delta \varphi(t)}{\Delta t} \Delta t \approx \varphi'(t)\mathrm{d}t, \quad \Delta y = \frac{\Delta \psi(t)}{\Delta t} \Delta t \approx \psi'(t)\mathrm{d}t,$$

所以小弧段的长度 Δs 可以表示为 $\Delta s = \sqrt{(\Delta x)^2 + (\Delta y)^2}$,取极限有

$$\mathrm{d}s = \sqrt{\varphi'^2(t) + \psi'^2(t)}\,\mathrm{d}t,$$

则曲线 L 的弧长为

$$s = \int_{\alpha}^{\beta} \sqrt{\varphi'^2(t) + \psi'^2(t)}\,\mathrm{d}t \tag{6-10}$$

2. 曲线弧长的坐标系表式

若曲线 L 由直角坐标方程

$$y = f(x), \quad x \in [a, b]$$

表示,把它看作参数方程时,即为

$$x = x, \quad y = f(x), \quad x \in [a, b].$$

所以,当 $f(x)$ 在 $[a, b]$ 上连续可微时,此曲线即为一光滑曲线,这时,

$$\mathrm{d}s = \sqrt{1 + y'^2}\,\mathrm{d}x,$$

即弧长公式为

$$s = \int_a^b \sqrt{1 + f'^2(x)}\,\mathrm{d}x = \int_a^b \sqrt{1 + y'^2}\,\mathrm{d}x \tag{6-11}$$

又若曲线 L 由极坐标方程

$$r = r(\theta), \quad \theta \in [\alpha, \beta]$$

表示,把它化为参数方程,则为

$$x = r(\theta)\cos\theta, \quad y = r(\theta)\sin\theta, \quad \theta \in [\alpha, \beta]$$

$$x'(\theta) = r'(\theta)\cos\theta - r(\theta)\sin\theta,$$

$$y'(\theta) = r'(\theta)\sin\theta + r(\theta)\cos\theta,$$

$$x'^2(\theta) + y'^2(\theta) = r^2(\theta) + r'^2(\theta),$$

因此,当 $r'(\theta)$ 在 $[a,b]$ 上连续,且 $r'(\theta)$ 与 $r'^2(\theta)$ 不同时为零时,此极坐标曲线为一光滑曲线,这时,弧微元为 $\mathrm{d}s = \sqrt{\varphi'^2(t) + \psi'^2(t)}\,\mathrm{d}t$;则弧长公式为

$$s = \int_a^b \sqrt{r^2(\theta) + r'^2(\theta)}\,\mathrm{d}\theta \tag{6-12}$$

3. 曲线弧长计算举例

例 3　求圆的渐开线 $\begin{cases} x = a(\cos t + t\sin t) \\ y = a(\sin t - t\cos t) \end{cases}$ 方程上相当于 t 从 0 到 π 的一段弧的长度.

解　因为曲线方程以参数形式给出,所以弧微元为 $\mathrm{d}s = \sqrt{\varphi'^2(t) + \psi'^2(t)}\,\mathrm{d}t$,

$$\varphi'(t) = a(-\sin t + \sin t + t\cos t) = at\cos t,$$

$$\psi'(t) = a(\cos t - \cos t + t\sin t) = at\sin t,$$

故

$$\sqrt{\varphi'^2(t) + \psi'^2(t)} = \sqrt{a^2 t^2 \cos^2 t + a^2 t^2 \sin^2 t} = at,$$

根据式(6-10)所求弧长为

$$s = \int_0^\pi \sqrt{\varphi'^2(t) + \psi'^2(t)}\,\mathrm{d}t = \int_0^\pi at\,\mathrm{d}t = a\left(\frac{t^2}{2}\right)\Big|_0^\pi = \frac{\pi^2}{2}a.$$

例 4　求曲线 $y = \frac{2}{3}x^{\frac{3}{2}}$ 上从 0 到 3 一段弧的长度.

解　由式(6-11)有 $s = \int_a^b \sqrt{1 + y'^2(x)}\,\mathrm{d}x \ (a < b)$ 可知弧长为

$$s = \int_0^3 \sqrt{1 + y'^2(x)}\,\mathrm{d}x = \frac{2}{3}(1 + x)^{\frac{1}{2}}\Big|_0^3 = \frac{16}{3} - \frac{2}{3} = \frac{14}{3}.$$

6.3.3　旋转体的体积和侧面积

一条平面曲线绕着它所在的平面内的一条定直线旋转所形成的曲面叫做旋转面,该定直线叫做旋转体的轴.封闭的旋转面围成的几何体叫做旋转体.

1. 由平行截面面积求体积

设一物体被垂直于某直线的平面所截,不妨设该直线为 x 轴,则在 x 处的截面面积 $A(x)$ 是 x 的已知连续函数,求该物体介于 $x = a$ 和 $x = b(a < b)$ 之间的体积,如图 6-12 所示.

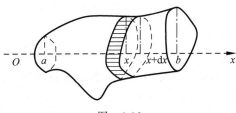

图　6-12

取 x 为积分变量,它的变化区间为 $[a,b]$,在微小区间 $[x,x+\mathrm{d}x]$ 上 $A(x)$ 近似不变,即把 $[x,x+\mathrm{d}x]$ 上的立方体薄片近似看作 $A(x)$ 为底,$\mathrm{d}x$ 为高的柱片,从而得到体积元素 $\mathrm{d}V=A(x)\mathrm{d}x$.

于是该物体的体积为

$$V=\int_a^b A(x)\mathrm{d}x \tag{6-13}$$

例 5 求两个圆柱面 $x^2+y^2=a^2$ 与 $z^2+x^2=a^2$ 所围立体的体积.

解 两圆柱面的交线,即方程组 $\begin{cases} x^2+y^2=a^2 \\ z^2+x^2=a^2 \end{cases}$ 的公共解:$y=\pm z$,如图 6-13 所示.对任一 $x_0\in[0,a]$ 的平面 $x=x_0$ 与这部分立体的截面是一个边长为 $2y_0=2\sqrt{a^2-x_0^2}$ (或 $2z_0=2\sqrt{a^2-x_0^2}$) 的正方形,所以 $A(x)=4(a^2-x^2),x\in[0,a]$.由式(6-13)便得

$$V=\int_{-a}^a 4(a^2-x^2)\mathrm{d}x=8\int_0^a (a^2-x^2)\mathrm{d}x=\frac{16}{3}a^3.$$

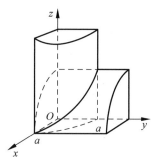

图 6-13

2. 旋转曲面的面积

设平面光滑曲线 L 的方程为

$$y=f(x), \quad x\in[a,b](不妨设 f(x)\geqslant 0).$$

这段曲线绕 x 轴旋转一周得到旋转曲面,求该旋转曲面的面积.

下面用微元法导出它的面积公式.

通过 x 轴上点 x 与 $x+\Delta x$ 分别做垂直于 x 轴的平面,他们在旋转曲面上截下一条狭带.当 Δx 很小时,此狭带的面积近似于一圆台的侧面积,即

$$\Delta S\approx 2\pi f(x)\sqrt{\Delta x^2+\Delta y^2}=2\pi f(x)\Delta x\sqrt{1+\frac{\Delta y^2}{\Delta x^2}},$$

其中 $\Delta y=f(x+\Delta x)-f(x)$.

由于 $\lim\limits_{\Delta x\to 0}\Delta y=0,\lim\limits_{\Delta x\to 0}\sqrt{1+\left(\frac{\Delta y}{\Delta x}\right)^2}=\sqrt{1+f'^2(x)}$,因此由 $f'(x)$ 的连续性可以保证

$$f(x)\Delta x\sqrt{1+\frac{\Delta y^2}{\Delta x^2}}-f(x)\Delta x\sqrt{1+f'^2(x)}=o(\Delta x).$$

所以得到有 $\mathrm{d}S=2\pi f(x)\sqrt{1+f'^2(x)}\mathrm{d}x$,最后得旋转曲面的面积

$$S=2\pi\int_a^b f(x)\sqrt{1+f'^2(x)}\mathrm{d}x \tag{6-14}$$

如果光滑曲线 L 由参数方程

$$x=x(t), \quad y=y(t), \quad t\in[a,\beta]$$

给出.且 $y(t)\geqslant 0$,那么由式(6-10)和式(6-14)的推导过程可知,曲线 L 绕 x 轴旋转所得到旋转曲面的面积为

$$S=2\pi\int_a^\beta y(t)\sqrt{x'^2(t)+y'^2(t)}\mathrm{d}t \tag{6-15}$$

例 6 计算由内摆线 $x = a\cos^3 t, y = a\sin^3 t$ 绕 x 轴旋转所得旋转曲面的面积.

解 对曲线关于 y 轴的对称性及有关公式,得

$$S = 4\pi \int_0^{\frac{\pi}{2}} a\sin^3 t \sqrt{(-3a\cos^2 t\sin t)^2 + (3a\sin^2 t\cos t)^2}\, dt$$

$$= 12\pi a^2 \int_0^{\frac{\pi}{2}} \sin^4 t\cos t\, dt = \frac{12}{5}\pi a^2.$$

3. 旋转体的体积

旋转体是一个平面图形绕该平面内的一条直线旋转而成的立体. 这条直线叫做旋转轴.

设旋转体是由连续曲线 $y = f(x)$($f(x) \geqslant 0$)和直线 $x = a, x = b$ 及 x 轴所围成的曲边梯形绕 x 轴旋转一周而成,如图 6-14 所示.

取 x 为积分变量,它的变化区间为 $[a, b]$,在 $[a, b]$ 上任取一小区间 $[x, x + dx]$,相应薄片的体积近似于以 $f(x)$ 为底面圆半径、dx 为高的小圆柱体的体积,从而得到体积元素为 $dV = \pi[f(x)]^2 dx$,于是,所求旋转体体积为

$$V_x = \pi \int_b^a [f(x)]^2 dx \tag{6-16}$$

类似地,由曲线 $x = \varphi(y)$ 和直线 $y = c, y = d$ 及 y 轴所围成的曲边梯形绕 y 轴旋转一周而成,如图 6-15 所示,所得旋转体的体积为

$$V_y = \pi \int_c^d [\varphi(x)]^2 dy \tag{6-17}$$

例 7 求椭圆 $\dfrac{x^2}{a^2} + \dfrac{y^2}{b^2} = 1$ 绕 x 轴及 y 轴旋转而成的椭球体的体积.

解 (1) 绕 x 轴旋转的椭球体,它可看作上半椭圆 $y = \dfrac{b}{a}\sqrt{a^2 - x^2}$ 与 x 轴围成的平面图形绕 x 轴旋转而成. 取 x 为积分变量,$x \in [-a, a]$,由公式(6-16)所求椭球体的体积为

$$V_x = \pi \int_{-a}^a \left(\frac{b}{a}\sqrt{a^2 - x^2}\right)^2 dx = \frac{2\pi b^2}{a^2} \int_0^a (a^2 - x^2) dx = \frac{2\pi b^2}{a^2}\left[a^2 x - \frac{x^3}{3}\right]_0^a = \frac{4}{3}\pi ab^2.$$

(2) 绕 y 轴旋转的椭球体,可看作右半椭圆 $x = \dfrac{a}{b}\sqrt{b^2 - y^2}$ 与 y 轴围成的平面图形绕 y 轴旋转而成,如图 6-16 所示,取 y 为积分变量,$y \in [-b, b]$,由式(6-17)所求椭球体体积为

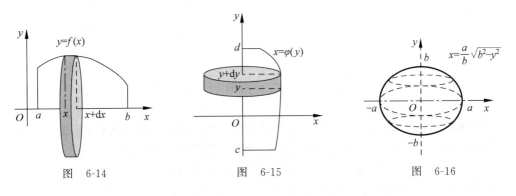

图 6-14   图 6-15   图 6-16

$$V_y = \pi \int_{-b}^{b} \left(\frac{a}{b} \sqrt{b^2 - y^2} \right)^2 \mathrm{d}y = \frac{2\pi a^2}{b^2} \int_0^b (b^2 - y^2) \mathrm{d}y = \frac{2\pi a^2}{b^2} \left[b^2 y - \frac{y^3}{3} \right]_0^b = \frac{4}{3}\pi a^2 b.$$

当 $a = b = R$ 时，上述结果为 $V = \frac{4}{3}\pi R^3$，这就是大家所熟悉的球体的体积公式.

6.3.4 定积分在物理中的某些应用

定积分在物理中有着广泛的应用，这里介绍几个较有代表性的例子.

1. 液体静压力

由物理学知道，在液面下深度为 h 处的压强为 $p = \rho g h$，其中 ρ 是液体的密度，g 是重力加速度. 如果有一面积为 A 的薄板水平置于深度为 h 处，那么薄板一侧所受的液体压力

$$F = pA.$$

但在实际问题中，往往要计算薄板竖直放置在液体中，其一侧所受到的压力. 由于压强 p 随液体的深度而变化，所以薄板一侧所受的液体压力就不能用上述方法计算，但可以用定积分的微元法来加以解决.

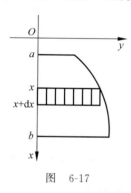

图 6-17

设薄板形状是曲边梯形，为了计算方便，建立如图 6-17 所示的坐标系，曲边方程为 $y = f(x)$. 取液体深度 x 为积分变量，$x \in [a, b]$，在 $[a, b]$ 取一小区间 $[x, x + \mathrm{d}x]$，该区间上小曲边平板所受的压力可近似地看做长为 y、宽为 $\mathrm{d}x$ 的小矩形水平地放在距液面表面深度为 x 的位置上时，一侧所受的压力. 因此所求的压力微元为

$$\mathrm{d}F = \rho g h f(x) \mathrm{d}x.$$

于是，整个薄板一侧所受压力为

$$F = \int_a^b \rho g h f(x) \mathrm{d}x.$$

2. 引力

例 8 一根长为 l 的均匀细杆，质量为 M，在其中垂线上相距细杆为 a 处有一质量为 m 的质点. 试求细杆对质点的万有引力.

解 细杆位于 x 轴上的 $\left[-\frac{l}{2}, \frac{l}{2} \right]$，质点位于 y 轴上的点 a，任取 $[x, x + \Delta x] \subset \left[-\frac{l}{2}, \frac{l}{2} \right]$，当 Δx 很小时可把这一小段细杆看做一质点，其质量为 $\mathrm{d}M = \frac{M}{l} \mathrm{d}x$. 于是它对质点 m 的万有引力为

$$\mathrm{d}F = \frac{km \, \mathrm{d}M}{r^2} = \frac{km}{a^2 + x^2} \frac{M}{l} \mathrm{d}x.$$

由于细杆上各点对于质点 m 的引力方向各不相同，因此不能直接对 $\mathrm{d}F$ 进行积分（不符合代数可加的条件）. 为此，将 $\mathrm{d}F$ 分解到 x 轴和 y 轴两个方向上，得

$$\mathrm{d}F_x = \mathrm{d}F \sin\theta, \quad \mathrm{d}F_y = -\mathrm{d}F \cos\theta.$$

由于质点 m 位于细杆的中垂线上，必是水平合力为零，即

$$F_x = \int_{-\frac{l}{2}}^{\frac{l}{2}} \mathrm{d}F_x = 0.$$

又由 $\cos\theta = \dfrac{a}{\sqrt{a^2+x^2}}$，得垂直方向合力为

$$F_y = \int_{-\frac{l}{2}}^{\frac{l}{2}} \mathrm{d}F_y = -2\int_0^{\frac{l}{2}} \frac{km\,\mathrm{d}M}{l}(a^2+x^2)^{-\frac{3}{2}}\mathrm{d}x$$

$$= -\frac{2kmMa}{l}\frac{1}{a^2}\frac{x}{\sqrt{a^2+x^2}}\bigg|_0^{\frac{l}{2}} = -\frac{2kmM}{a\sqrt{4a^2+l^2}},$$

式中，负号表示合力方向与 y 轴方向相反.

3. 功与功率

由物理学知道，物体在发生位移的过程中所受到的力常常是变化的，这就需要考虑变力做功的问题. 设物体在变力 $F = f(x)$ 的作用下，沿 x 轴由点 a 移动到点 b，且变力方向与 x 轴方向一致. 取 x 为积分变量，$x \in [a,b]$. 在区间 $[a,b]$ 上任取一小区间 $[x, x+\mathrm{d}x]$，该区间上各点处的力可以用点 x 处的力 $F(x)$ 近似替代. 因此功的微元为

$$\mathrm{d}W = F(x)\mathrm{d}x,$$

因此，从 a 到 b 这一段位移上变力 $F(x)$ 所做的功为

$$W = \int_a^b F(x)\mathrm{d}x.$$

例9 设有一弹簧，假设被压缩 0.5cm 时需要用力 1N(牛顿)，现弹簧在外力的作用下被压缩 3cm，求外力所做的功.

解 根据胡克定律，在一定的弹性范围内，将弹簧拉伸(或压缩)所需的力 F 与伸长量(压缩量)x 成正比，即

$$F = kx \quad (k > 0 \text{ 为弹性系数}).$$

按假设当 $x = 0.005\mathrm{m}$ 时，$F = 1\mathrm{N}$，代入上式得 $k = 2\mathrm{N/m}$. 即有

$$F = 200x,$$

所以取 x 为积分变量，x 的变化区间为 $[0, 0.03]$，其功微元为

$$\mathrm{d}W = F(x)\mathrm{d}x = 200x\,\mathrm{d}x,$$

于是弹簧被压缩了 3cm 时，外力所做的功为

$$W = \int_0^{0.03} 200x\,\mathrm{d}x = (100x^2)\bigg|_0^{0.03} = 0.09\mathrm{J}.$$

小结与复习

一、主要内容

1. 定积分的定义及牛顿-莱布尼茨公式
2. 定积分的几何意义
3. 定积分中值定理及其几何意义
4. 两类反常积分
5. 定积分的应用

二、主要结论与方法

1. 定积分的逻辑方法
2. 定积分与不定积分的区别与联系
3. 定积分中值定理的证明方法
4. 两类反常积分的性质和敛散性
5. 定积分在直角坐标系或极坐标系下求面积、曲线的弧长和体积的方法
6. 定积分在几何学和物理学中的应用方法

三、基本要求

1. 理解定积分的概念
2. 深刻理解牛顿-莱布尼茨公式数学意义
3. 掌握定积分在直角坐标系和极坐标系下的应用
4. 理解定积分中值定理的几何意义,掌握该定理的证明方法
5. 掌握两类反常积分的基本计算方法
6. 掌握定积分的基本应用

数学家简介　中国古代数学家:祖冲之

　　祖冲之(429—500),字文远,范阳郡道县(今河北省涞水县)人,南北朝时期杰出的数学家、天文学家。青年时进入华林学省(南朝宋朝设立的华林学省,相当于今日的中国科学院),从事学术活动。祖冲之首次将圆周率精算到小数第七位,即在 3.1415926 和 3.1415927 之间,是当时世界最精确的圆周率数值,对世界数学的发展研究有重大贡献,数学史家称之为“密率”。直到 16 世纪,阿拉伯数学家阿尔·卡西才打破了这一纪录。日本教科书称圆周率为“祖率”。

　　祖冲之的祖父祖昌任刘宋王朝的大匠卿,是朝廷管理土木工程的官吏,父亲祖朔之做“奉朝请”(汉晋时期给予闲散大官的优惠待遇),学识渊博,常被邀请参加皇室的典礼、宴会。因此祖冲之从小就受到很好的工程技术和科学教育方面的家庭熏陶。爷爷给他讲“斗转星移”经典故事,父亲引导他读经书典籍,家庭的教育,加之自己的勤奋,使他对自然科学、文学和哲学,特别是天文学产生了浓厚的兴趣,所以祖冲之不仅是一位数学家,同时还通晓天文历法、机械制造、音乐等。祖冲之制订的《大明历》是当时最科学、最进步的历法。

　　在数学方面,祖冲之研究了《九章算术》以及刘徽所做的注解,给《九章算术》和刘徽的《重差》作过注解。他所著的《缀术》,汇集了祖冲之、祖暅父子的数学研究成果,《缀术》在唐代被收入《算经十书》,成为唐代国子监算学课本。《隋书·律历志》中留有小段祖冲之关于圆周率工作的记载。

　　在天文历法方面,祖冲之的研究成果大都包含在他所编制的《大明历》及为《大明历》所注解的《驳议》中。在祖冲之之前使用的历法是天文学家何承天编制的《元嘉历》,祖冲之经

过多年的观测和推算,发现《元嘉历》存在很大的误差,于是他着手制订新的历法。《大明历》在祖冲之生前始终没能采用,直到南朝梁朝梁武帝天监九年(510 年)才正式颁布施行。

在机械制造方面,祖冲之设计制造过许多精巧的机械,比如水力舂米、磨面的水碓磨;重新制造了当时已经失传了的指南车,这种车随便怎样转弯,车上的铜人总是指着南方;制造了一天可以航行一百多里的"千里船",设计制造了计时仪器的漏壶(沙漏计时器)和欹器(水漏计时器)。

思考与练习

一、思考题

1. 定积分与不定积分的关系是什么?

2. 变上限定积分公式为什么称为牛顿-莱布尼茨公式? 如何理解其在微积分理论中的作用?

3. 在微积分理论的发现和建立的过程中,牛顿和莱布尼茨两位哲学大师哪位的贡献最大?

4. 定积分的几何意义一定是几何图形的面积吗? 为什么?

5. 反常积分反常吗? 两类反常积分区别是什么? 为什么?

6. 举例说明定积分有哪些重要应用?

二、作业必做题

(一) 关于定积分

1. 利用定积分的几何意义,证明: $\int_{-1}^{1} \sqrt{1-x^2}\, \mathrm{d}x = \dfrac{\pi}{2}$.

2. 求极限:(1) $\lim\limits_{x \to 0} \dfrac{\int_0^{x^2} \sin t\, \mathrm{d}t}{x^4}$;(2) 设 $f(x)$ 在 $x=a$ 处连续,求 $\lim\limits_{x \to a} \dfrac{\int_a^x f(t)\, \mathrm{d}t}{x-a}$.

3. 利用牛顿-莱布尼茨公式计算下列定积分:

(1) $\int_d^b x^n\, \mathrm{d}x$($n$ 为正整数);(2) $\int_a^b \mathrm{e}^x\, \mathrm{d}x$;(3) $\int_a^b \dfrac{\mathrm{d}x}{x^2}$;(4) $\int_0^n \sin x\, \mathrm{d}x$;

(5) $\int_0^2 x \sqrt{4-x^2}\, \mathrm{d}x$.

4. 计算 $J = \int_0^1 \dfrac{\ln(1+x)}{1+x^2}\, \mathrm{d}x$.

5. 求 $\int_0^{\frac{1}{2}} \arcsin x\, \mathrm{d}x$.

6. 求证 $\int_0^{\pi} x f(\sin x)\, \mathrm{d}x = \dfrac{\pi}{2} \int_0^{\pi} f(\sin x)\, \mathrm{d}x$.

(二) 反常积分

7. 判别无穷积分 $\int_a^{+\infty} \dfrac{1}{x^p}\, \mathrm{d}x$ 的敛散性($a > 0$).

8. 判别无穷积分 $\int_2^{+\infty} \dfrac{\mathrm{d}x}{x(\ln x)^p}$ 的敛散性.

9. 求无穷积分 $\int_{\frac{2}{\pi}}^{+\infty} \dfrac{1}{x^2}\sin\dfrac{1}{x}\mathrm{d}x$.

10. 证明 $\int_0^{+\infty} \mathrm{e}^{-x^2}\mathrm{d}x$ 收敛.

11. 证明 $\int_1^{+\infty} \dfrac{\mathrm{d}x}{x\sqrt{1+x^2}}$ 收敛.

12. 讨论 $\int_1^{+\infty} \dfrac{\sin x}{x}\mathrm{d}x$ 与 $\int_1^{+\infty} \dfrac{\cos x}{x^p}\mathrm{d}x\,(p>0)$ 的收敛性.

（三）定积分的应用

13. 求曲线 $y=\cos x$ 与 $y=\sin x$ 在区间 $[0,\pi]$ 上所围成平面图形的面积.

14. 求悬链线 $y=\dfrac{\mathrm{e}^x+\mathrm{e}^{-x}}{2}$ 从 $x=0$ 到 $x=a>0$ 那一段的弧长.

15. 求由椭圆面 $\dfrac{x^2}{a^2}+\dfrac{y^2}{b^2}+\dfrac{z^2}{c^2}=1$ 所围立体的体积.

16. 计算圆 $x^2+y^2=R^2$ 在 $[x_1,x_2]\subset[-R,R]$ 上的弧段绕 x 轴旋转所得球的表面积.

17. 求椭圆 $\dfrac{x^2}{a^2}+\dfrac{y^2}{b^2}=1$ 绕 x 轴及 y 轴旋转而成为椭球体的体积.

18. 在纯电阻电路中,已知交流电压为 $V=V_{\mathrm{m}}\sin\omega t$. 求在一个周期 $[0,T]\left(T=\dfrac{2\pi}{\omega}\right)$ 内消耗在电阻 R 上的能量 W,并求与之相当的直流电压.

19. 如图 6-18 所示,有一锥形储水池,深 15cm,口直径 20cm,盛满水. 今用水泵将水吸尽,问需要做多少功?

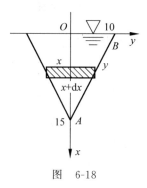

图 6-18

第7章

无 穷 级 数

各种函数的解析式中,有些是比较复杂的.数学家希望用相对简单的解析形式来取代或逼近较复杂函数的解析式,其最为简单的途径就是通过多项式的加法求和,即通过这种加法运算来决定逼近的程度,或者说控制逼近的过程,以达到可以使用的目的,这就是无穷级数的思想.无穷级数理论不仅是研究函数的重要工具,而且对微积分学的进一步发展及微分方程的求解都是十分重要的.

7.1 数项级数

数项级数从形式上看就是无穷多个项的代数和,它是有限项代数和的延伸.因而级数的敛散性直接与数列的极限是联系在一起的,其判别方法灵活多样,而且技巧性也强,有时也需要多种方法结合使用.

7.1.1 级数收敛与发散的概念

在中学数学和本书第 2 章中,我们学过了数列的知识,由数列的概念及其性质,可以给出无穷数项级数的定义.

1. 级数的定义

将数列用加号连接起来就构成了级数,如果数列 $\{u_n\}$ 的每一项 $u_i(i=1,2,\cdots,n)$ 都不是代数式,就是构成了常数项无穷级数,下面给出严格的定义.

定义 7-1 把一个数列 $\{u_n\}$:

$$u_1,u_2,\cdots,u_n,\cdots$$

的项依次用加号连接起来,得到表达式

$$u_1+u_2+\cdots+u_n+\cdots, \tag{7-1}$$

简写为 $\sum\limits_{n=1}^{\infty}u_n$,即

$$\sum_{n=1}^{\infty}u_n=u_1+u_2+\cdots+u_n+\cdots,$$

称为**(常数项)无穷级数**,简称**数项级数**,其中 $u_1,u_2,\cdots,u_n,\cdots$ 称为级数(7-1)的项,u_n 为级数(7-1)的**第 n 项**或**通项**.

2. 级数的敛散性

级数的敛散性通常用级数的部分项之和的性质进行判定,为此,定义级数的"和数列"及其敛散性的概念.

定义 7-2　设级数(7-1)前 n 项的和是 S_n,即

$$S_n = u_1 + u_2 + \cdots + u_n \text{ 或 } S_n = \sum_{k=1}^{n} u_k,$$

称 S_n 为级数(7-1)的前 n 项**部分和**.当 n 趋于无限大时,部分和也可构造出一个无穷数列 $\{S_n\}$,即

$$S_1, S_2, S_3, \cdots, S_n, \cdots, \tag{7-2}$$

称其为**部分和数列**.

定义 7-3　若级数(7-1)的**部分和数列**(7-2)收敛,并设

$$\lim_{n \to \infty} S_n = S,$$

则称级数(7-1)**收敛**,其和为 S,记作 $\sum_{n=1}^{\infty} u_n = S$,即

$$\sum_{n=1}^{\infty} u_n = \lim_{n \to \infty} \sum_{k=1}^{n} u_k = \lim_{n \to \infty} S_n = S.$$

若部分和数列(7-2)**发散**,则称级数(7-1)**发散**.此时级数(7-1)没有和.

例 1　讨论几何级数 $\sum_{n=1}^{\infty} ar^{n-1} = a + ar + \cdots + ar^n + \cdots$ 的敛散性.其中 $a \neq 0$,r 是公比.

解　(1) 当 $|r| \neq 1$ 时,已知几何级数的前 n 项的和是

$$S_n = \sum_{k=1}^{n} ar^{n-1} = a + ar + \cdots + ar^{n-1} = \frac{a(1 - r^n)}{1 - r},$$

这时,有

(i) 当 $|r| < 1$ 时,因为 $\lim_{n \to \infty} r^n = 0$,所以

$$\lim_{n \to \infty} S_n = \lim_{n \to \infty} \left(\frac{a}{1-r} - \frac{ar^n}{1-r} \right) = \lim_{n \to \infty} \frac{a}{1-r} - \frac{a}{1-r} \lim_{n \to \infty} r^n = \frac{a}{1-r}.$$

因此,当 $|r| < 1$ 时,几何级数收敛,其和是 $\frac{a}{1-r}$,即 $\sum_{n=1}^{\infty} ar^{n-1} = \frac{a}{1-r}$.

(ii) 当 $|r| > 1$ 时,因为 $\lim_{n \to \infty} r^n = \infty$,所以

$$\lim_{n \to \infty} S_n = \lim_{n \to \infty} \frac{a - ar^n}{1 - r} = \infty,$$

因此,当 $|r| > 1$ 时,几何级数发散.

(2) 当 $|r| = 1$ 时,也分两种情形讨论:

(i) 若 $r = 1$,级数的前 n 项和是

$$S_n = a + a + \cdots + a = na,$$

因为 a 为非零常数,所以

$$\lim_{n \to \infty} S_n = \lim_{n \to \infty} na = \infty,$$

因此,当 $r = 1$ 时,几何级数发散.

(ii) 若 $r = -1$,几何级数变成为

$$a - a + a - a + a - a + \cdots,$$

其前 n 项和是

$$S_n = \sum_{k=1}^{n} (-1)^{k-1} a = \frac{[1 + (-1)^{n-1}]a}{2} = \begin{cases} a, & n \text{ 为奇数} \\ 0, & n \text{ 为偶数} \end{cases},$$

因此,当 $r = -1$ 时,几何级数也发散.

综上所述,当 $|r| < 1$ 时,几何级数收敛,其和是 $\dfrac{a}{1-r}$;当 $|r| \geqslant 1$ 时,几何级数发散.

3. 收敛级数的性质

定理 7-1(柯西收敛准则) 若级数 $\displaystyle\sum_{n=1}^{\infty} u_n$ 收敛,而且有

$$|u_{n+1} + u_{n+2} + \cdots + u_{n+p}| < \varepsilon,$$

则 $\displaystyle\lim_{n \to \infty} u_n = 0$.

根据定理 7-1,若 $\displaystyle\lim_{n \to \infty} u_n \neq 0$,则级数 $\displaystyle\sum_{n=1}^{\infty} u_n$ 发散.

例 2 讨论级数 $\displaystyle\sum_{n=1}^{\infty} \frac{n}{100n+1} = \frac{1}{101} + \frac{2}{201} + \frac{3}{301} + \cdots + \frac{n}{100n+1} + \cdots$ 敛散性.

解 因为 $\displaystyle\lim_{n \to \infty} u_n = \lim_{n \to \infty} \frac{n}{100n+1} = \frac{1}{100} \neq 0$,所以,级数 $\displaystyle\sum_{n=1}^{\infty} \frac{n}{100n+1}$ 发散.

然而,$\displaystyle\lim_{n \to \infty} u_n = 0$ 仅是级数 $\displaystyle\sum_{n=1}^{\infty} u_n$ 收敛的必要条件而不是充分条件,即 $\displaystyle\lim_{n \to \infty} u_n = 0$,级数 $\displaystyle\sum_{n=1}^{\infty} u_n$ 也可能发散.

若去掉、添加或改变级数 $\displaystyle\sum_{n=1}^{\infty} u_n$ 的有限项,不改变级数 $\displaystyle\sum_{n=1}^{\infty} u_n$ 的敛散性.

例 3 讨论调和级数 $\displaystyle\sum_{n=1}^{\infty} \frac{1}{n}$ 敛散性.

解 (1) 虽然 $\displaystyle\lim_{n \to \infty} u_n = \lim_{n \to \infty} \frac{1}{n} = 0$,但是该级数是发散的(见下面的证明).

(2) 去掉级数 $\displaystyle\sum_{n=1}^{\infty} \frac{1}{n}$ 的前面 100 项(有限项),则新级数

$$\sum_{n=1}^{\infty} \frac{1}{100+n} = \frac{1}{101} + \frac{1}{102} + \cdots + \frac{1}{100+n} + \cdots$$

仍是发散的.

定理 7-2 若级数 $\displaystyle\sum_{n=1}^{\infty} u_n$ 收敛,其和是 S,则不改变级数每项的位置,按原来的顺序将

某些项结合在一起,构成的新的级数

$$(u_1 + \cdots + u_{n_1}) + (u_{n_1+1} + \cdots + u_{n_2}) + \cdots + (u_{n_{k-1}} + \cdots + u_{n_k}) + \cdots \qquad (7\text{-}3)$$

也收敛,其和也是 S.

证　设级数 $\displaystyle\sum_{n=1}^{\infty} u_n$ 的前 n 项部分和是 S_n,新级数(7-3)的 k 项部分和是 σ_k,有

$$\sigma_k = (u_1 + \cdots + u_{n_1}) + (u_{n_1+1} + \cdots + u_{n_2}) + \cdots + (u_{n_{k-1}} + \cdots + u_{n_k})$$

$$= u_1 + u_2 + u_3 + \cdots + u_{n_k} = S_{n_k}.$$

即新级数(7-3)的部分和数列 $\{\sigma_k\}$ 是级数 $\displaystyle\sum_{n=1}^{\infty} u_n$ 的部分和数列 $\{s_n\}$ 的子数列. 已知 $\displaystyle\lim_{n\to\infty} S_n = S$,则 $\displaystyle\lim_{k\to\infty}\sigma_k = S$. 于是,新级数(7-3)收敛,其和也是 S.

定理 7-2 说明:收敛级数(无限个数的和)满足结合律.

但是,如果级数的项是具有确定结合的(原级数),去掉括号之后构成的新级数不一定收敛. 例如,级数

$$(1-1) + (1-1) + \cdots + (1-1) + \cdots$$

收敛于 0,但去掉括号之后的级数

$$1 - 1 + 1 - 1 + \cdots + 1 - 1 + \cdots$$

却是发散的.

例 4　讨论级数 $\displaystyle\sum_{n=1}^{\infty} \sin\frac{n}{2}\pi$ 的敛散性.

解　因为 $\displaystyle\sum_{n=1}^{\infty} \sin\frac{n}{2}\pi = 1 + 0 - 1 + 0 + 1 + 0 + \cdots$,而当 $n\to\infty$ 时,通项 $u_n = \sin\frac{n}{2}\pi$ 的极限不存在. 故此级数发散.

例 5　利用柯西收敛准则证明调和级数 $\displaystyle\sum_{n=1}^{\infty} \frac{1}{n} = 1 + \frac{1}{2} + \frac{1}{3} + \cdots + \frac{1}{n} + \cdots$ 发散.

证　因为 $|u_{n+1} + u_{n+2} + \cdots + u_{n+p}| = \dfrac{1}{n+1} + \dfrac{1}{n+2} + \cdots + \dfrac{1}{n+p}$,于是令 $p = n$,有

$$|u_{n+1} + u_{n+2} + \cdots + u_{n+p}| = \frac{1}{n+1} + \frac{1}{n+2} + \cdots + \frac{1}{2n}$$

$$> \frac{1}{2n} + \frac{1}{2n} + \cdots + \frac{1}{2n} = n\,\frac{1}{2n} = \frac{1}{2}$$

由于上式对任何自然数 n 都成立,因此只要取 $\varepsilon \leqslant \dfrac{1}{2}$,对任何自然数 N,存在自然数 $n > N$ 及自然数 $p = n$,有

$$|u_{n+1} + u_{n+2} + \cdots + u_{n+p}| = \frac{1}{n+1} + \frac{1}{n+2} + \cdots + \frac{1}{n+p} > \frac{1}{2} \geqslant \varepsilon.$$

所以不满足柯西收敛准则的条件,故调和级数发散.

7.1.2　正项级数

将负项级数的每一项乘以 -1,就变成了正项级数,根据定理 7-2,负项级数与正项级数

有相同的敛散性.

定义 7-4　级数 $\sum\limits_{n=1}^{\infty} u_n$，若 $u_n \geqslant 0(n=1,2,\cdots)$，则称级数 $\sum\limits_{n=1}^{\infty} u_n$ 为**正项级数**；若 $u_n \leqslant$

$0(n=1,2,\cdots)$，则称级数 $\sum\limits_{n=1}^{\infty} u_n$ 为**负项级数**. 正项级数与负项级数统称为同号级数.

对同号级数的敛散性，只讨论正项级数的敛散性就可以了.

对于正项级数 $\sum\limits_{n=1}^{\infty} u_n$，它的部分和数列 $\{S_n\}$ 是一个非负的单调递增数列. 根据数列的

单调有界原理，可直接得到下面的定理.

定理 7-3　正项级数 $\sum\limits_{n=1}^{\infty} u_n$ 收敛，它的部分和数列 $\{S_n\}$ 有上界.

例 6　证明正项级数 $\sum\limits_{n=1}^{\infty} \dfrac{1}{n!} = 1 + \dfrac{1}{2!} + \dfrac{1}{3!} + \cdots + \dfrac{1}{n!} + \cdots$ 收敛.

证　因为，当 $n \geqslant 2$ 时，有

$$\frac{1}{n!} = \frac{1}{1 \cdot 2 \cdot \cdots \cdot n} \leqslant \frac{1}{1 \cdot 2 \cdot 2 \cdot \cdots \cdot 2} = \frac{1}{2^{n-1}},$$

所以，对任何 n，有

$$S_n = \sum_{n=1}^{\infty} \frac{1}{k!} = 1 + \frac{1}{2!} + \frac{1}{3!} + \cdots + \frac{1}{n!} < 1 + \frac{1}{2} + \frac{1}{2^2} + \cdots + \frac{1}{2^{n-1}}$$

$$= \frac{1 - \dfrac{1}{2^n}}{1 - \dfrac{1}{2}} = 2 - \frac{1}{2^{n-1}} < 2,$$

因此，该部分和数列 $\{S_n\}$ 有上界，从而级数 $\sum\limits_{n=1}^{\infty} \dfrac{1}{n!}$ 收敛.

定理 7-4（比较判别法）　设 $\sum\limits_{n=1}^{\infty} u_n$ 与 $\sum\limits_{n=1}^{\infty} v_n$ 是两个正项级数，且 $\exists N \in \mathbf{N}^+, \forall n \geqslant N$，有

$u_n \leqslant k v_n$，k 是正常数.

(i) 若级数 $\sum\limits_{n=1}^{\infty} v_n$ 收敛，则级数 $\sum\limits_{n=1}^{\infty} u_n$ 也收敛.

(ii) 若级数 $\sum\limits_{n=1}^{\infty} u_n$ 发散，则级数 $\sum\limits_{n=1}^{\infty} v_n$ 也发散.

证　(i) 设级数 $\sum\limits_{n=1}^{\infty} u_n$ 与 $\sum\limits_{n=1}^{\infty} v_n$ 的部分和数列分别是 $\{A_n\}$ 与 $\{B_n\}$，由条件 $u_n \leqslant k v_n$，有

$$A_n = u_1 + u_2 + u_3 + \cdots + u_n \leqslant k v_1 + k v_2 + \cdots + k v_n = k B_n. \tag{7-4}$$

因级数 $\sum\limits_{n=1}^{\infty} v_n$ 收敛，由定理 7-3 知，数列 $\{B_n\}$ 有上界，由不等式(7-4)知 $\{A_n\}$ 也必有上

界，再根据定理 7-3 知级数 $\sum\limits_{n=1}^{\infty} u_n$ 也收敛.

(ii) 若级数 $\sum\limits_{n=1}^{\infty} u_n$ 发散，则数列 $\{A_n\}$ 无上界. 由不等式(7-4)知 $\{B_n\}$ 也无上界，则级数 $\sum\limits_{n=1}^{\infty} v_n$ 也发散.

例 7 证明级数 $\sum\limits_{n=1}^{\infty} \dfrac{1}{\sqrt{n}} = 1 + \dfrac{1}{\sqrt{2}} + \dfrac{1}{\sqrt{3}} + \cdots + \dfrac{1}{\sqrt{n}} + \cdots$ 发散.

证 因为对任何自然数 n，有

$$\frac{1}{\sqrt{n}} \geqslant \frac{1}{n}.$$

又因为调和级数 $\sum\limits_{n=1}^{\infty} \dfrac{1}{n}$ 发散，所以级数 $\sum\limits_{n=1}^{\infty} \dfrac{1}{\sqrt{n}}$ 也发散.

推论(比较判别法的极限形式) 有两个正项级数 $\sum\limits_{n=1}^{\infty} u_n$ 与 $\sum\limits_{n=1}^{\infty} v_n (v_n \neq 0)$，且

$$\lim_{n \to \infty} \frac{u_n}{v_n} = k (0 \leqslant k \leqslant +\infty).$$

(i) 若级数 $\sum\limits_{n=1}^{\infty} v_n$ 收敛，且 $(0 \leqslant k < +\infty)$，则级数 $\sum\limits_{n=1}^{\infty} u_n$ 也收敛；

(ii) 若级数 $\sum\limits_{n=1}^{\infty} v_n$ 发散，且 $(0 < k \leqslant +\infty)$，则级数 $\sum\limits_{n=1}^{\infty} u_n$ 也发散.

定理 7-5(柯西判别法(根式判别法)) 对正项级数 $\sum\limits_{n=1}^{\infty} u_n$，若 $\exists N \in \mathbf{N}^+, n \geqslant N$，有

(i) $\sqrt[n]{u_n} \leqslant p < 1 (p$ 是常数)，则级数 $\sum\limits_{n=1}^{\infty} u_n$ 收敛；

(ii) $\sqrt[n]{u_n} \geqslant 1$，则级数 $\sum\limits_{n=1}^{\infty} u_n$ 发散.

证 (i) 因为当 $n \geqslant N$ 时，有

$$\sqrt[n]{u_n} \leqslant p \quad 或 \quad u_n \leqslant p^n,$$

又已知几何级数 $\sum\limits_{n=1}^{\infty} p^n (0 \leqslant p < 1)$ 收敛，于是级数 $\sum\limits_{n=1}^{\infty} u_n$ 收敛.

(ii) 当 $\sqrt[n]{u_n} \geqslant 1$ 时，有

$$u_n \geqslant 1,$$

即 u_n 不趋近于 $0 (n \to \infty)$，于是级数 $\sum\limits_{n=1}^{\infty} u_n$ 发散.

推论(柯西判别法的极限形式) 有正项级数 $\sum\limits_{n=1}^{\infty} u_n$，若

$$\lim_{n \to \infty} \sqrt[n]{u_n} = l,$$

则(i)$l < 1$ 时，级数 $\sum\limits_{n=1}^{\infty} u_n$ 收敛；

(ii) $l>1$ 时，级数 $\sum\limits_{n=1}^{\infty} u_n$ 发散.

证 (i) 取正数 k，使 $0<l<k<1$，由已知条件对正数 $\varepsilon_0=k-l>0$，存在自然数 N，当 $n>N$ 时，有

$$|\sqrt[n]{u_n}-l|<\varepsilon_0=k-l \quad \text{或} \quad -k+l<\sqrt[n]{u_n}-l<k-l,$$

于是，当 $n>N$ 时，有

$$\sqrt[n]{u_n}<k<1,$$

根据定理 7-5，级数 $\sum\limits_{n=1}^{\infty} u_n$ 收敛.

(ii) 当 $l>1$ 时，存在自然数 N，当 $n>N$ 时，有

$$\sqrt[n]{u_n}>1 \text{ 或 } u_n>1,$$

根据定理 7-7，级数 $\sum\limits_{n=1}^{\infty} u_n$ 发散.

定理 7-6（达朗贝尔判别法（比值判别法）） 有正项级数 $\sum\limits_{n=1}^{\infty} u_n(u_n>0)$，

(i) 若 $\exists N \in \mathbf{N}^+$，$\forall n \geqslant N$ 有 $\dfrac{u_{n+1}}{u_n} \leqslant q$（常数）$<1$，则级数 $\sum\limits_{n=1}^{\infty} u_n$ 收敛；

(ii) 若 $\exists N \in \mathbf{N}^+$，$\forall n \geqslant N$ 有 $\dfrac{u_{n+1}}{u_n} \geqslant 1$，则级数 $\sum\limits_{n=1}^{\infty} u_n$ 发散.

推论（达朗贝尔判别法的极限形式） 有正项级数 $\sum\limits_{n=1}^{\infty} u_n(u_n>0)$，且 $\lim\limits_{n \to \infty} \dfrac{u_{n+1}}{u_n}=l$.

若 $l<1$ 则级数 $\sum\limits_{n=1}^{\infty} u_n$ 收敛；若 $l>1$ 则级数 $\sum\limits_{n=1}^{\infty} u_n$ 发散.

定理 7-7（积分判别法） 如果 $f(x)$ 在 $[N,+\infty)$ 上非负且单调减少，其中 N 是某个自然数，$n>N$，那么级数 $\sum\limits_{n=N}^{\infty} f(n)$ 和积分 $\int_N^{+\infty} f(x) \mathrm{d}x$ 同时敛散.

7.1.3 一般项级数

一般项级数是相对于正项级数而言的，如果级数的项中有正有负，就称为一般项级数，而加绝对值全为正数的级数为正项级数. 所以，一般项级数既有无穷多个正项，也可能有无穷多个负项.

1. 交错级数及其收敛判别法

定义 7-5 级数

$$\sum_{n=1}^{\infty} (-1)^{n-1} u_n = u_1 - u_2 + u_3 - u_4 + \cdots + (-1)^{n-1} u_n + \cdots \quad (u_n>0)$$

称为**交错级数**.

定理 7-8（莱布尼茨判别法） 有交错级数 $\sum\limits_{n=1}^{\infty} (-1)^{n-1} u_n(u_n>0)$，若满足

(i) $\forall n \in \mathbf{N}^+$, 有 $u_n \geqslant u_{n+1}$; (ii) $\lim\limits_{n\to\infty} u_n = 0$.

则交错级数 $\sum\limits_{n=1}^{\infty} (-1)^{n-1} u_n (u_n > 0)$ 收敛, 且 $|r_n| = |S - S_n| < u_{n+1}$, 其中 S、S_n 与 r_n 分别

是交错级数 $\sum\limits_{n=1}^{\infty} (-1)^{n-1} u_n$ 的和、前 n 项部分和与余和.

证　用 $\{S_n\}$ 表示交错级数 $\sum\limits_{n=1}^{\infty} (-1)^{-1} u_n$ 的前 n 项和数列, 下面我们分别考查 $\{S_n\}$ 的

两个子列 $\{S_{2n}\}$ 与 $\{S_{2n+1}\}$ 的极限.

首先, 讨论子列 $\{S_{2n}\}$, 当 $n \geqslant 2$ 时, 有

$$S_{2n} = (u_1 - u_2) + (u_3 - u_4) + \cdots + (u_{2n-3} - u_{2n-2}) + (u_{2n-1} - u_{2n})$$
$$S_{2n-2} = (u_1 - u_2) + (u_3 - u_4) + \cdots + (u_{2n-3} - u_{2n-2}).$$

于是, 有

$$S_{2n} - S_{2n-2} = u_{2n-1} - u_{2n}.$$

由 $u_n \geqslant u_{n+1}$ 知 $\{S_n\}$ 的子数列 $\{S_{2n}\}$ 单调递增.

另一方面,

$$S_{2n} = u_1 - u_2 + u_3 - u_4 + \cdots + u_{2n-1} - u_{2n}$$
$$= u_1 - (u_2 - u_3) - (u_4 - u_5) - \cdots - (u_{2n-2} - u_{2\pi-1}) - u_{2n}.$$

因为右端括号里的每一项都非负, 所以 $S_{2n} \leqslant u_1$, 因此子列 $\{S_{2n}\}$ 有界, 根据单调有界原理, 设子列 $\{S_{2n}\}$ 数列为

$$\lim_{n\to\infty} S_{2n} = S$$

其次, 由 $S_{2n+1} = S_{2n} + u_{2n+1}$ 及 $\lim\limits_{n\to\infty} u_{2n+1} = 0$, 得

$$\lim_{n\to\infty} S_{2n+1} = \lim_{n\to\infty} S_{2n} + \lim_{n\to\infty} u_{n+1} = S.$$

故级数 $\sum\limits_{n=1}^{\infty} (-1)^{n-1} u_n$ 收敛.

例 8　讨论级数 $\sum\limits_{n=1}^{\infty} (-1)^{n-1} \dfrac{1}{(2n-1)!}$ 的敛散性.

解　因为 $\dfrac{1}{(2n-1)!} > \dfrac{1}{(2n+1)!}$, $n = 1, 2, 3, \cdots$, 且

$$\lim_{n\to\infty} \frac{1}{(2n-1)!} = 0.$$

根据定理 7-8, 交错级数 $\sum\limits_{n=1}^{\infty} (-1)^{n-1} \dfrac{1}{(2n-1)!}$ 收敛.

2. 绝对收敛与条件收敛

定义 7-6　若级数 $\sum\limits_{n=1}^{\infty} |u_n|$ 收敛, 则称级数 $\sum\limits_{n=1}^{\infty} u_n$ **绝对收敛**; 若级数 $\sum\limits_{n=1}^{\infty} u_n$ 收敛, 而级

数 $\sum\limits_{n=1}^{\infty} |u_n|$ 却发散, 则称级数 $\sum\limits_{n=1}^{\infty} u_n$ **条件收敛**.

定理 7-9 若级数 $\sum_{n=1}^{\infty} |u_n|$ 收敛,则级数 $\sum_{n=1}^{\infty} u_n$ 也收敛.

证 已知级数 $\sum_{n=1}^{\infty} |u_n|$ 收敛,根据级数的柯西收敛准则,$\forall \varepsilon > 0$,$\exists N \in \mathbf{N}^+$,$\forall n > N$,$\forall p \in \mathbf{N}^+$,有

$$|u_{n+1}| + |u_{n+2}| + \cdots + |u_{n+p}| < \varepsilon,$$

从而,有

$$|u_{n+1} + u_{n+2} + \cdots + u_{n+p}| \leqslant |u_{n+1}| + |u_{n+2}| + \cdots + |u_{n+p}| < \varepsilon,$$

即级数 $\sum_{n=1}^{\infty} u_n$ 收敛.

这个定理的逆命题不真,即若级数 $\sum_{n=1}^{\infty} u_n$ 收敛,但级数 $\sum_{n=1}^{\infty} |u_n|$ 不一定收敛. 例如,虽然级数 $\sum_{n=1}^{\infty} (-1)^n \frac{1}{n}$ 收敛,但级数 $\sum_{n=1}^{\infty} |(-1)^n \frac{1}{n}| = \sum_{n=1}^{\infty} \frac{1}{n}$ 却发散.

7.2 幂级数

幂级数是高等数学(数学分析)的重要概念之一,是指在级数的每一项均与级数项序号 n 相对应的以常数倍的 $(x-a)$ 的 n 次方(n 是从 0 开始计数的整数,a 为常数). 其实,幂级数就是我们在 4.3 节学习的泰勒公式. 幂级数理论在实变函数、复变函数和微分方程等领域都有重要应用.

7.2.1 幂级数的性质

幂级数是把多项式直接推广到无限情形而获得的一类特殊的函数项级数. 因此,它的结构简单,应用广泛. 除了一般的函数项级数所具有的性质外,在一定范围内,它还具有多项式的性质.

1. 幂级数的收敛域

形如

$$\sum_{n=0}^{\infty} a_n (x-x_0)^n = a_0 + a_1(x-x_0) + \cdots + a_n(x-x_0)^n + \cdots \tag{7-5}$$

的函数项级数称为幂级数,其中 $a_0, a_1, \cdots, a_n, \cdots$ 叫做幂级数的系数.

幂级数(7-5)可能收敛,也可能发散;如果幂级数(7-5)收敛,就称点 x_0 是幂级数(7-5)的收敛点,如果幂级数(7-5)发散,就称点 x_0 是幂级数(7-5)的发散点. 幂级数(7-5)的收敛点的全体称为它的收敛域,发散点的全体称为它的发散域.

下面着重讨论当 $x_0 = 0$ 的情形,即

$$\sum_{n=0}^{\infty} a_n x^n = a_0 + a_1 x + \cdots + a_n x^n + \cdots \tag{7-6}$$

的性质(其实,式(7-6)就是我们在 4.3 节学习的麦克劳林公式). 这既能把问题简单化,又不

失一般性. 因为只要做一个简单的线性变换,令 $x-x_0=y$,级数 $\sum\limits_{n=0}^{\infty} a_n(x-x_0)^n$ 就可以变成级数 $\sum\limits_{n=0}^{\infty} a_n x^n$,反之亦真.

显然,任意幂级数 $\sum\limits_{n=0}^{\infty} a_n x^n$ 在 0 点都收敛.

关于幂级数 $\sum\limits_{n=0}^{\infty} a_n x^n$ 的收敛有下面的定理.

定理 7-10(阿贝尔第一定理) 对于幂级数 $\sum\limits_{n=0}^{\infty} a_n x^n$

(i) 若在 $x_0 \neq 0$ 收敛,则幂级数 $\sum\limits_{n=0}^{\infty} a_n x^n$ 在 $\forall x: |x| < |x_0|$ 都绝对收敛;

(ii) 若在 x_1 发散,则幂级数 $\sum\limits_{n=0}^{\infty} a_n x^n$ 在 $\forall x: |x| > |x_1|$ 都发散.

定理 7-11 对幂级数 $\sum\limits_{n=0}^{\infty} a_n x^n$,若 $\lim\limits_{x\to\infty} \dfrac{a_{n+1}}{a_n} = l$(或 $\lim\limits_{x\to\infty} \sqrt[n]{|a_n|} = l$),则幂级数的收敛半径

$$R = \begin{cases} \dfrac{1}{l}, & 0 < l < +\infty \\ +\infty, & l = 0 \\ 0, & l = +\infty. \end{cases}$$

例 1 求幂级数 $\sum\limits_{n=1}^{\infty} \dfrac{x^n}{n}$ 的收敛半径,并讨论收敛区间.

解 已知 $a_n = \dfrac{1}{n}$,$a_{n+1} = \dfrac{1}{n+1} = 1$.

$$l = \lim\limits_{x\to\infty} \frac{\dfrac{1}{n+1}}{\dfrac{1}{n}} = \lim\limits_{x\to\infty} \frac{n}{n+1} = 1,$$

于是,收敛半径 $r = 1$.

分别讨论幂级数在区间 $(-1,1)$ 端点的敛散性.

(i) 当 $x = 1$ 时,级数 $\sum\limits_{n=1}^{\infty} \dfrac{x^n}{n}$ 变成调和级数 $\sum\limits_{n=1}^{\infty} \dfrac{1}{n}$,所以发散;

(ii) 当 $x = -1$ 时,级数 $\sum\limits_{n=1}^{\infty} \dfrac{x^n}{n}$ 变成交错级数 $\sum\limits_{n=1}^{\infty} (-1)^n \dfrac{1}{n}$,所以级数条件收敛. 于是,幂级数 $\sum\limits_{n=1}^{\infty} \dfrac{x^n}{n}$ 的收敛区间是 $[-1,1)$.

下面讨论幂级数的一致收敛性.

定义 7-7 设函数级数 $\sum\limits_{n=1}^{\infty} u_n(x)$ 在区间 I 收敛于和函数 $S(x)$,若 $\forall \varepsilon > 0$,$\exists N \in \mathbf{N}^+$,

$\forall n > N, \forall x \in I,$ 有

$$| S(x) - S_n(x) | = | R_n(x) | < \varepsilon,$$

则称函数级数 $| S(x) - S_n(x) | = | R_n(x) | < \varepsilon$ 在区间 I 一致收敛或一致收敛于和函数 $S(x)$.

由此可见,函数级数 $\sum\limits_{n=1}^{\infty} u_n(x)$ 一致收敛,等价于函数列 $\{S_n(x)\}$ 一致收敛,也等价于 $R_n(x)$ 一致收敛于 0.

定理 7-12(阿贝尔第二定理) 若幂级数 $\sum\limits_{n=0}^{\infty} a_n x^n$ 的收敛半径 $r > 0$,则它在任意闭区间 $[-a, a] \subset (-r, r)$ 上都一致收敛(简称内闭一致收敛).

证 即 $|x| \leqslant a (0 < a < r)$,有

$$| a_n x^n | \leqslant | a_n | a^n.$$

已知级数 $\sum\limits_{n=0}^{\infty} | a_n | a^n$ 收敛,根据比较判别法,幂级数 $\sum\limits_{n=0}^{\infty} | a_n | x^n$ 在闭区间 $[-a, a]$ 一致收敛.

由此可见,虽然幂级数在其收敛区间不一定一致收敛,但是它在收敛区间的任意闭区间内都一致收敛.

2. 幂级数的解析性质

性质 1 若幂级数 $\sum\limits_{n=0}^{\infty} | a_n | x^n$ 的收敛半径 $r > 0$,则它的和函数 $S(x)$ 在其收敛区间 $(-r, r)$ 内连续.

性质 2 若幂级数 $\sum\limits_{n=0}^{\infty} | a_n | x^n$ 的收敛半径 $r > 0$,则它的和函数 $S(x)$ 在其收敛区间 $(-r, r)$ 内的任一闭区间 $[a, b]$ 上可积,且可逐项积分,即

$$\int_a^b S(x) \mathrm{d}x = \sum_{n=0}^{\infty} \int_a^b a_n x^n \mathrm{d}x$$

性质 3 若幂级数 $\sum\limits_{n=0}^{\infty} a_n x^n$ 的收敛半径 $r > 0$,则它的和函数 $S(x)$ 在其收敛区间 $(-r, r)$ 内可导,且可逐项微分,即

$$S'(x) = \sum_{n=0}^{\infty} (a_n x^n)' = \sum_{n=0}^{\infty} \frac{a_n}{n+1} x^{n+1}$$

推论 幂级数 $\sum\limits_{n=0}^{\infty} a_n x^n$ 的和函数是 $S(x)$,在其收敛区间 $(-r, r)$ 内存在任意阶导数,且

$$S''(x) = \left(\sum_{n=1}^{\infty} a n_n x^{n-1} \right)' = \sum_{n=1}^{\infty} (a n_n x^{n-1})' = \sum_{n=2}^{\infty} n(n-1) a_n x^{n-2}, \quad x \in (-r, r),$$

$$S'''(x) = \sum_{n=2}^{\infty} [n(n-1) a_n x^{n-2}]' = \sum_{n=3}^{\infty} [n(n-1)(n-2) a_n x^{n-3}, \quad x \in (-r, r).$$

一般情形

$$S^{(k)}(x) = \sum_{n=k}^{\infty} n(n-1)(n-2)\cdots(n-k+1)a_n x^{n-k}, \quad x \in (-r, r).$$

性质 4 幂级数 $\sum_{n=0}^{\infty} a_n x^n$ 的收敛域是以原点为心的区间(可能是开区间、闭区间或半开半闭区间,特殊情况可能退化为原点.)

例 2 求幂级数 $\sum_{n=1}^{\infty} \dfrac{x^n}{n}$ 在收敛区间 $(-1,1)$ 内的和函数.

解 设幂级数的和函数是 $f(x)$,即

$$f(x) = \sum_{n=1}^{\infty} \frac{x^n}{n}, \quad x \in (-1,1),$$

根据性质 2,幂级数在区间 $(-1,1)$ 内可逐项微分,于是

$$f'(x) = \left(\sum_{n=1}^{\infty} \frac{x^n}{n} \right)' = \sum_{n=1}^{\infty} \left(\frac{x^n}{n} \right)' = \sum_{n=1}^{\infty} x^{n-1} = \frac{1}{1-x}, \quad x \in (-1,1),$$

对上式两边积分 $\displaystyle\int_0^x f'(t)\mathrm{d}t = \int_0^x \frac{1}{1-t}\mathrm{d}t$,$x \in (-1,1)$,得

$$f(x) - f(0) = -\ln(1-t) \,\big|_0^x = -\ln(1-0),$$

又因 $f(0) = 0$,所以

$$f(x) = -\ln(1-x), \quad x \in (-1,1).$$

7.2.2 函数的幂级数展开

我们已经讨论了幂级数的收敛域及其和函数的解析性质.现在必须研究函数具备什么条件时才可展成幂级数?如果可展成幂级数,又怎样计算幂级数各项的系数,这些问题的解决将为函数的近似计算提供理论基础.

1. 泰勒级数

首先讨论假设函数 $f(x)$ 能展成幂级数,那么幂级数的系数与函数 $f(x)$ 有什么关系?我们在 4.3 节专门学习了泰勒公式,所以有下面的定理.

定理 7-13 若函数 $f(x)$ 在区间 $(a-\delta, a+\delta)$ 能展成幂级数,即有

$$f(x) = \sum_{n=0}^{\infty} a_n (x-a)^n,$$

则函数 $f(x)$ 在区间 $(a-\delta, a+\delta)$ 存在任意阶导数,且 $a_k = \dfrac{f^{(k)}(a)}{k!}$,$k = 0,1,2,\cdots$.

证 根据幂级数的解析性质,函数 $f(x)$ 在区间 $(a-\delta, a+\delta)$ 存在任意阶导数,且 $\forall k = 0,1,2,\cdots$,有

$$f^{(k)}(x) = \sum_{n=k}^{\infty} n(n-1)\cdots(n-k+1)a_n (x-a)^{n-k}$$

$$= k!\,a_k + (k+1)k\cdots 2 a_{k+1}(x-a) + \cdots,$$

令 $x = a$,$f^{(k)}(a) = k!\,a_k$,即

$$a_k = \frac{f^{(k)}(a)}{k!}.$$

定理 7-13 指出,若函数 $f(x)$ 在 a 的邻域能展成幂级数,则 $f(x)$ 在此邻域存在任意阶导数,并且幂级数的系数 a_k 由函数 $f(x)$ 的阶导数在 a 的值唯一确定,即

$$a_k = \frac{f^{(k)}(a)}{k!}.$$

2. 初等函数的幂级数展开

下面给出几个常用的初等函数的幂级数展开式.

例 3 函数 $\sin x$ 与 $\cos x$ 的幂级数展开式.

解 已知 $(\sin x)^{(n)} = \sin\left(x + n \cdot \frac{\pi}{2}\right)$,$n = 1, 2, \cdots$,于是,对一切 $x \in (-\infty, +\infty)$,有

$$|(\sin x)^{(n)}| = \left|\sin\left(x + n \cdot \frac{\pi}{2}\right)\right| \leqslant 1, \quad n = 1, 2, \cdots, x \in (-\infty, +\infty).$$

根据定理 7-13,函数 $\sin x$ 在 $(-\infty, +\infty)$ 内可展成幂级数,又因

$$f(0) = 0, \quad f'(0) = 1, \quad f''(0) = 0, \quad f'''(0) = -1, \cdots,$$

所以

$$\sin x = \sum_{n=0}^{\infty} (-1)^n \frac{x^{2n+1}}{(2n+1)!} = x - \frac{x^3}{3!} + \cdots + (-1)^n \frac{x^{2n+1}}{(2n+1)!} + \cdots, \quad x \in \mathbf{R}.$$

同样的方法,可把函数 $\cos x$ 在 $\mathbf{R}$ 上展成幂级数

$$\cos x = \sum_{n=0}^{\infty} (-1)^n \frac{x^{2n}}{(2n)!} = 1 - \frac{x^2}{2!} + \cdots + (-1)^n \frac{x^{2n}}{(2n)!} + \cdots, \quad x \in \mathbf{R}.$$

例 4 函数 e^x 的幂级数展开式.

解 因为 $(e^x)^{(n)} = e^x$,所以对任何正数 r,都有

$$|(e^x)^{(n)}| = |e^x| \leqslant e^r, \quad x \in (-r, r),$$

e^x 在区间 $(-r, r)$ 内有任意阶导数,根据定理 7-13,函数 e^x 在区间 $(-r, r)$ 内可展成幂级数,又因 $e^0 = 1$,于是有

$$e^x = \sum_{n=0}^{\infty} \frac{x^n}{n!} = 1 + \frac{x}{1!} + \frac{x^2}{2!} + \cdots + \frac{x^n}{n!} + \cdots, \quad x \in \mathbf{R}$$

特别是,当 $x = 1$ 时,有

$$e = \sum_{n=0}^{\infty} \frac{1}{n!} = 1 + \frac{1}{1!} + \frac{1}{2!} + \cdots + \frac{1}{n!} + \cdots$$

例 5 函数 $\arcsin x$ 的幂级数展开式.

解 已知 $(\arcsin x)' = \frac{1}{\sqrt{1-x^2}} = (1 + x^2)^{-\frac{1}{2}}$,由二项式展开公式,有

$$\frac{1}{\sqrt{1-x^2}} = 1 + \frac{1}{2}x^2 + \cdots + \frac{(2n-1)!!}{(2n)!!}x^{2n} + \cdots \quad |x| < 1,$$

$\forall x \in (-1, 1)$,从 0 到 x 逐项积分,有

$$\int_0^x \frac{\mathrm{d}t}{\sqrt{1-t^2}} = \int_0^x \mathrm{d}t + \frac{1}{2}\int_0^x t^2 \mathrm{d}t + \cdots + \frac{(2n-1)!!}{(2n)!!}\int_0^x t^{2n} \mathrm{d}t + \cdots$$

即 $\arcsin x = x + \dfrac{1}{2 \cdot 3}x^3 + \cdots + \dfrac{(2n-1)!!}{(2n)!!}x^{2n+1} + \cdots \quad |x| < 1.$

用同样的方法,可把函数 $\arctan x$ 在区间 $[-1,1]$ 展成幂级数,

$$\arctan x = x - \frac{1}{3}x^3 + \cdots + (-1)^n \frac{1}{2n+1}x^{2n+1} + \cdots \quad |x| < 1.$$

7.3 傅里叶级数

傅里叶级数是一种特殊的三角级数.法国数学家傅里叶发现:任何周期函数都可以用正弦函数和余弦函数构成的无穷级数来表示.他在研究偏微分方程定解问题时,发现用三角级数的叠加,可以获得特定的解析解.中国数学家程民德先生(1917—1998)最早系统地研究了多元三角级数与多元傅里叶级数.他首先证明了多元三角级数的唯一性定理,并揭示了多元傅里叶级数的里斯-博赫纳球形平均的许多特性.

傅里叶级数在数学物理以及工程中都具有重要的应用,特别是数字信号处理过程中,傅里叶级数和傅里叶变换、z 变换和拉普拉斯变换等都是数字信号处理需要的核心技术.

7.3.1 傅里叶级数的性质

傅里叶级数最初应用是三角级数,并没有获得当时数学家们的认可.欧拉于 1729 年解行星问题时,也得出了这方面的一些结果,所以,开始对傅里叶级数的性质展开了一系列研究,到 1829 年狄里克雷第一次论证了傅里叶级数收敛的充分条件.

1. 三角级数族的由来

正弦函数是一种常见而简单的函数,例如描述简谐振动运动学特征的函数 $y = A\sin(\omega t + \varphi)$ 就是一个以 $\dfrac{2\pi}{\omega}$ 为周期的正弦函数.其中 y 表示动点的位移,t 表示时间,A 为振幅,ω 为角频率,φ 为初相.

在实际问题中,除了正弦函数外,还会遇到非正弦函数,它们反映了较为复杂的周期运动.例如电子技术中常用周期为锯齿波,如图 7-1 所示.

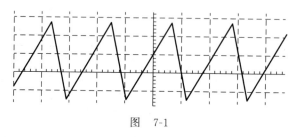

图 7-1

对于类似的问题,法国数学家傅里叶发现,任何周期函数都可以用正弦函数和余弦函数构成的无穷级数来表示.后来数学家发现,正弦函数族或余弦函数族是正交的"基函数",所以,称傅里叶级数为一种特殊的三角级数.

具体地说将周期为 $T\left(=\dfrac{2\pi}{\omega}\right)$ 的周期函数用一系列以 T 为周期的正弦函数 $A_n\sin(n\omega t+\varphi_n)$ 组成的级数来表示，记为

$$f(t)=A_0+\sum_{n=1}^{\infty}A_n\sin(n\omega t+\varphi_n),\tag{7-7}$$

其中 $A_0,A_n,\varphi_n(n=1,2,3,\cdots)$ 都是常数．将正弦函数按三角公式变形得

$$A_n\sin(n\omega t+\varphi_n)=A_n\sin\varphi_n\cos n\omega t+A_n\cos\varphi_n\sin n\omega t$$

令 $\dfrac{a_0}{2}=A_0$，$a_n=A_n\sin\varphi_n$，$b_n=A_n\cos\varphi_n$，$\omega t=x$，则式（7-7）右端的级数就可以写成

$$\frac{a_0}{2}+\sum_{n=1}^{\infty}(a_n\cos nx+b_n\sin nx)\tag{7-8}$$

形如式（7-8）的级数叫三角级数，其中 $a_0,a_n,b_n(n=1,2,3,\cdots)$ 都是常数．

2．三角函数族的正交性

如同讨论幂级数时一样，我们必须讨论三角级数（7-8）的收敛问题，以及给定周期为 2π 的周期函数如何把它展开成三角级数（7-8），为此我们首先介绍三角函数族的正交性．

三角函数族

$$1,\cos x,\sin x,\cos 2x,\sin 2x,\cdots,\cos nx,\sin nx,\cdots\tag{7-9}$$

在区间 $[-\pi,\pi]$ 上正交，就是指在三角函数族（7-9）中任何不同的两个函数的乘积在区间 $[-\pi,\pi]$ 上的积分等于零，即

$$\int_{-\pi}^{\pi}\cos nx\,\mathrm{d}x=0(n=1,2,\cdots)$$

$$\int_{-\pi}^{\pi}\sin nx\,\mathrm{d}x=0(n=1,2,\cdots)$$

$$\int_{-\pi}^{\pi}\sin kx\cos nx\,\mathrm{d}x=0(k,n=1,2,\cdots;k\neq n)$$

$$\int_{-\pi}^{\pi}\cos kx\cos nx\,\mathrm{d}x=0(k,n=1,2,\cdots;k\neq n)$$

$$\int_{-\pi}^{\pi}\sin kx\sin nx\,\mathrm{d}x=0(k,n=1,2,\cdots;k\neq n)$$

以上等式都可以通过计算定积分来验证．现举一例，将 $\int_{-\pi}^{\pi}\cos kx\cos nx=0(k,n=1,2,\cdots;k\neq n)$ 验证如下．

利用高中数学三角函数中积化和差的公式，有

$$\cos kx\cos nx=\frac{1}{2}\big[\cos(k+n)x+\cos(k-n)x\big],$$

做定积分．当 $k\neq n$ 时，有

$$\int_{-\pi}^{\pi}\cos kx\cos nx\,\mathrm{d}x=\frac{1}{2}\int_{-\pi}^{\pi}\big[\cos(k+n)x+\cos(k-n)x\big]\mathrm{d}x$$

$$=\frac{1}{2}\left[\frac{\sin(k+n)x}{k+n}+\frac{\sin(k-n)x}{k-n}\right]_{-\pi}^{\pi}=0\quad(k,n=1,2,\cdots,k\neq n).$$

当 $n=k$ 时，有

$$\int_{-l}^{l} \cos \frac{k\pi x}{l} \cdot \cos \frac{n\pi x}{l} \mathrm{d}x \overset{(n=k)}{=\!=\!=} \int_{-l}^{l} \cos^2 \frac{k\pi x}{l} \mathrm{d}x = \int_{-l}^{l} \frac{1 + \cos 2\frac{k\pi x}{l}}{2} \mathrm{d}x$$

$$= \int_{-l}^{l} \frac{1}{2} \mathrm{d}x + \int_{-l}^{l} \frac{\cos 2\frac{k\pi x}{l}}{2} \mathrm{d}x$$

$$= \frac{1}{2}x \Big|_{-l}^{l} + \int_{-l}^{l} \frac{l}{4k\pi} \cos 2\frac{k\pi x}{l} \mathrm{d}\left(2\frac{k\pi x}{l}\right)$$

$$= 1 + \frac{l}{4k\pi} \sin^2 \frac{k\pi x}{l} \Big|_{-l}^{l} = 1$$

其余读者自行验算.

3. 以 2π 为周期的函数的傅里叶级数

若以 2π 为周期,将函数 $f(x)$ 展为三角函数,即得

$$f(x) = \frac{a_0}{2} + \sum_{k=1}^{\infty} (a_k \cos kx + b_k \sin kx) \tag{7-10}$$

利用三角函数族(7-9)的正交关系,我们很容易求出系数 $a_0, a_k, b_k, \cdots$.

对式(7-10)从 $-\pi$ 到 π(或 0 到 2π)逐项积分得

$$\int_{-\pi}^{\pi} f(x) \mathrm{d}x = \int_{-\pi}^{\pi} \frac{a_0}{2} \mathrm{d}x + \sum_{k=1}^{\infty} \left[a_k \int_{-\pi}^{\pi} \cos kx \, \mathrm{d}x + b_k \int_{-\pi}^{\pi} \sin kx \, \mathrm{d}x \right],$$

根据三角函数(7-9)的正交性,等式右边各项中除第一项,其余都为零,所以

$$\int_{-\pi}^{\pi} f(x) \mathrm{d}x = \frac{a_0}{2} \cdot 2\pi,$$

于是首先得到

$$a_0 = \frac{1}{\pi} \int_{-\pi}^{\pi} f(x) \mathrm{d}x$$

其次求 a_n. 用 $\cos nx$ 乘式(7-10)两端,再从 $-\pi$ 到 π 逐项积分,$\int_{-\pi}^{\pi} f(x) \cos nx \, \mathrm{d}x =$
$\frac{a_0}{2} \int_{-\pi}^{\pi} \cos nx \, \mathrm{d}x + \sum_{k=1}^{\infty} \left[a_k \int_{-\pi}^{\pi} \cos kx \cos nx \, \mathrm{d}x + b_k \int_{-\pi}^{\pi} \sin kx \sin nx \, \mathrm{d}x \right]$,根据三角函数族(7-9)
的正交性,等式右端除了系数为 a_n 的那一项外,其余各项均为零,所以有

$$\int_{-\pi}^{\pi} f(x) \cos nx \, \mathrm{d}x = a_n \int_{-\pi}^{\pi} \cos^2 nx \, \mathrm{d}x = a_n \pi.$$

于是得

$$a_n = \frac{1}{\pi} \int_{-\pi}^{\pi} f(x) \cos nx \, \mathrm{d}x \quad (n = 1, 2, \cdots).$$

类似地,用 $\sin nx$ 乘式(7-10)的两端,再从 $-\pi$ 到 π 逐项积分,可得

$$b_n = \frac{1}{\pi} \int_{-\pi}^{\pi} f(x) \sin nx \, \mathrm{d}x \quad (n = 1, 2, \cdots).$$

由于当 $n = 0$ 时,a_n 的表达式正好为 a_0,因此,将三个结果合并写成

$$\begin{cases} a_n = \dfrac{1}{\pi} \displaystyle\int_{-\pi}^{\pi} f(x) \cos nx \, \mathrm{d}x \, (n = 0, 1, 2, \cdots) \\ b_n = \dfrac{1}{\pi} \displaystyle\int_{-\pi}^{\pi} f(x) \sin nx \, \mathrm{d}x \, (n = 1, 2, \cdots) \end{cases} \tag{7-11}$$

如果式(7-11)中的积分都存在,这时它们的系数 $a_0, a_n, b_n, \cdots$ 叫做函数 $f(x)$ 的傅里叶系数,将这些系数代入式(7-10)右端,所得的三角级数

$$\frac{a_0}{2} + \sum_{n=1}^{\infty} (a_n \cos nx + b_n \sin nx) \tag{7-12}$$

叫做函数 $f(x)$ 的傅里叶级数,记作

$$f(x) \sim \frac{a_0}{2} + \sum_{n=1}^{\infty} (a_n \cos nx + b_n \sin nx) \tag{7-13}$$

式(7-13)之所以不用等号,是因为还没有证明式(7-12)是否收敛于 $f(x)$. 现在的问题: $f(x)$ 需满足怎样的条件,它的傅里叶级数(7-12)收敛,且收敛于 $f(x)$? 换句话说,$f(x)$ 满足什么条件才能展开成傅里叶级数(7-13)? 下面我们叙述一个收敛定理(不加证明),它给出了关于上述问题的一个重要结论.

4. 傅里叶级数收敛定理

定理 7-14 若以 2π 为周期的函数 $f(x)$ 在 $[-\pi, \pi]$ 上按段光滑,则在每一点 $x \in [-\pi, \pi]$,$f(x)$ 的傅里叶级数(7-12)收敛于 $f(x)$ 在点 x 的左、右极限的算术平均值,即

$$\frac{a_0}{2} + \sum_{n=1}^{\infty} (a_n \cos nx + b_n \sin nx) = \frac{f(x+0) + f(x-0)}{2},$$

其中 a_n, b_n 为 $f(x)$ 的傅里叶系数.

定义 7-8 设 $f(x)$ 在 $(-\pi, \pi]$ 上有定义,函数

$$\hat{f} = \begin{cases} f(x), & x \in (-\pi, \pi] \\ f(x - 2k\pi), & x \in (2k\pi - \pi, 2k\pi + \pi], k = \pm 1, \pm 2, \cdots \end{cases}$$

称 $f(x)$ 为周期 2π 的周期延拓.

例 1 设 $f(x)$ 是以 2π 为周期的周期函数,它在 $[-\pi, \pi]$ 上的表达式为

$$f(x) = \begin{cases} -1, & -\pi \leqslant x < 0, \\ 1, & 0 \leqslant x < \pi, \end{cases}$$

将 $f(x)$ 展开成傅里叶级数.

解 函数的图形如图 7-2 所示.

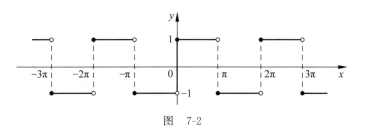

图 7-2

函数仅在 $x = k\pi (k = 0, \pm 2, \cdots)$ 处是跳跃间断,满足收敛定理 7-14 的条件,所以,$f(x)$ 的傅里叶级数收敛,并且当 $x = k\pi$ 时,级数收敛于 $\frac{-1+1}{2} = \frac{1+(-1)}{2} = 0$.

当 $x \neq k\pi$ 时,级数收敛于 $f(x)$.

计算傅里叶系数如下:

$$a_n = \frac{1}{\pi}\int_{-\pi}^{\pi} f(x)\cos nx\,dx = \frac{1}{\pi}\int_{-\pi}^{0}(-1)\cos nx\,dx + \frac{1}{\pi}\int_{0}^{\pi} 1\cdot\cos nx\,dx = 0,$$

$$b_n = \frac{1}{\pi}\int_{-\pi}^{\pi} f(x)\sin nx\,dx = \frac{1}{\pi}\int_{-\pi}^{0}(-1)\sin nx\,dx + \frac{1}{\pi}\int_{0}^{\pi} 1\cdot\sin nx\,dx$$

$$= \frac{1}{\pi}\left[+\frac{\cos n\pi}{n}\right]_{-\pi}^{0} + \frac{1}{\pi}\left[-\frac{\cos n\pi}{n}\right]_{0}^{\pi} = \frac{2}{n\pi}[1-(-1)^n],$$

$f(x)$ 的傅里叶级数展开式为

$$f(x) = \sum_{n=1}^{\infty}\frac{2}{n\pi}[1-(-1)^n]\cdot\sin nx$$

$$= \frac{4}{\pi}\left[\sin x + \frac{1}{3}\sin 3x + \cdots + \frac{1}{2k-1}\sin(2k-1)x + \cdots\right]$$

$$(-\infty < x < +\infty;\ x \neq 0, \pm\pi, \pm 2\pi, \cdots)$$

7.3.2 以 $2l$ 为周期的函数的展开式

所谓以 $2l$ 为周期的函数的展开式,实际上是广义的周期的函数.因为 l 的范围可能很大,甚至是无穷大.同时傅里叶级数可以通过变量置换,将函数的周期由 $2l$ 变换成 2π.

1. 以 $2l$ 为周期的函数的傅里叶级数

设 $f(x)$ 是以 $2l$ 为周期的函数,作替换 $x = \frac{lt}{\pi}$,则 $F(t) = f\left(\frac{lt}{\pi}\right)$ 是以 2π 为周期的函数,且 $f(x)$ 在 $(-l, l)$ 上可积 $\Leftrightarrow F(t)$ 在 $(-\pi, \pi)$ 上可积.

这时函数 $F(x)$ 的傅里叶级数展开式是

$$F(t) \sim \frac{a_0}{2} + \sum_{n=1}^{\infty}(a_n\cos nt + b_n\sin nt), \tag{7-14}$$

其中

$$\begin{cases} a_n = \frac{1}{\pi}\int_{-\pi}^{\pi} F(t)\cos nt\,dt, \\ b_n = \frac{1}{\pi}\int_{-\pi}^{\pi} F(t)\sin nt\,dt. \end{cases} \tag{7-15}$$

令 $t = \frac{\pi x}{l}$,得

$$F(t) = f\left(\frac{lt}{\pi}\right) = f(x), \quad \sin nt = \sin\frac{n\pi x}{l}, \quad \cos nt = \cos\frac{n\pi x}{l}$$

从而

$$f(x) \sim \frac{a_0}{2} + \sum_{n=1}^{\infty}\left(a_n\cos\frac{n\pi x}{l} + b_n\sin\frac{n\pi x}{l}\right) \tag{7-16}$$

其中

$$\begin{cases} a_n = \frac{1}{l}\int_{-l}^{l} f(x)\cos\frac{n\pi x}{l}\,dx, \\ b_n = \frac{1}{l}\int_{-l}^{l} f(x)\sin\frac{n\pi x}{l}\,dx. \end{cases} \tag{7-17}$$

式(7-17)就是以 $2l$ 为周期的函数 $f(x)$ 的傅里叶系数. 在按段光滑的条件下,亦有

$$\frac{f(x+0)+f(x-0)}{2} = \frac{a_0}{2} + \sum_{n=1}^{\infty} \left(a_n \cos \frac{n\pi x}{l} + b_n \sin \frac{n\pi x}{l} \right). \quad (7\text{-}18)$$

例 2 把函数 $f(x) = \begin{cases} 0, & -5 \leqslant x < 0, \\ 3, & 0 \leqslant x < 5 \end{cases}$ 展开成傅里叶级数.

解 由于 $f(x)$ 在 $(-5,5)$ 上按段光滑,因此可展成傅里叶级数. 根据式(7-17)

$$a_n = \frac{1}{5} \int_{-5}^{0} 0 \cdot \cos \frac{n\pi x}{5} dx + \frac{1}{5} \int_{0}^{5} 3 \cdot \cos \frac{n\pi x}{5} dx = \frac{3}{5} \cdot \frac{5}{n\pi} \sin \frac{n\pi x}{5} \Big|_{0}^{5} = 0, \quad n = 1,2,\cdots;$$

$$a_0 = \frac{1}{5} \int_{-5}^{5} f(x) dx = \frac{1}{5} \int_{0}^{5} 3 dx = 3;$$

$$b_n = \frac{1}{5} \int_{0}^{5} 3 \cdot \sin \frac{n\pi x}{5} dx = \frac{3}{5} \left[-\frac{5}{n\pi} \cos \frac{n\pi x}{5} \right] \Big|_{0}^{5} = \frac{3(1 - \cos n\pi)}{n\pi}$$

$$= \begin{cases} \dfrac{6}{(2k-1)\pi}, & n = 2k-1, k = 1,2,\cdots, \\ 0, & n = 2k, k = 1,2,\cdots. \end{cases}$$

代入式(7-18)得

$$f(x) = \frac{3}{2} + \sum_{k=1}^{\infty} \frac{6}{(2k-1)\pi} \sin \frac{(2k-1)\pi x}{5}$$

$$= \frac{3}{2} + \frac{6}{\pi} \left(\sin \frac{\pi x}{5} + \frac{1}{3} \sin \frac{3\pi x}{5} + \frac{1}{5} \sin \frac{5\pi x}{5} + \cdots \right).$$

这里 $x \in (-5,0) \cup (0,5)$. 当 $x=0$ 和 ± 5 时级数收敛于 $\dfrac{3}{2}$.

2. 偶函数与奇函数的傅里叶级数

设 $f(x)$ 是以 $2l$ 为周期的奇函数,或是定义在 $[-l,l]$ 上的奇函数,则在 $[-l,l]$ 上,$f(x)\cos nx$ 是奇函数,$f(x)\sin nx$ 是偶函数,故由式(7-17)得

$$\begin{cases} a_n = \dfrac{1}{l} \int_{-l}^{l} f(x) \cos \dfrac{n\pi x}{l} dx = 0 & (n = 0,1,2,\cdots) \\ b_n = \dfrac{2}{l} \int_{0}^{l} f(x) \sin \dfrac{n\pi x}{l} dx & (n = 1,2,\cdots) \end{cases} \quad (7\text{-}19)$$

即知奇函数的傅里叶级数是含有正弦项的正弦级数

$$f(x) \sim \sum_{n=1}^{\infty} b_n \sin \frac{n\pi x}{l} \quad (7\text{-}20)$$

其中 b_n 如式(7-19)所示. 式(7-20)右边的级数称为正弦级数.

同理,若 $f(x)$ 是以 $2l$ 为周期的偶函数,或是定义在 $[-l,l]$ 上的偶函数,则在 $[-l,l]$ 上,$f(x)\cos nx$ 是偶函数,$f(x)\sin nx$ 是奇函数,故由式(7-17)得

$$\begin{cases} a_n = \dfrac{2}{l} \int_{0}^{l} f(x) \cos \dfrac{n\pi x}{l} dx & (n = 0,1,2,\cdots) \\ b_n = \dfrac{1}{l} \int_{-l}^{l} f(x) \sin \dfrac{n\pi x}{l} dx = 0 & (n = 1,2,\cdots) \end{cases} \quad (7\text{-}21)$$

即知偶函数的傅里叶级数是含有余弦项的余弦级数

$$f(x) \sim \frac{a_0}{2} + \sum_{n=1}^{\infty} a_n \cos \frac{n\pi x}{l}. \qquad (7\text{-}22)$$

其中 a_n 如式(7-21)所示,式(7-22)右边的级数称为余弦级数.

若 $l = \pi$,则奇函数 $f(x)$ 所展开成的正弦级数为

$$f(x) \sim \sum_{n=1}^{\infty} b_n \sin nx \qquad (7\text{-}23)$$

其中

$$b_n = \frac{2}{\pi} \int_0^{\pi} f(x) \sin nx \, dx \quad (n = 1, 2, \cdots) \qquad (7\text{-}24)$$

若 $l = \pi$,则偶函数 $f(x)$ 所展开成的余弦级数为

$$f(x) \sim \frac{a_0}{2} + \sum_{n=1}^{\infty} a_n \cos nx \qquad (7\text{-}25)$$

其中

$$a_n = \frac{2}{\pi} \int_0^{\pi} f(x) \cos nx \, dx \quad (n = 0, 1, 2, \cdots) \qquad (7\text{-}26)$$

在实际应用中,有时需把定义在 $[0, \pi]$ 上(或一般的 $[0, l]$ 上)的函数展开成正弦级数或余弦级数. 为此,先把定义在 $[0, \pi]$ 上的函数作偶式延拓或作奇式延拓到 $[-\pi, \pi]$ 上,(见图 7-3(a)或(b)).然后求延拓后函数的傅里叶级数,记得式(7-23)或式(7-25)形式.但显然可见,对于定义在 $[0, \pi]$ 上的函数,将它展开成正弦级数或余弦级数时,可以不必作延拓而直接由式(7-24)或式(7-26)计算出它的傅里叶系数.

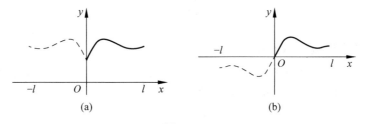

图 7-3

(a) 偶式延拓;(b) 奇式延拓

例 3 将函数 $f(x) = \frac{\pi}{2} - x$ 在 $[0, \pi]$ 上展开成余弦级数.

解 函数 $f(x) = \frac{\pi}{2} - x$,$x \in [0, \pi]$ 作偶延拓后的函数如图 7-4 所示.

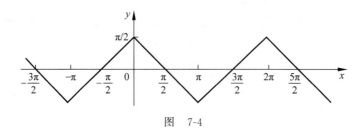

图 7-4

由于 $f(x)$ 按段光滑,所以可展开为傅里叶级数,又 $f(x)$ 是偶函数,故其展开式为余弦级数.

由系数公式得

$$a_0 = \frac{2}{\pi}\int_0^\pi \left(\frac{\pi}{2} - x\right) \mathrm{d}x = \left(\frac{\pi}{2}x - \frac{1}{2}x^2\right)\Big|_0^n = 0$$

当 $n \geq 1$ 时,

$$a_n = \frac{2}{n}\int_0^\pi \left(\frac{\pi}{2} - x\right)\cos nx\, \mathrm{d}x = \frac{2}{n\pi}\left(\frac{\pi}{2} - x\right)\sin nx \Big|_0^\pi + \frac{2}{n\pi}\int_0^\pi \sin nx\, \mathrm{d}x$$

$$= -\frac{2}{n^2\pi}\cos nx \Big|_0^\pi = \begin{cases} \dfrac{4}{n^2\pi}, & n = 2k-1, \\ 0, & n = 2k. \end{cases}$$

所以, $b_n = 0$. 故

$$f(x) = \frac{\pi}{2} - x = \frac{4}{\pi}\sum_{n=1}^\infty \frac{1}{(2n-1)^2}\cos(2n-1)x, \quad x \in [0,\pi].$$

小结与复习

一、主要内容

1. 数项级数

2. 幂级数

3. 傅里叶级数

二、主要结论与方法

1. 数项级数收敛与发散的概念

2. 交错级数及其收敛判别法

3. 绝对收敛与条件收敛及其性质

4. 幂级数的性质

5. 泰勒级数展开方法

6. 初等函数的幂级数展开方法

7. 傅里叶级数的性质

8. 三角级数及三角函数族的正交性

9. 函数的傅里叶级数方法

三、基本要求

1. 理解级数收敛与发散的概念

2. 掌握交错级数及其收敛判别法

3. 理解幂级数的性质

4. 掌握初等函数的幂级数展开方法

5. 理解傅里叶级数

6. 掌握以 2π 为周期的函数的傅里叶级数方法

数学家简介 法国数学家：傅里叶

傅里叶（Baron Jean Baptiste Joseph Fourier，1768—1830），法国著名数学家、物理学家，傅里叶生于法国中部一个裁缝家庭，9 岁时双亲便不幸亡故，成为孤儿，被交给教会抚养。由于法国当时处在特殊的历史时期，教会秉持不养闲人的观点，教主便把傅里叶送往镇上的地方军校，傅里叶在军校读书时表现出对数学的特殊爱好。1795 年，巴黎综合工科大学成立，该校建立的初衷是教授学生学好数学原理，以便更出色地完成火炮发射，所以校长认为，数学太重要了，如果不算清楚炮弹轨迹，怎么打得准呢？招进了一大批有数学特长的人任教，于是傅里叶便成为巴黎综合工科大学的助教。1798 年，傅里叶随拿破仑军队远征埃及，由于军功出色，受到拿破仑的器重，回国后被任命为格伦

诺布尔省省长。1817 年当选为科学院院士，1822 年任该院终身秘书，后又任法兰西学院终身秘书和理工科大学校务委员会主席。

傅里叶主要贡献是在研究热的传播时创立了一套以三角函数为基函数的数学理论，即傅里叶变换。傅里叶推导出著名的热传导方程之后，在求解该方程时发现，其解函数可以由三角函数构成的级数形式表示，从而提出任一函数都可以展成三角函数的无穷级数。于是，傅里叶级数（即三角级数）、傅里叶分析等理论均由此创始。但是，傅里叶变换的数学理论建立却不是一帆风顺的。傅里叶早在 1807 年就写成关于热传导的基本论文《热的传播》，向巴黎科学院呈交，但经拉格朗日、拉普拉斯和勒让德等数学大师审阅后被科学院拒绝，1811 年傅里叶又提交了经修改的论文，该文虽然获得了科学院大奖，但是却未能够正式发表。

现代数学理论证明，以傅里叶名字命名的傅里叶变换是一种特殊的积分变换。它能将满足一定条件的某个函数表示成正弦基函数的线性组合或者积分。在不同的研究领域，傅里叶变换具有多种不同的变体形式，比如，连续傅里叶变换和离散傅里叶变换；在线性的物理系统内，频率是个不变的性质，从而系统对于复杂激励的响应可以通过组合其对不同频率正弦信号的响应来获取。傅里叶变换在物理学、数论、组合数学、信号处理、概率、统计、密码学、声学、光学等领域都有着广泛的应用。离散形式的傅里叶变换可以利用数字计算机快速地算出，其算法称为快速傅里叶变换算法（FFT）。

思考与练习

一、思考题

1. 数列、级数和函数三者的区别与联系是什么？

2. （级数）收敛的概念与发散的概念的数学意义是什么？

3. 级数的绝对收敛与其条件收敛的区别是什么？

4. 幂级数与泰勒级数的区别与联系是什么？

5. 傅里叶级数的本质特征是什么？

6. 三角函数族的正交性的本质属性是什么？

7. 为什么一般函数在一定条件下都可以表达为傅里叶级数形式？

二、作业必做题

（一）数项级数

1. 证明级数 $\sum\limits_{n=1}^{\infty} \dfrac{1}{n(n+1)} = \dfrac{1}{1 \times 2} + \dfrac{1}{2 \times 3} + \cdots + \dfrac{1}{n(n+1)} + \cdots$ 收敛，并求其和.

2. 证明级数 $\sum\limits_{n=1}^{\infty} nr^{n-1} = 1 + 2r + 3r^2 + \cdots + nr^{n-1} + \cdots$，$|r| < $ 收敛，并求其和.

3. 判定级数 $\sum\limits_{n=1}^{\infty} n \ln \dfrac{n}{n+1}$ 的敛散性.

4. 证明级数 $\sum\limits_{n=1}^{\infty} \dfrac{a_n}{10^n}$ 收敛，其中 a_n 取 $1, 2, 3, \cdots, 9$ 中的某一个.

5. 判别下列正项级数的敛散性.

(1) $\sum\limits_{n=1}^{\infty} \dfrac{n}{(\ln n)^n}$；(2) $\sum\limits_{n=1}^{\infty} \dfrac{x^n}{n^n}$ $(x > 0)$；(3) $\sum\limits_{n=1}^{\infty} \dfrac{2^n}{3^{\ln n}}$.

6. 判别下列正项级数的敛散性.

(1) $\sum\limits_{n=1}^{\infty} \dfrac{n}{2^{n-1}}$；(2) $\sum\limits_{n=1}^{\infty} \dfrac{n!}{n^n}$；(3) $\sum\limits_{n=1}^{\infty} \dfrac{5^n}{n^5}$；(4) $\sum\limits_{n=1}^{\infty} nx^{n-1}$ $(x > 0)$.

7. 讨论 $\sum\limits_{n=2}^{\infty} \dfrac{1}{n \ln^q n}$ 的敛散性，其中 $q > 0$.

8. 讨论级数 $\sum\limits_{n=1}^{\infty} (-1)^n \dfrac{n}{3^n}$ 的敛散性.

9. 讨论下列变号级数的绝对收敛性.

(1) $\sum\limits_{n=1}^{\infty} \dfrac{(-1)^{\frac{n(n+1)}{2}}}{2^n}$；(2) $\sum\limits_{n=1}^{\infty} \dfrac{\sin n \frac{\pi}{4}}{n^2}$；(3) $\sum\limits_{n=1}^{\infty} \dfrac{(-1)^n}{\sqrt{n}}$.

10. 判别下列级数绝对收敛与条件收敛：

(1) $\sum\limits_{n=1}^{\infty} (-1)^n \dfrac{n+2}{n+1} \dfrac{1}{\sqrt[3]{n}}$；(2) $\sum\limits_{n=1}^{\infty} \dfrac{\sin nx}{n^p}$，$p$ 是整数，且 $p > 0, 0 < x < \pi$.

（二）幂级数

11. 求幂级数 $\sum\limits_{n=1}^{\infty} n^n x^n$ 的收敛半径及收敛域.

12. 求幂级数 $\sum\limits_{n=1}^{\infty} \dfrac{2}{n^2} (x-1)^n$ 的收敛半径，并讨论收敛区间.

13. 求幂级数 $\sum\limits_{n=1}^{\infty} n^2 x^n$ 的和函数.

14. 函数 $\ln(1+x)$ 的幂级数展开式.

15. 函数 $(1+x)^a$（a 为任意常数）的幂级数展开式.

（三）傅里叶级数

16. 设 $f(x)$ 是周期为 2π 的周期函数，它在 $[-\pi,\pi]$ 上的表达式为

$$f(x)=\begin{cases} x, & -\pi\leqslant x<0 \\ 0, & 0\leqslant x<\pi \end{cases}$$

将其展开成傅里叶级数，如图 7-5 所示.

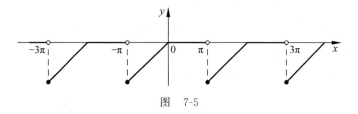

图　7-5

17. 如图 7-6 所示，将函数 $f(x)=\begin{cases} -x, & -\pi\leqslant x<0 \\ x, & 0\leqslant x\leqslant\pi \end{cases}$ 展开成傅里叶级数.

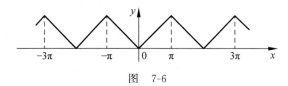

图　7-6

18. 已知 $f(x)=x^2$ $(0\leqslant x<2\pi)$，

(1) 设 $f(x)$ 的周期为 2π，将 $f(x)$ 展开为傅里叶级数；

(2) 证明 $\displaystyle\sum_{n=1}^{\infty}\frac{1}{n^2}=\frac{\pi^2}{6}$，$\displaystyle\sum_{n=1}^{\infty}\frac{(-1)^{n-1}}{n^2}=\frac{\pi^2}{12}$.

19. 设函数 $f(x)=|\cos x|$（周期 π），如图 7-7 所示，求 f 的傅里叶级数展开式.

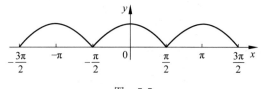

图　7-7

20. 如图 7-8 所示，求函数 $f(x)=\begin{cases} x, & 0\leqslant x\leqslant1 \\ 1, & 1<x<2 \\ 3-x, & 2\leqslant x\leqslant3 \end{cases}$ 的傅里叶级数并讨论其收敛性.

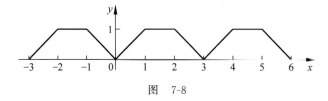

图　7-8

第8章

常微分方程

我们已经学习了一元函数的导数、微分和积分,能够解决一些初等数学难以解决的计算、极限过程和运动结果,但是,在许多实际问题中,会遇到复杂的运动过程. 表达过程规律的函数往往不能直接得到. 但是根据问题所给的条件,有时可以引出含有要找的函数及其导数(或微分)的关系式,这样的关系式就是所谓微分方程.

未知函数是一元函数的微分方程称作**常微分方程**,未知数是多元函数的微分方程称作**偏微分方程**,本书只讨论常微分方程. 微分方程建立后,对它进行求解,找出未知函数,这就是解微分方程. 本章主要介绍常微分方程的一些基本概念和几种常用的微分方程的解法.

8.1 微分方程的基本概念

我们首先通过几何、力学和电学中的几个具体例子来阐明微分方程的基本概念.

8.1.1 具体实例

例1 已知曲线上任一点处的切线斜率等于该点横坐标的两倍,求曲线方程.

解 根据导数的几何意义,我们知道所求曲线应满足方程

$$\frac{\mathrm{d}y}{\mathrm{d}x} = 2x, \tag{8-1}$$

将方程两边积分,得 $y = \int 2x \, \mathrm{d}x$,即 $y = x^2 + C$,其中 C 是任意常数.

例2 质量为 m 的物体只受重力的作用而自由降落,试建立物体所经过的路程 s 与时间 t 的关系,如图 8-1 所示.

解 把物体降落的铅垂线取作 s 轴,其指向朝下(朝向地心),设物体在时刻 t 的位置为 $s = s(t)$,物体受重力 $F = mg$ 的作用而自由下落,因自由下落物体是按加速下落的,加速度 $a = \dfrac{\mathrm{d}^2 x}{\mathrm{d}t^2}$.

由牛顿第二定律 $F = ma$,得物体在下落过程中满足的关系式为

$$m \frac{\mathrm{d}^2 s}{\mathrm{d}t^2} = mg,$$

图 8-1

或

$$\frac{\mathrm{d}^2 s}{\mathrm{d}t^2} = g ,$$ (8-2)

积分一次得 $\frac{\mathrm{d}s}{\mathrm{d}t} = gt + C_1$；再积分一次，有 $s = \frac{1}{2}gt^2 + C_1 t + C_2$；其中 C_1、C_2 是两个任意常数．

例 3　如图 8-2 所示，是由电阻 R，电感 L 串联成的闭合电路，简称 R-L 闭合电路，其中电动势为 $E(R,L,E$ 均称为常数)，当电动势为 E 的电源接入电路时，电路中有电流急剧通过，求电流 $i(t)$ 的变化规律．

解　由电学知，电阻 R 上的电压降为 iR，电感 L 上的电压降为 $L\frac{\mathrm{d}i}{\mathrm{d}t}$；由基尔霍夫第二定律：回路总电压降等于回路中的电动势．于是得关系式

$$L\frac{\mathrm{d}i}{\mathrm{d}t} + Ri = E ,$$ (8-3)

这就是 R-L 串联闭合电路中电流 $i(t)$ 随时间 t 变化所遵循的规律．

例 4　电容器充、放电问题．如图 8-3 所示，表示充放电电路，实际问题中一般只知外加电压 E，电容、电压和电路中电流均不知道．

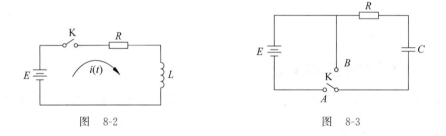

图　8-2　　　　　　　　　　图　8-3

第一步：当开关 K 接上 A 时，电容器开始充电，求充电时电容器 C 上电压 $u_C(t)$ 的变化规律．

根据基尔霍夫定律，有：电阻上电压＋电容器上电压＝外加电压．即

$$u_R + u_C = E .$$

因 $u_R = iR$，$i = \frac{\mathrm{d}Q}{\mathrm{d}t}$，而 $Q = Cu_C$，故得

$$RC\frac{\mathrm{d}u_C}{\mathrm{d}t} + u_C = E \quad (R,C,E \text{ 为常数}),$$ (8-4)

式(8-4)为联系未知函数 $u_C(t)$ 及其导数 $\frac{\mathrm{d}u_C}{\mathrm{d}t}$ 的关系式．

第二步：当开关倒向 B 时，电容器开始放电，求放电时电容器 C 上电压 $u_C(t)$ 的变化规律．电容器放电，电压 u_C 逐渐变低直到变为零，故由基尔霍夫定律有 $Ri + u_C = 0$，即

$$RC\frac{\mathrm{d}u_C}{\mathrm{d}t} + u_C = 0 .$$ (8-5)

上述四个例子中的方程(8-1)～方程(8-5)都是微分方程．

8.1.2　微分方程的概念

定义 8-1　一般地,凡表示未知函数与未知函数的导数(或微分)以及自变量之间的关系的方程,叫做**微分方程**.

微分方程中所出现的未知函数的最高阶导数的阶数,叫做微分方程的**阶**. 如方程(8-1)、方程(8-3)~方程(8-5)都是**一阶微分方程**;方程(8-2)是**二阶微分方程**.

如果把某个函数以及它的导数代入微分方程,能使该方程成为恒等式,这个函数就叫做该微分方程的**解**. 或者说,满足微分方程的函数叫做该微分方程的**解**.

在例 1 中,$y = x^2 + C$ 是微分方程 $\dfrac{\mathrm{d}y}{\mathrm{d}x} = 2x$ 的解;

在例 2 中,$s = \dfrac{1}{2}gt^2 + C_1 t + C_2$ 是微分方程 $\dfrac{\mathrm{d}^2 s}{\mathrm{d}t^2} = g$ 的解.

这两个解中包含的任意常数的个数,分别与对应的微分方程的阶数相同. 我们把具有这个性质的解,叫做微分方程的**通解**.

根据具体问题的需要,有时需确定通解中的任意常数.

设微分方程的未知函数为 $y = y(x)$,如果微分方程是一阶的,通常用来确定任意常数的条件是:$x = x_0$ 时,$y = y_0$ 或写成 $y \big|_{x=x_0} = y_0$;其中 x_0, y_0 都是给定的值.

如果微分方程是二阶的,通常用来确定任意常数的条件是:$x = x_0$ 时,$y = y_0, y' = y'_0$ 或写成 $y \big|_{x=x_0} = y_0, y' \big|_{x=x_0} = y'_0$;其中 x_0, y_0 和 y'_0 都是给定的值. 这样的条件叫做**初始条件**或**初始问题**.

确定了通解中任意常数后所得出的解叫做微分方程的**特解**.

8.2　一阶微分方程

8.2.1　一阶微分方程的一般形式

一阶微分方程是含 x, y 和 y' 的方程,它的一般形式是
$$F(x, y, y') = 0,$$

其中最简单的是 $\dfrac{\mathrm{d}y}{\mathrm{d}x} = f(x)$;改写为 $\mathrm{d}y = f(x)\mathrm{d}x$,将两边积分,得 $y = \displaystyle\int f(x)\mathrm{d}x = F(x) + C$,此为所求通解.

若要求满足条件 $y \big|_{x=x_0} = y_0$ 的特解,只要将它代入通解,定出任意常数 C 即可.

下面介绍两种类型的一阶微分方程的解法.

8.2.2　可分离变量的微分方程

在一阶微分方程
$$\frac{\mathrm{d}y}{\mathrm{d}x} = F(x, y) \tag{8-6}$$

中,如果函数 $F(x, y)$ 可分为两个函数 $f(x)$ 和 $g(y)$ 的乘积,即

$$\frac{\mathrm{d}y}{\mathrm{d}x} = f(x)g(y),\tag{8-7}$$

或

$$M_1(x)M_2(y)\mathrm{d}x + N_1(x)N_2(y)\mathrm{d}y = 0.\tag{8-8}$$

则方程(8-7)或方程(8-8)叫做**可分离变量的方程**.

方程(8-7)的右端既包含有 x，又包含有 y，不易积分，可改写成微分形式，并分离变量，得 $\dfrac{\mathrm{d}y}{g(y)} = f(x)\mathrm{d}x(g(y)\neq 0)$，将两端分别积分，便得通解

$$\int\frac{\mathrm{d}y}{g(y)} = \int f(x)\mathrm{d}x + C \quad (C\text{ 任意常数}),$$

用这种方法解微分方程，叫做**分离变量法**.

式(8-7)中若 $g(y)=0$ 有根 y_0，则 $y=y_0$（y_0 为常数）也是式(8-7)的解.

例 1 求微分方程 $\dfrac{\mathrm{d}y}{\mathrm{d}x} = -\dfrac{x}{y}$ 的通解，和满足初始条件 $y\big|_{x=0} = 1$ 的特解.

解 将原方程分离变量，成为

$$y\,\mathrm{d}y = -x\,\mathrm{d}x,$$

将两边积分，得通解

$$\frac{1}{2}y^2 = -\frac{1}{2}x^2 + C.$$

即

$$x^2 + y^2 = 2C.$$

或 $x^2+y^2=a^2$（$2C$ 写成 a^2，a 是任意常数），由初始条件 $y\big|_{x=0}=1$，代入通解得 $a^2=1$，于是所求特解为

$$x^2 + y^2 = 1.$$

通解为圆心在原点的一族同心圆，特解是该圆族中过 $(0,1)$ 点的单位圆.

例 2 求 8.1 节例 3 中 $L\dfrac{\mathrm{d}i}{\mathrm{d}t} + Ri = E$（$L,R,E$ 均为常数）的特解.

解 方程是可分离变量的，移项可得 $L\dfrac{\mathrm{d}i}{\mathrm{d}t} = E - Ri$，即

$$\frac{L}{R}\frac{\mathrm{d}i}{\dfrac{E}{R}-i} = \mathrm{d}t \quad \text{或} \quad \frac{\mathrm{d}i}{\dfrac{E}{R}-i} = \frac{R}{L}\mathrm{d}t,$$

两边积分，得 $-\ln\left|\dfrac{E}{R}-i\right| = \dfrac{R}{L}t + C_1$，或 $\ln\left|\dfrac{E}{R}-i\right| = -\left(\dfrac{R}{L}t + C_1\right)$，即

$$\left|\frac{E}{R}-i\right| = \mathrm{e}^{-\frac{R}{L}t-C_1} = \mathrm{e}^{-C_1}\,\mathrm{e}^{-\frac{R}{L}t},$$

整理得方程的通解

$$\frac{E}{R}-i = C\mathrm{e}^{-\frac{R}{L}t} \quad (C = \pm\mathrm{e}^{-C_1}).$$

将方程的初始条件 $i\big|_{t=0} = 0$ 代入通解，得 $\dfrac{E}{R} - 0 = C\mathrm{e}^{-\frac{R}{L}\cdot 0}\left(C = \dfrac{E}{R}\right)$，即 $\dfrac{E}{R} - i =$

$\dfrac{E}{R}\mathrm{e}^{-\frac{R}{L}t}$,故特解为

$$i = \frac{E}{R}\left(1 - \mathrm{e}^{-\frac{R}{L}t}\right).$$

这就是电流 i 随时间 t 的变化规律. 从这里易看出,随着 t 的逐渐增大,$\mathrm{e}^{-\frac{R}{L}t}$ 趋向于 0,这说明在电源接入电路后,电流随着 t 的增大而趋向 $\dfrac{E}{R}$.

8.2.3 一阶线性微分方程

在 8.1 节例 3 的 $R\text{-}L$ 串联电路中电流变化规律为 $L\dfrac{\mathrm{d}i}{\mathrm{d}t}+Ri=E$;若将直流电源改为交流电源,接上正弦电压 $E=\sqrt{2}E\sin\omega t$,则又得方程 $L\dfrac{\mathrm{d}i}{\mathrm{d}t}+Ri=\sqrt{2}E\sin\omega t$. 它们的特点是:方程中未知函数和未知函数的导数都是一次的,这类方程称为**一阶线性微分方程**.

定义 8-2 一阶线性微分方程的一般形式是

$$y' + P(x)y = Q(x), \tag{8-9}$$

其中 $P(x)$ 和 $Q(x)$ 都是 x 的已知连续函数,称为**一阶线性非齐次方程**;如果 $Q(x)\equiv 0$,则方程变成

$$y' + P(x)y = 0, \tag{8-10}$$

称为**一阶线性齐次方程**.

1. 求齐次方程的解

$$\frac{\mathrm{d}y}{\mathrm{d}x} + P(x)y = 0.$$

分离变量

$$\frac{\mathrm{d}y}{y} = -P(x)\mathrm{d}x,$$

将两边积分

$$\ln y = -\int P(x)\mathrm{d}x + C_1.$$

得通解

$$y = \mathrm{e}^{-\int P(x)\mathrm{d}x + C_1} = C\mathrm{e}^{-\int P(x)\mathrm{d}x} \quad (C \text{ 为任意常数}).$$

2. 求非齐次方程的通解

在 8.1 节例 4 中,我们求放电方程 $RC\dfrac{\mathrm{d}u_C}{\mathrm{d}t}+u_C=0$ 的通解是 $A\mathrm{e}^{-\frac{t}{RC}}$;求出充电方程 $RC\dfrac{\mathrm{d}u_C}{\mathrm{d}t}+u_C=E$ 的通解是 $A\mathrm{e}^{-\frac{t}{RC}}+E$. 这里,前一方程是后一方程相应的齐次方程,它们的通解相差一个常数 E,而且不难看出 E 也是非齐次方程 $RC\dfrac{\mathrm{d}u_C}{\mathrm{d}t}+u_C=E$ 的一个解,这个事实不是偶然的,一般说来有下述定理.

定理 8-1 一阶线性非齐次方程的通解,等于它的任意一个特解加上与其相应的齐次方程的通解.

证 设 y_1 是非齐次方程 $y' + P(x)y = Q(x)$ 的一个特解,即 $y_1' + P(x)y_1 = Q(x)$;又设 y_2 是对应齐次方程 $y' + P(x)y = 0$ 的一个通解,即 $y_2' + P(x)y_2 = 0$. 则对 $y = y_1 + y_2$ 有

$$y' + P(x)y = (y_1 + y_2)' + P(x)(y_1 + y_2)$$
$$= [y_1' + P(x)y_1] + [y_2' + P(x)y_2] = Q(x) + 0 = Q(x).$$

因此 $y_1 + y_2$ 为非齐次方程 $y' + P(x)y = Q(x)$ 的解,又因为 y_2 是式(8-10)的通解,它已含有一个任意常数,所以 $y_1 + y_2$ 就是该非齐次方程的通解. 就是说,非齐次方程的通解＝相应的齐次方程的通解＋非齐次方程的任一特解.

3. 常数变易法

前面已求得齐次方程 $y' + P(x)y = 0$ 的通解为

$$y = Ce^{-\int P(x)\mathrm{d}x}, \tag{8-11}$$

其中 C 为任意常数.

现在设想非齐次方程 $y' + P(x)y = Q(x)$ 也有这种形式的解,但其中 C 不是常数,而是 x 的某个函数,即

$$y = C(x)e^{-\int P(x)\mathrm{d}x}, \tag{8-12}$$

然后再确定 $C(x)$ 是怎样的函数.

为此,将式(8-12)及它的导数 $y' = C'(x)e^{-\int P(x)\mathrm{d}x} - C(x)P(x)e^{-\int P(x)\mathrm{d}x}$ 代入非齐次方程(8-9)中,得 $C'(x)e^{-\int P(x)\mathrm{d}x} - C(x)P(x)e^{-\int P(x)\mathrm{d}x} + C(x)P(x)e^{-\int P(x)\mathrm{d}x} = Q(x)$,即

$$C'(x)e^{-\int P(x)\mathrm{d}x} = Q(x) \quad \text{或} \quad C'(x) = Q(x)e^{\int P(x)\mathrm{d}x}.$$

将上式两边积分,得 $C(x) = \int Q(x)e^{-\int P(x)\mathrm{d}x}\mathrm{d}x + C_1$($C_1$ 为积分常数),代入式(8-12)有

$$y = C(x)e^{-\int P(x)\mathrm{d}x} = e^{-\int P(x)\mathrm{d}x}\left[\int Q(x)e^{\int P(x)\mathrm{d}x}\mathrm{d}x + C_1\right], \tag{8-13}$$

式(8-13)就是一阶线性非齐次方程的通解.

上述将对应齐次方程通解中任意常数 C 换为函数 $C(x)$,解非齐次方程的方法,叫做**常数变易法**.

从式(8-13)可以看出,线性方程(8-9)的通解由两项组成,其中一项 $C_1(x)e^{-\int P(x)\mathrm{d}x}$ 是对应的齐次线性方程(8-10)的通解,另一项为 $e^{-\int P(x)\mathrm{d}x}\int Q(x)e^{\int P(x)\mathrm{d}x}\mathrm{d}x$,可以验证它是方程(8-9)的一个特解(通解中令 $C_1 = 0$ 时的情况).

例 3 解方程 $\dfrac{\mathrm{d}y}{\mathrm{d}x} - \dfrac{2y}{x+1} = (x+1)^{\frac{5}{2}}$.

解 显然 $P(x) = \dfrac{-2}{x+1}$ 和 $Q(x) = (x+1)^{\frac{5}{2}}$. 先求出式(8-11)$\displaystyle\int P(x)\mathrm{d}x = -2\int \dfrac{\mathrm{d}x}{x+1} =$

$-2\ln(x+1)$ 和 $\mathrm{e}^{\int P(x)\mathrm{d}x} = \mathrm{e}^{-2\ln(x+1)} = (x+1)^{-2}$ 以及 $\mathrm{e}^{-\int P(x)\mathrm{d}x} = (x+1)^2$. 则由式(8-13)

得通解

$$y = (x+1)^2 \left[\int (x+1)^{\frac{5}{2}} (x+1)^{-2}\mathrm{d}x + C_1\right] = (x+1)^2 \left[\int (x+1)^{\frac{1}{2}}\mathrm{d}x + C_1\right]$$

$$= (x+1)^2 \left[\frac{2}{3}(x+1)^{\frac{3}{2}} + C\right] = \frac{2}{3}(x+1)^{\frac{7}{2}} + C(x+1)^2.$$

例 4 如图 8-4 所示,外加电压是正弦交流电压 $U\sin\omega t$,求开关闭合后,电容器 C 上的电压随时间的变化规律 $u_\mathrm{C}(t)$.

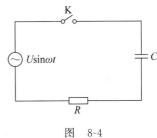

图 8-4

解 设开关合上的瞬间为 $t=0$,电容器充电(8.1 节例 4),本题归结为解初始问题:

$$\begin{cases} RC\dfrac{\mathrm{d}u_\mathrm{C}}{\mathrm{d}t} + u_\mathrm{C} = U\sin\omega t \\ u_\mathrm{C}\big|_{t=0} = 0 \end{cases}.$$

将方程改写为 $\dfrac{\mathrm{d}u_\mathrm{C}}{\mathrm{d}t} + \dfrac{u_\mathrm{C}}{RC} = \dfrac{U\sin\omega t}{RC}$ 为一阶线性方程. 对照非齐次方程,则有 $P(t) = \dfrac{1}{RC}$,

$Q(t) = \dfrac{U\sin\omega t}{RC}$;由式(8-13)得方程通解为

$$u_\mathrm{C} = \mathrm{e}^{-\int \frac{1}{RC}\mathrm{d}t}\left(A + \int \frac{U\sin\omega t}{RC}\mathrm{e}^{\int \frac{1}{RC}\mathrm{d}t}\mathrm{d}t\right)$$

$$= \mathrm{e}^{-\frac{t}{RC}}\left(A + \frac{U}{RC}\int \mathrm{e}^{\frac{t}{RC}}\sin\omega t\,\mathrm{d}t\right)$$

$$= \mathrm{e}^{-\frac{t}{RC}}\left[A + \frac{U}{1 + R^2C^2\omega^2}\mathrm{e}^{\frac{t}{RC}}(\sin\omega t - RC\omega\cos\omega t)\right]$$

再由初始条件 $u_\mathrm{C}\big|_{t=0} = 0$,得 $A = \dfrac{URC\omega}{1 + R^2C^2\omega^2}$,于是得电压随时间的变化规律为

$$u_\mathrm{C}(t) = \frac{U}{1 + R^2C^2\omega^2}\left[RC\omega\mathrm{e}^{-\frac{t}{RC}} + \sin\omega t - RC\omega\cos\omega t\right]$$

$$= \frac{U}{\sqrt{1 + R^2C^2\omega^2}}\left[\frac{RC\omega}{\sqrt{1 + R^2C^2\omega^2}}\mathrm{e}^{-\frac{t}{RC}} + \frac{\sin\omega t - RC\omega\cos\omega t}{\sqrt{1 + R^2C^2\omega^2}}\right]$$

如果令 $\tan\varphi = -RC\omega$,则 $\cos\varphi = \dfrac{1}{\sqrt{1 + R^2C^2\omega^2}}$,于是

$$u_\mathrm{C}(t) = \frac{U}{\sqrt{1 + R^2C^2\omega^2}}\left[-\mathrm{e}^{-\frac{t}{RC}}\sin\varphi + \cos\varphi\sin\omega t + \sin\varphi\cos\omega t\right]$$

$$= \frac{U}{\sqrt{1 + R^2C^2\omega^2}}\left[-\mathrm{e}^{-\frac{t}{RC}}\sin\varphi + (\sin\omega t + \varphi)\right].$$

8.2.4 一阶线性微分方程小结

现将一阶微分方程的几种类型和解法归纳列表如下(见表 8-1).

表 8-1

方 程 类 型	方 程 形 式	解　　法
	$\dfrac{\mathrm{d}y}{\mathrm{d}x}=f(x)$	直接积分
可分离变量方程	$\dfrac{\mathrm{d}y}{\mathrm{d}x}=f(x)g(y)$ $M_1(x)M_2(y)\mathrm{d}x+N_1(x)N_2(y)=0$	将不同变量分离在方程两边,再两边积分: $\displaystyle\int\dfrac{\mathrm{d}y}{g(y)}=\int f(x)\mathrm{d}x$ 一般形式为 $\displaystyle\int\dfrac{N_2(y)}{M_2(y)}\mathrm{d}y=-\int\dfrac{M_1(x)}{N_1(x)}\mathrm{d}x$
一阶线性齐次方程	$\dfrac{\mathrm{d}y}{\mathrm{d}x}+P(x)y=0$	分离变量法: $y=Ce^{-\int P(x)\mathrm{d}x}$
一阶线性非齐次方程	$y'+P(x)y=Q(x)$	常数变易法:设 $y=C(x)e^{-\int P(x)\mathrm{d}x}$, $C(x)$ 待定; $y=e^{-\int P(x)\mathrm{d}x}\left[\int Q(x)e^{\int P(x)\mathrm{d}x}\mathrm{d}x+C\right]$

8.3　二阶微分方程

我们讨论了几种一阶微分方程求解问题,但在许多实际问题中,要归结到高于一阶的微分方程,称为高阶微分方程.其中线性方程,特别是二阶常系数线性方程,是具有代表性及有广泛应用的一类.本节我们将着重讨论这类方程的解法.

8.3.1　特殊二阶微分方程

1. $y''=f(x)$ 型

比如方程 $\dfrac{\mathrm{d}^2 y}{\mathrm{d}x^2}=-g$ 即属此型,只要积分两次就可得出通解.通解中包含两个任意常数,可由初始条件确定这两个任意常数.

2. $y''=f(x,y')$ 型

这种类型方程右端不显含未知函数 y,可先把 y' 看作未知函数.作代换 $y'=P(x)$,则 $y''=P'(x)$,这样原方程 $y''=f(x,y')$ 可化为一阶方程

$$P'(x)=f(C,P(x)).$$

它是关于未知函数 $P(x)$ 的一阶微分方程,这种方法叫做**降阶法**.通过解一阶方程求出其通解为 $P=P(x,C_1)$,再由关系式 $y'=P(x)$ 即得原方程的通解为

$$y=\int P(x,C_1)\mathrm{d}t+C_2,$$

通解中含有两个任意常数.

例 1　求方程 $y''-y'=e^x$ 的通解.

解　令 $y'=P(x)$，则 $y'=\dfrac{\mathrm{d}P}{\mathrm{d}x}$，原方程化为 $\dfrac{\mathrm{d}P}{\mathrm{d}x}-P=\mathrm{e}^x$．这是一阶线性非齐次方程，由

8.2 节式(8-13)得通解

$$\frac{\mathrm{d}y}{\mathrm{d}x}=P(x)=\mathrm{e}^x(x+C_1).$$

故原方程通解为

$$y=\int\mathrm{e}^x(x+C_1)\mathrm{d}x=x\mathrm{e}^x-\mathrm{e}^x+C_1\mathrm{e}^x+C_2$$
$$=\mathrm{e}^x(x-1+C_1)+C_2.$$

3. $y''=f(y,y')$ 型

这种类型方程右端不显含自变量 x．若作代换 $y'=P(x)$，$y''=\dfrac{\mathrm{d}P}{\mathrm{d}x}$，代入原方程，则方程

中含三个变量 x、P、y 将无法求解，所以只能令 $y'=P(y)$，则

$$y''=\frac{\mathrm{d}P}{\mathrm{d}y}\frac{\mathrm{d}y}{\mathrm{d}x}=\frac{\mathrm{d}P}{\mathrm{d}y}P,$$

故原方程化为

$$P\frac{\mathrm{d}P}{\mathrm{d}y}=f(y,P).$$

这是关于未知函数 $P(y)$ 的一阶微分方程，视 y 为自变量，P 是 y 的函数，设所求出的

通解为 $P=P(y,C_1)$．则由关系式 $\dfrac{\mathrm{d}y}{\mathrm{d}x}=P$，得 $\dfrac{\mathrm{d}y}{\mathrm{d}x}=P(y,C_1)$．

用分离变量法解此方程，可得原方程的通解 $y=y(x,C_1,C_2)$．

例 2　求方程 $yy'-y'^2=0$ 的通解.

解　令 $y'=P(y)$，则 $y''=P'P$，原方程化为 $yP\dfrac{\mathrm{d}P}{\mathrm{d}y}-P^2=0$；分离变量 $\dfrac{\mathrm{d}P}{P}=\dfrac{\mathrm{d}y}{y}$，积分

得 $P=C_1y$，即 $\dfrac{\mathrm{d}y}{\mathrm{d}x}=C_1y$．再分离变量，求积分，得通解

$$y=C_2\mathrm{e}^{C_1x}.$$

8.3.2　解二阶特殊线性微分方程小结

现将二阶微分方程的几种类型和解法归纳列表如下(见表 8-2).

表 8-2

方程类型	方程形式	解　法
显含自变量 x	$y''=f(x)$	连续积分两次：$y=\int\left(\int f(x)\mathrm{d}x+C_1\right)\mathrm{d}x+C_2$
不显含未知函数 y	$y''=f(x,y')$	用 $y'=P(x)$ 和 $y''=P'(x)$ 代入原方程
不显含自变量 x	$y''=f(y,y')$	用 $y'=P(y)$ 和 $y''=P\dfrac{\mathrm{d}P}{\mathrm{d}y}$ 代入原方程

8.3.3 二阶线性非齐次微分方程的基本概念

定义 8-3 一个二阶微分方程,如果其中出现的未知函数及未知函数的一阶导数、二阶导数都是一次的,这个方程称为二阶**非齐次**线性方程.二阶**非齐次**线性方程的一般形式为

$$y'' + P_1(x)y' + P_2(x)y = Q(x), \tag{8-14}$$

其中 $P_1(x)$、$P_2(x)$、$Q(x)$ 都是 x 的已知函数.

如果 $Q(x) \equiv 0$,则方程(8-14)变为

$$y'' + P_1(x)y' + P_2(x)y = 0, \tag{8-15}$$

方程(8-15)称为二阶线性齐次方程.

特别地,若 $P_1(x)$、$P_2(x)$ 分别为常数 p、q 时,方程(8-14)、方程(8-15)为

$$y'' + py' + qy = Q(x) \tag{8-16}$$

和

$$y'' + py' + qy = 0. \tag{8-17}$$

方程(8-17)称为**二阶常系数线性齐次方程**,方程(8-16)称为**二阶常系数线性非齐次方程**.

下面讨论二阶常系数线性方程求解问题.

在一定条件下,实际的力学系统或电路系统问题的解决归结于二阶微分方程的研究.在这类微分方程中,经常遇到的是线性微分方程.如力学系统的机械振动和电路系统中的电磁振荡等.

1. 二阶常系数线性微分方程的一般形式

二阶常系数线性非齐次方程的一般形式是

$$y'' + py' + qy = Q(x) \quad (p、q \text{ 为常数}), \tag{8-18}$$

若 $Q(x) \equiv 0$,则式(8-18)成为二阶常系数齐次方程

$$y'' + py' + qy = 0 \tag{8-19}$$

我们分别讨论如下.

其一,我们首先研究二阶常系数线性齐次微分方程(8-19)的解法.先看一特例,求

$$y'' + py' = 0 \tag{8-20}$$

的通解.用降阶法易求通解的形式为

$$y = C_1 e^{-px} + C_2$$

仔细分析发现,这个通解由两部分相加而成,即 $y = C_1 y_1 + C_2 y_2$,其中 $y_1 = e^{-px}$,$y_2 = 1$ 它们都是方程(8-20)的特解.所以,通解的这种结构,对二阶常系数线性齐次方程是否具有一般性呢?下面用两个定理可回答这个问题.

2. 二阶常系数线性微分方程的解的结构

定理 8-2 如果 $y_1(x)$,$y_2(x)$ 为方程(8-19)的解,则 y_1 和 y_2 的线性组合 $y = C_1 y_1 + C_2 y_2$ 也是方程(8-19)的解.其中 C_1、C_2 是任意常数.

证 由假设得 $y_1'' + py_1' + qy_1 \equiv 0$ 和 $y_2'' + py_2' + qy_2 \equiv 0$.

将 $y = C_1 y_1 + C_2 y_2$ 代入方程(8-19)有

$$(C_1 y_1 + C_2 y_2)'' + p(C_1 y_1 + C_2 y_2)' + q(C_1 y_1 + C_2 y_2)$$
$$= C_1(y_1'' + py_1' + qy_1) + C_2(y_2'' + py_2' + qy_2) = 0.$$

证毕.

由此看出,如果 $y_1(x)$、$y_2(x)$ 是方程(8-19)的解,那么 $C_1y_1+C_2y_2$ 就是方程(8-19)含有两个任意常数的解.它是否为(8-19)的通解呢?为了解决这个问题,须引入两个函数**线性无关**的概念.

如果 $y_1(x)$ 和 $y_2(x)$ 中的任一个都不是另一个的非零常数倍,也就是说 $\dfrac{y_1(x)}{y_2(x)}$ 不恒等于非零常数,则称 $y_1(x)$ 和 $y_2(x)$ 是线性无关的.

在定理 8-2 中已知,若 y_1 和 y_2 为方程(8-19)的解,则 $C_1y_1+C_2y_2$ 也是方程(8-19)的解.但必须注意,并不是任意两个解的组合都是方程(8-19)的通解.因为若 $y_1=ky_2$(k 为任意常数),则

$$y=C_1y_1+C_2y_2=C_1ky_2+C_2y_2=(C_1k+C_2)y_2$$

这样实际上只含一个任意常数,$C=C_1k+C_2$,y 就不是二阶方程(8-19)的通解,于是我们有以下定理.

定理 8-3　如 $y_1(x)$ 和 $y_2(x)$ 是方程(8-19)的两个线性无关的解,则 $y=C_1y_1+C_2y_2$(C_1、C_2 是任意常数)是方程(8-19)的通解.(证明省略)

有了这个定理,求二阶线性方程的通解问题就转化为求它的两个线性无关的两个特解的问题.

为寻找方程(8-19)的特解,需进一步观察方程(8-19)的特点,它的左端是 y''、py' 和 qy 三项之和,而右端为 0,什么样的函数具有这个特点呢?如果它的二阶导数、一阶导数和它本身都是该函数的倍数,则有可能合并为 0,这种只能够是指数函数 e^{rx}.

3. 二阶常系数线性微分方程的一般解法

设方程(8-19)有指数形式的特解 $y=e^{rx}$(r 为特定常数),将 $y=e^{rx}$,$y'=e^{rx}$,$y''=r^2e^{rx}$ 代入方程(8-19),有 $r^2e^{rx}+pre^{rx}+qe^{rx}=0$,即 $e^{rx}(r^2+pr+q)=0$.因为 $e^{rx}\neq0$,故必有

$$r^2+pr+q=0. \tag{8-21}$$

这是一个未知数为 r 的一元二次代数方程,它有两个根

$$r_{1,2}=\frac{-p\pm\sqrt{p^2-4q}}{2}.$$

因此只要 r_1 和 r_2 分别为方程(8-21)的根,则 $y=e^{r_1x}$,$y=e^{r_2x}$ 就都是方程(8-19)的特解,代数方程(8-21)称为微分方程(8-19)的特征方程,它的根称为**特征根**.

下面就分三种情况讨论方程(8-19)的通解.

情形 1　特征方程有两个相异实根的情形.

若 $p^2-4q>0$ 时,则

$$r_1=\frac{-p+\sqrt{p^2-4q}}{2}, \quad r_2=\frac{-p-\sqrt{p^2-4q}}{2}$$

为两个不相等的实根,这时 $y_1=e^{r_1x}$ 和 $y_2=e^{r_2x}$ 就是方程(8-19)的两个特解,由于 $\dfrac{y_1}{y_2}=\dfrac{e^{r_1x}}{e^{r_2x}}=e^{(r_1-r_2)x}\neq$ 常数,所以 y_1,y_2 线性无关,故方程(8-19)的通解为

$$y = C_1 e^{r_1 x} + C_2 e^{r_2 x}.$$

例 3 求 $y'' + 3y' - 4y = 0$ 的通解.

解 特征方程为 $r^2 + 3r - 4 = 0$ $((r+4)(r-1) = 0)$,

特征根为 $r_1 = -4$, $r_2 = 1$,

故方程的通解为 $y = C_1 e^{-4x} + C_2 e^x.$

情形 2 特征方程有等根的情形.

若 $p^2 - 4q = 0$,则 $r = r_1 = r_2 = -\dfrac{p}{2}$,这时仅得到方程(8-19)的一个特解 $y_1 = e^{rx}$. 若要求得通解,还需找一个与 $y_1 = e^{rx}$ 线性无关的特解 y_2.

既然要求必须 $\dfrac{y_2}{y_1} \neq$ 常数,则可以设 $\dfrac{y_2}{y_1} = u(x)$,其中 $u(x)$ 为特定函数.

把 $y_2 = u(x)e^{rx}$ 和 $y_2' = e^{rx}[ru(x) + u'(x)]$ 以及 $y_2'' = e^{rx}[r^2 u(x) + 2ru'(x) + u'(x)]$ 代入方程(8-19)整理后得

$$e^{rx}[u''(x) + (2r+p)u'(x) + (r^2 + pr + q)u(x)] = 0.$$

因 $e^{rx} \neq 0$,且因 r 为特征方程(8-21)的重根,故 $r^2 + pr + q = 0$ 及 $2r + p = 0$,于是上式成为 $u''(x) = 0$.

即若 $u(x)$ 满足 $u''(x) = 0$,则 $y_2 = u(x)e^{rx}$ 即为方程(8-19)的另一特解.

设 $u(x) = D_1 x + D_2$(其中 D_1、D_2 是任意常数),则其是满足 $u''(x) = 0$ 的函数.

我们取最简单的 $u(x) = x$(即令 $D_1 = 1$、$D_2 = 0$),于是 $y_2 = xe^{rx}$ 且 $\dfrac{y_2}{y_1} = \dfrac{xe^{rx}}{e^{rx}} = x \neq$ 常数,故方程(8-19)的通解为

$$y = C_1 e^{rx} + C_2 x e^{rx}.$$

例 4 求方程 $\dfrac{d^2 s}{dt^2} + 2\dfrac{ds}{dt} + s = 0$ 满足初始条件:$s\big|_{t=0} = 4$,$\dfrac{ds}{dt}\big|_{t=0} = -2$ 的特解.

解 特征方程为 $r^2 + 2r + 1 = 0$;

特征根为 $r_1 = r_2 = -1$;

故方程通解为 $s = e^{-t}(C_1 + C_2 t).$

以初始条件 $s\big|_{t=0} = 4$ 代入上式定出 $C_1 = 4$,从而 $s = e^{-t}(4 + C_2 t)$. 由 $\dfrac{ds}{dt} = e^{-t}(C_2 - 4 - C_2 t)$,以 $\dfrac{ds}{dt}\big|_{t=0} = -2$ 代入,得 $-2 = C_2 - 4$,定出 $C_2 = 2$,所求特解为

$$s = e^t(4 + 2t).$$

情形 3 特征方程有共轭复根的情形.

若 $p^2 - 4q < 0$,特征方程(8-21)有两个复根:$r_1 = \alpha + i\beta$,$r_2 = \alpha - i\beta$;其中 $\alpha = -\dfrac{p}{2}$,$\beta = \dfrac{\sqrt{4q - p^2}}{2}$. 方程(8-19)有两个特解:$y_1 = e^{(\alpha + i\beta)x}$ 和 $y_2 = e^{(\alpha - i\beta)x}$. 则其通解为

$$y = C_1 e^{(\alpha + i\beta)x} + C_2 e^{(\alpha - i\beta)x},$$

这是复数形式的解,为求得实数形式的解,我们利用欧拉公式(数学分析中的泰勒公式):

$$e^{(\alpha\pm i\beta)x}=(\cos\beta x\pm\sin\beta x)e^{\alpha x}.$$

将通解形式改写成

$$y=e^{\alpha x}[(C_1+C_2)\cos\beta x+i(C_1-C_2)\sin\beta x],$$

令 $C_1+C_2=A_1$ 和 $i(C_1-C_2)=A_2$,则通解为 $y=e^{\alpha x}[A_1\cos\beta x+A_2\sin\beta x](A_1,A_2$ 为任意常数).

例 5 求 PLC 电路中自由振荡方程 $LC\dfrac{d^2i}{dt^2}+RC\dfrac{di}{dt}+i=0$ 的解 $i(t)$.

解 特征方程 $LCr^2+RCr+1=0$ 的特征根为

$$r=\frac{-RC\pm\sqrt{R^2C^2-4LC}}{2LC}=-\frac{R}{2L}\pm\sqrt{\frac{R^2}{4L^2}-\frac{1}{LC}}$$

$$=-\delta\pm\sqrt{\delta^2-\omega^2}=-\delta\pm\sqrt{\omega^2-\delta^2},$$

其中 $\delta=\dfrac{R}{2L},\omega=\dfrac{1}{\sqrt{LC}}$.

(1) 设 $R<2\sqrt{\dfrac{L}{C}}$,即 $\omega>\delta$,故有一对共轭复根:$r=-\delta\pm j\omega_0(\omega_0=\sqrt{\omega^2-\delta^2})$,故

$$i(t)=e^{-\delta t}[A_1\cos\omega_0 t+A_2\sin\omega_0 t]$$

$$=e^{-\delta t}\sqrt{A_1^2+A_2^2}\left[\frac{A_1}{\sqrt{A_1^2+A_2^2}}\cos\omega_0 t+\frac{A_2}{\sqrt{A_1^2+A_2^2}}\sin\omega_0 t\right]$$

$$=ke^{-\delta t}[\sin\phi\cos\omega_0 t+\cos\phi\sin\omega_0 t]$$

$$=ke^{-\delta t}\sin(\omega_0 t+\phi).$$

其中,$k=\sqrt{A_1^2+A_2^2}$,ϕ 为任意常数,再利用三角公式,如图 8-5 所示.可用初始条件确定,解的图形为具有衰减振幅的正弦,如图 8-6 所示.

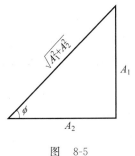

图 8-5

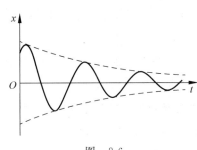

图 8-6

(2) 设 $R>2\sqrt{\dfrac{L}{C}}$,即 $\omega<\delta$,有两相异实根:$r_1=-\delta+\sqrt{\delta^2-\omega^2}$ 和 $r_2=-\delta-\sqrt{\delta^2-\omega^2}$.微分方程的通解是 $i(t)=C_1e^{r_1 t}+C_2e^{r_2 t}$.这里 r_1 和 r_2 是两个负数,所以当 t 增加时,i 趋近于零.即物体趋向平衡位置,不作振动,函数 $i(t)$ 的图形大致如图 8-7 和图 8-8 所示.

(3) 设 $R=2\sqrt{\dfrac{L}{C}}$,即 $\omega=\delta$,有两个重根,$r_1=r_2=-\delta$.它的图形与图 8-7 和图 8-8 类似,物体也不作周期性运动.

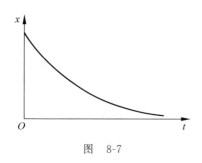

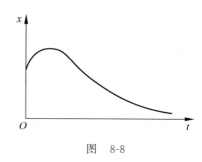

图 8-7   图 8-8

小结：归纳以上讨论,我们得到求二阶常系数线性齐次微分方程

$$y'' + py' + qy = 0$$

的通解的步骤如下.

(1) 写出方程(8-19)的特征方程 $r^2 + pr + q = 0$,并求出特征根 r_1,r_2.

(2) 按两根的不同情况,写出方程(8-19)的通解.

4. 二阶常系数线性微分方程通解小结

现将二阶常系数线性微分方程通解的形式归纳列表如下(见表 8-3).

表 8-3

特征方程 $r^2 + pr + q = 0$ 根的判别式	特征方程 $r^2 + pr + q = 0$ 根的情况	微分方程 $y'' + py' + qy = 0$ 的通解
$p^2 - 4q > 0$	有两个不同实根 $r_1 \neq r_2$	$y = C_1 e^{r_1 x} + C_2 e^{r_2 x}$
$p^2 - 4q = 0$	有两个相等的实根 $r_1 = r_2$	$y = e^{rx}(C_1 + C_2 x)$
$p^2 - 4q < 0$	有一对共轭复数根 $r_1 = \alpha + i\beta$ $r_2 = \alpha - i\beta$	$y = e^{ax}[C_1 \cos\beta x + C_2 \sin\beta x]$

*8.3.4   二阶常系数线性非齐次方程

我们在求解一阶线性微分方程时,曾讨论了一阶线性非齐次方程的通解构成,即其是由该一阶线性非齐次方程的任一特解,加上它所对应的齐次方程的通解而构成,这个性质对于二阶线性非齐次方程也是适用的.

1. 二阶常系数线性非齐次方程的解的结构

定理8-4   若 $y_1(x)$ 是二阶常系数线性非齐次方程(8-18)的一个特解,$y_2(x)$ 是对应齐次方程(8-19)的通解,则

$$Y = y_1(x) + y_2(x)$$

是非齐次方程(8-18)的通解.

证   设 $y_1(x)$ 是(8-18)的解,即 $y_1'' + py_1' + qy_1 = Q(x)$；又设 $y_2(x)$ 是(8-19)的解,即 $y_2'' + py_2' + qy_2 = 0$,则对 $Y = y_1 + y_2$ 有

$$y'' + py' + qy = (y_1 + y_2)'' + p(y_1 + y_2)' + q(y_1 + y_2)$$
$$= (y_1'' + py_1' + qy_1) + (y_2'' + py_2' + qy_2)$$
$$= Q(x) + 0 = Q(x).$$

因此 y_1+y_2 是非齐次方程(8-18)的解.

又因 y_2 是齐次方程(8-19)的通解,在其中含有两个任意常数,故 y_1+y_2 也是含有两个任意常数,所以它就是非齐次方程(8-18)的通解.

以后在求非齐次方程的特解时,还要用到下面两个结论.

定理 8-5 如果 $Y(x)=y_1(x)+\mathrm{i}y_2(x)$(其中 $\mathrm{i}=\sqrt{-1}$)是方程

$$y''+py'+qy=Q_1(x)+\mathrm{i}Q_2(x) \tag{8-22}$$

的解,则 $y_1(x)$ 与 $y_2(x)$ 分别是方程

$$y''+py'+qy=Q_1(x)$$
$$y''+py'+qy=Q_2(x)$$

的解.

证 $\mathrm{i}=\sqrt{-1}$ 是虚单位,可看作常数,故 $y=y_1+\mathrm{i}y_2$ 对 x 的一阶及二阶导数分别为 $y'=y_1'+\mathrm{i}y_2'$ 和 $y''=y_1''+\mathrm{i}y_2''$,代入方程(8-22),得

$$(y_1''+\mathrm{i}y_2'')+p(y_1'+\mathrm{i}y_2')+q(y_1+\mathrm{i}y_2)$$
$$=(y_1''+py_1'+qy_1)+\mathrm{i}(y_2''+py_2'+qy_2)$$
$$=Q_1(x)+\mathrm{i}Q_2(x).$$

因为两个复数相等是指它们的实部和虚部分别相等,所以有

$$y_1''+py_1'+qy_1=Q_1(x),$$
$$y_2''+py_2'+qy_2=Q_2(x),$$

证毕.

定理 8-6 设 $y_1(x)$ 及 $y_2(x)$ 分别是方程

$$y''+py'+qy=Q_1(x),$$
$$y''+py'+qy=Q_2(x)$$

的解,则 $y_1(x)+y_2(x)$ 是方程

$$y''+py'+qy=Q_1(x)+Q_2(x)$$

的解.

这个定理请读者自己证明.

由定理 8-4 可知,要求微分方程(8-18)的通解,只需求它的一个特解和它对应的齐次方程的通解,而求齐次方程通解的问题已解决,因此,求非齐次方程通解的问题就转化为求它的一个特解.

2. 求二阶常系数线性非齐次方程的特解

怎样求非齐次方程的一个特解呢? 显然此特解与方程(8-18)的右端函数 $Q(x)$($Q(x)$ 叫做自由项)有关,因此必须针对具体的 $Q(x)$ 做具体分析. 力学和电学问题中常见的自由项 $Q(x)$ 为多项式,指数函数和三角函数,对于这些函数,可以用待定系数法来求方程(8-18)的特解.

下面将 $Q(x)$ 常见的形式列出.

(1) $Q(x)=\phi(x)$;

(2) $Q(x)=\phi(x)\mathrm{e}^{ax}$;

(3) $Q(x)=\phi(x)\mathrm{e}^{ax}\cos\beta x$,或 $Q(x)=\phi(x)\mathrm{e}^{ax}\sin\beta x$.

其中 $\phi(x)$ 是一个多项式,α,β 是实常数. 事实上,上述三种形式可归结为下述形式,即

$$Q(x) = \phi(x)\mathrm{e}^{(\alpha+\mathrm{i}\beta)x} = \phi(x)\mathrm{e}^{\alpha x}(\cos\beta x + \mathrm{i}\sin\beta x).$$

上式中,当 $\alpha = 0, \beta = 0$ 时,即(1)的情形;当 $\beta = 0$ 时,即(2)的情形;只取它的实部或虚部即(3)的情形.因此,由定理8-4知,可以先求方程

$$y'' + py' + qy = \phi(x)\mathrm{e}^{\alpha x}(\cos\beta x + \mathrm{i}\sin\beta x)$$

的特解,然后取其实部(或虚部)即为(3)所要求的特解,因此,我们仅讨论右端具有形式 $Q(x) = \phi(x)\mathrm{e}^{\lambda x}$ 的情形(其中 λ 是复常数,$\lambda = \alpha + \mathrm{i}\beta$),则上述三情况全包含在内.

讨论如下:设方程(8-18)的右端为

$$Q(x) = \phi(x)\mathrm{e}^{\lambda x},$$

其中 $\phi(x)$ 是 m 次多项式;λ 是复常数(特殊情况下可以为 0,这时 $Q(x) = \phi(x)$).

由于方程的系数是常数,再考虑到 $Q(x)$ 的形状,可以设想方程(8-18)有形如

$$Y(x) = Q(x)\mathrm{e}^{\lambda x}$$

的解,其中 $Q(x)$ 是待定多项式.这种假定是否合适,要看能否定出多项式的次数及其系数.为此,把 $Y(x)$ 代入方程(8-18).

由 $Y'(x) = Q'(x)\mathrm{e}^{\lambda x} + \lambda Q(x)\mathrm{e}^{\lambda x}$,$Y''(x) = Q''(x)\mathrm{e}^{\lambda x} + 2\lambda Q'(x)\mathrm{e}^{\lambda x} + \lambda^2 Q(x)\mathrm{e}^{\lambda x}$,得

$$[Q''(x)\mathrm{e}^{\lambda x} + 2\lambda Q'(x)\mathrm{e}^{\lambda x} + \lambda^2 Q(x)\mathrm{e}^{\lambda x}] + p[Q'(x)\mathrm{e}^{\lambda x} + \lambda Q(x)\mathrm{e}^{\lambda x}] +$$

$$qQ(x)\mathrm{e}^{\lambda x} \equiv \phi(x)\mathrm{e}^{\lambda x},$$

即

$$Q''(x) + (2\lambda + p)Q'(x) + (\lambda^2 + p\lambda + q)Q(x) \equiv \phi(x) \tag{8-23}$$

显然,为了要使这个恒等式成立,必须要求恒等式的左端(是一多项式)的次数与 $\phi(x)$ 的次数相等且同次项的系数也相等.故用比较系数法可定出 $Q(x)$ 的系数.

其一,若 λ 不是特征方程的根,即

$$\lambda^2 + p\lambda + q \neq 0.$$

这时式(8-23)左端的次数就是 $Q(x)$ 的次数.它应和 $\phi(x)$ 的次数相同,即 $Q(x)$ 是 m 次多项式,所以特解的形式是

$$Y(x) = (A_0 x^m + A_1 x^{m-1} + \cdots + A_m)\mathrm{e}^{\lambda x} = Q(x)\mathrm{e}^{\lambda x}.$$

其中 $m+1$ 个系数 $A_0, A_1, \cdots, A_m$ 可由式(8-23)通过比较同次项系数求得.

其二,若 λ 是特征方程的单根,即

$$\lambda^2 + p\lambda + q = 0, \quad 而 \ 2\lambda + p \neq 0.$$

这时式(8-23)左端的最高次数由 $Q'(x)$ 决定,如果 $Q(x)$ 仍是 m 次多项式,则式(8-23)左端是 $m-1$ 次多项式,为了使左端是一个 m 次多项式,自然要找形状如下的特解:

$$Y(x) = x(A_0 x^m + A_1 x^{m-1} + \cdots + A_m)\mathrm{e}^{\lambda x} = xQ(x)\mathrm{e}^{\lambda}x,$$

其中 $m+1$ 个系数可由

$$[xQ(x)]'' + (2\lambda + p)[xQ(x)]' \equiv \phi(x) \tag{8-24}$$

比较同次项系数而确定.

其三,若 λ 是特征方程的二重根,即

$$\lambda^2 + p\lambda + q = 0, \quad 2\lambda + p = 0.$$

如果 $Q(x)$ 仍是 m 次多项式,则式(8-23)左端是 $m-2$ 次多项式,为使左端是一个 m 次多项式,要找形如

$$Y(x) = x^2(A_0 x^m + A_1 x^{m-1} + \cdots + A_m)\mathrm{e}^{\lambda x} = x^2 Q(x)\mathrm{e}^{\lambda}x$$

的特解,其中 $m+1$ 个系数可由方程

$$\left[x^2 Q(x)\right]'' = \phi(x)$$

比较同次项系数而确定.

因而,我们得到下面的结果:若方程 $y'' + py' + qy = f(x)$ 的右端是 $f(x) = \phi(x)\mathrm{e}^{\lambda x}$,则具有形如

$$Y(x) = x^2 Q(x)\mathrm{e}^{\lambda x}$$

的特解,其中 $Q(x)$ 是一个与 $\phi(x)$ 同次的多项式,而 k 是特征方程中含根 λ 的重数(当 λ 不是特征根时,k 取为零),这个结论对于任意阶的线性常系数方程亦是正确的.

例 1　求 $2y'' + y' + 5y = x^2 + 3x + 2$ 的一特解.(即 $\mathrm{e}^{\lambda x}$ 中 $\lambda = 0$.)

解　因为对应的齐次方程的特征根不为 0,令 $Y(x) = ax^2 + bx + c$,a、b、c 为待定系数,将 $Y' = 2ax + b$ 和 $Y'' = 2a$ 代入原方程,得

$$4a + (2ax + b) + 5(ax^2 + bx + c) = x^2 + 3x + 2$$

和

$$5ax^2 + (2a + 5b)x + (4a + b + 5c) = x^2 + 3x + 2.$$

比较系数,得联立方程,得

$$\begin{cases} 5a = 1 \\ 2a + 5b = 3 \\ 4a + b + 5c = 2 \end{cases}$$

解之,得 $a = \dfrac{1}{5}$,$b = \dfrac{13}{25}$ 和 $c = \dfrac{17}{125}$;则所求特解为

$$Y = \frac{1}{5}x^2 + \frac{13}{25}x + \frac{17}{125}.$$

例 2　求解方程 $y'' - y = 3\mathrm{e}^{2x}$.

解　特征方程 $\lambda^2 - 1 = 0$ 有两个实根 $\lambda_1 = 1$,$\lambda_2 = -1$,故对应齐次方程的通解为 $C_1\mathrm{e}^x + C_2\mathrm{e}^{-x}$,原方程的右端 $f(x) = 3\mathrm{e}^{2x}$ 的多项式部分是零次的,且 2 不是特征根,故特解的多项式部分也是零次的,设 $y = A\mathrm{e}^{2x}$,代入原方程得

$$3A\mathrm{e}^{2x} = 3\mathrm{e}^{2x}$$

于是 $A = 1$,因此求得特解为 $y = \mathrm{e}^{2x}$,从而原方程的通解为

$$y = C_1\mathrm{e}^x + C_2\mathrm{e}^{-x} + \mathrm{e}^{2x}.$$

例 3　求解方程 $y'' - y = 4x\sin x$.

解　特征方程 $\lambda^2 - 1 = 0$,其特征根为 $\lambda_1 = 1$,$\lambda_2 = -1$.所以齐次方程的通解形式为

$$y = C_1\mathrm{e}^x + C_2\mathrm{e}^{-x}.$$

原方程的右端 $f(x) = 4x\sin x$ 是 $4x\mathrm{e}^{\mathrm{i}x} = 4x(\cos x + \mathrm{i}\sin x)$ 的虚部,故求特解时可先考虑方程

$$y'' - y = 4x\mathrm{e}^{\mathrm{i}x}$$

这里 i 不是特征根,故令 $y = (Ax + B)\mathrm{e}^{\mathrm{i}x}$ 代入方程 $y'' - y = 4x\mathrm{e}^{\mathrm{i}x}$,并整理,得

$$\left[-2(Ax + B) + 2\mathrm{i}A\right]\mathrm{e}^{\mathrm{i}x} = 4x\mathrm{e}^{\mathrm{i}x}$$

消去 $\mathrm{e}^{\mathrm{i}x}$,比较系数,得

$$\begin{cases} -2A = 4 \\ -2B + 2iA = 0 \end{cases},$$

解之得 $A = -2, B = -2i$，即得 $y'' - y = 4x\,e^{ix}$ 的特解为

$$y'' = (-2x - 2i)e^{ix} = (-2x - 2i)(\cos x + i\sin x)$$
$$= -2[(x\cos x - \sin x) + i(x\sin x + \cos x)].$$

取其虚部，即得原方程的特解为

$$y = -2x\sin x - 2\cos x.$$

因此，原方程的通解为

$$y = c_1 e^x + c_2 e^{-x} + (-2x\sin x - 2\cos x).$$

3. 二阶常系数线性非齐次微分方程特解小结

现将二阶常系数线性非齐次方程的特解形式归纳列表如下（见表 8-4）.

表 8-4

自　由　项	特征方程的根	特　解　设　为
$Q(x)$ （即 $\lambda = 0$）	当 $\lambda = 0$ 不是特征方程的根时	$Q(x)$
	当 $\lambda = 0$ 是特征方程的单根时	$xQ(x)$
	当 $\lambda = 0$ 是特征方程的重根时	$x^2 Q(x)$
$e^{\lambda x}\phi(x)$ $\left(\begin{matrix}\lambda = \alpha \pm i\beta \\ \beta = 0\end{matrix}\right)$	当 λ 不是特征方程的根时	$e^{\lambda x} Q(x) = e^{zx} Q(x)$
	当 λ 是特征方程的单根时	$x e^{\lambda x} Q(x) = x e^{zx} Q(x)$
	当 λ 是特征方程的重根时	$x^2 e^{\lambda x} Q(x) = x^2 e^{zx} Q(x)$
$\lambda = \alpha \pm i\beta$ $e^{ax}\phi(x)\cos\beta x$ 或 $e^{ax}\phi(x)\sin\beta x$	当 $\lambda = \alpha \pm i\beta$ 不是特征方程的根时	$e^{\lambda x} Q(x)$
	当 $\lambda = \alpha \pm i\beta$ 是特征方程的根时	$x e^{\lambda x} Q(x)$

小结与复习

一、主要内容

1. 微分方程的概念

2. 一阶线性可分离变量的微分方程

3. 一阶非齐次方程的通解

4. 特殊二阶微分方程

5. 二阶常系数线性非齐次微分方程通解

二、主要结论与方法

1. 一阶线性齐次（可分变量、特殊）和非齐次微分方程求解方法

2. 二阶常系数线性齐次微分方程通解结构及求解方法

3. 二阶常系数线性非齐次方程特解方法

4. 二阶常系数线性非齐次微分方程通解结构及求解方法

三、基本要求

1. 理解微分方程的概念、理解"线性"的含义

2. 掌握一阶线性齐次(可分变量、特殊)和非齐次微分方程求解方法

3. 理解特殊二阶微分方程的类型

4. 掌握二阶常系数线性齐次微分方程通解方法

5. 掌握二阶常系数线性非齐次方程特解方法

6. 理解二阶常系数线性非齐次微分方程通解结构及其理论依据

7. 掌握求二阶常系数线性非齐次微分方程通解的方法

数学家简介　中国晚清数学家：李善兰

李善兰(1811—1882)，原名李心兰，字竟芳，号秋纫，别号壬叔。浙江海宁人，是中国近代著名的数学家、天文学家、力学家和植物学家，创立了二次平方根的幂级数展开式，研究各种三角函数、反三角函数和对数函数的幂级数展开式，即现称"自然数幂求和公式"，是 19 世纪中国数学界最重大的成就。

李善兰出生的时候，中国还是一个独立的封建国家。他天资聪颖，又勤奋好学，只要是他读过的书，过目即能成诵。9 岁时，李善兰发现父亲的书架上有一本中国古代数学名著《九章算术》。读后感到十分新奇有趣，从此迷上了数学。13 岁时，他开始学习古代的诗歌创作；14 岁时，又靠自学读懂了欧几里得《几何原本》前六卷。李善兰在《九章算术》的基础上，又吸取了《几何原本》的新思想，这使他的数学造诣日趋精深。15 岁以后，李善兰作为州县的生员，到省府杭州参加乡试的时候，买回了李冶的《测圆海镜》和戴震的《勾股割圆记》，他仔细研读这两本书，使他的数学水平有了很大的提高。

李善兰在数学研究方面的成就，主要有尖锥术、垛积术和素数论三项。尖锥术理论主要见于《方圆阐幽》《弧矢启秘》《对数探源》三种著作，成书年代约为 1845 年，当时解析几何与微积分学尚未传入中国。李善兰创立的"尖锥"概念，是一种处理代数问题的几何模型，他对"尖锥曲线"的描述实质上相当于给出了直线、抛物线、立方抛物线等方程。

李善兰创造的"尖锥求积术"相当于幂函数的定积分公式和逐项积分法则。他用"分离元数法"独立地得出了二项平方根的幂级数展开式，结合"尖锥求积术"，得到了 π 的无穷级数表达式、各种三角函数和反三角函数的展开式以及对数函数的展开式。

李善兰从研究中国传统的垛积问题入手，获得了一些相当于现代组合数学中的成果。在使用微积分方法处理数学问题方面取得了创造性的成就，《垛积比类》的垛积术理论是有关高阶等差级数的著作。例如，"三角垛有积求高开方廉隅表"和"乘方垛各廉表"实质上就是组合数学中著名的第一种斯特林数和欧拉数。驰名中外的"李善兰恒等式"。

李善兰的数学成就自 20 世纪 30 年代以来，受到国际数学界的普遍关注和赞赏。《垛积比类》是早期组合论的杰作；素数论主要见于《考数根法》，发表于 1872 年，这是中国素数论方面最早的著作。在判别一个自然数是否为素数时，李善兰证明了著名的费马素数定理，并指出了它的逆定理不真。

1868 年，李善兰被荐任北京同文馆天文算学总教习，直至 1882 年逝世，从事数学教育十余年，其间审定了《同文馆算学课艺》《同文馆珠算金踌针》等数学教材，培养了一大批数

学人才,是中国近代数学教育的鼻祖。继梅文鼎之后,李善兰成为清代数学史上的又一杰出代表。他一生翻译西方科技书籍甚多,将近代科学最主要的几门知识从天文学到植物细胞学的最新成果介绍传入中国,对促进近代科学的发展做出卓越贡献。

思考与练习

一、思考题

1. 导数、微分和微分方程三者的区别与联系是什么?

2. 什么是齐次微分方程,什么是非齐次微分方程?

3. 二阶微分方程有哪些特殊类型?

4. 二阶常系数线性齐次微分方程通解有哪三种情形? 每一种情形对应的数学意义是什么?

5. 为什么二阶常系数线性非齐次方程特解是与其非齐次项对应的?

6. 归纳求解二阶常系数线性非齐次方程特解的基本方法和思路是什么?

7. 如何理解二阶常系数线性非齐次微分方程的通解结构,其通解结构反映了客观宇宙的什么类型的普遍规律?

8. 一阶微分方程的通解必定有一个待定常数,二阶微分方程的通解必定有两个待定常数? 为什么? 这些待定常数的含义是什么?

二、作业必做题

1. 求方程 $(1+y^2)\mathrm{d}x - x(1+x^2)y\mathrm{d}y = 0$ 的通解.

2. 解方程 $y' = \dfrac{x+y}{x-y}$.

3. 如图 8-9 所示,表示已知外加电压 E 电容器的充放电电路,放电方程为

$$RC\frac{\mathrm{d}u_C}{\mathrm{d}t} + u_C = 0 \qquad (1)$$

充电方程

$$RC\frac{\mathrm{d}u_C}{\mathrm{d}t} + u_C = E \qquad (2)$$

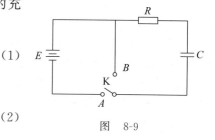

图 8-9

试用分离变量法求解这两个微分方程.

4. 求 $xy' + y = \mathrm{e}^x$ 的通解.

5. 求 $y^{(4)} - 2y''' + y'' = 0$ 的通解.

6. 求 $y'' - 3y' + 2y = x\mathrm{e}^x$ 的通解.

7. 求 $y'' + 6y' + 9y = 5\mathrm{e}^{-3x}$ 的一特解.

8. 求无阻尼自由振动微分方程 $\dfrac{\mathrm{d}^2x}{\mathrm{d}t^2} + \omega^2 x = 0$ 的通解.

9. 解微分方程组 $\begin{cases} \dfrac{\mathrm{d}y}{\mathrm{d}x} = 3y - 2z, \\[2mm] \dfrac{\mathrm{d}z}{\mathrm{d}x} = 2y - z. \end{cases}$

10. 求解方程 $y'' - y = 3\mathrm{e}^{2x} + 4x\sin x$.

第9章

多元函数微分学

在前面各章中，我们所讨论的函数都只限于一个自变量的函数，简称一元函数，但是在更多的问题中所遇到的是多个自变量的函数. 比如，矩形的面积 $S = xy$ 描述了面积 S 与长 x 和宽 y 这两个量之间的函数关系. 如果我们要研究某一物体在空间中的位置关系，需要由 x、y、z 这三个变量确定；如果进一步确定物体位置随时间变化的关系，还需要增加时间 t，即需要 x、y、z、t 四个变量. 这种两个、三个或四个自变量的函数，分别称为二元、三元或四元函数，一般统称为多元函数.

多元函数微分学包括多元函数的极限与连续、多元函数的偏导数和全微分、多元函数极值和条件极值以及多元函数的积分. 多元函数微分学主要应用于对场的描述、空间解析几何和科学研究领域. 本章主要研究二元函数微分学.

9.1　多元函数的极限与连续

我们首先讨论二元函数，在掌握了二元函数的有关理论与研究方法之后，我们可以把它推广到一般的多元函数中去.

9.1.1　二元函数的定义

二元函数就是有两个自变量的函数，现在给出二元函数的严格定义.

定义 9-1　设平面点集 $D \subset \mathbf{R}^2$，若按照某对应法则 $f(x,y)$，在 D 中每一点 $P(x,y)$ 都有唯一确定的实数 z 与之对应，则称 $f(x,y)$ 为定义在 D 上的**二元函数**（或称 $f(x,y)$ 为 D 到 $\mathbf{R}$ 的一个**映射**），记作

$$f(x) : D \to \mathbf{R},$$
$$P \to z. \tag{9-1}$$

且称 D 为 $f(x,y)$ 的**定义域**；$P \in D$ 所对应的 z 为 $f(x,y)$ 在点 P 的**函数值**，记作 $z = f(P)$ 或 $z = f(x,y)$；全体函数值的集合为 $f(x,y)$ 的**值域**，记作 $f(D) \subset \mathbf{R}$. 通常还把 P 的坐标 x 与 y 称为 $f(x,y)$ 的**自变量**，而把 z 称为**因变量**.

通常 $z = f(x,y)$ 的图像是一空间曲面，$f(x,y)$ 的定义域 D 便是该曲面在 xOy 平面上的投影.

为方便起见，由式(9-1)所确定的二元函数也记作

$$z = f(x,y), \quad (x,y) \in D,$$

或

$$z = f(P), \quad P \in D.$$

例 1 函数 $z = 2x + 5y$ 的图像是 $\mathbf{R}^3$ 中一个平面,其定义域是 $\mathbf{R}^2$,值域是 $\mathbf{R}$.

例 2 函数 $z = \sqrt{1-(x^2+y^2)}$ 的定义域是 xOy 平面上的单位圆域 $\{(x,y) \mid x^2 + y^2 \leqslant 1\}$,值域为区间 $[0,1]$,它的图像是以原点为中心的单位球面上的上半部分.

9.1.2　多元函数的概念

多元函数是一元函数的推广,因此它保留着一元函数的许多性质,但也由于自变量由一个增加到多个,产生了某些新的特性.一元函数的定义域是实数轴上的点集;二元函数的定义域是坐标平面上的点集;三元函数的定义域是空间的点集.由二元函数的定义,我们可以得出 n 元函数的概念.

定义 9-2 设 E 为 $\mathbf{R}^n$ 中的点集,若有某个对应法则 f,使 E 中每一点 $P(x_1, x_2, \cdots, x_n)$,都有唯一的一个实数 y 与之对应,则称 f 为定义在 E 上的 **n 元函数**(或称 f 为 $E \subset \mathbf{R}^n$ 到 $\mathbf{R}$ 的一个映射),记作

$$f: E \to \mathbf{R}$$
$$(x_1, x_2, \cdots, x_n) \mapsto y.$$

也常把 n 元函数简写成

$$y = f(x_1, x_2, \cdots, x_n), \quad (x_1, x_2, \cdots, x_n) \in E,$$

或

$$y = f(P), \quad P \in E.$$

对于后一种被称为"点函数"的写法,它可使多元函数与一元函数在形式上尽量保持一致,以便仿照一元函数的办法来处理多元函数中的许多问题.

9.1.3　二元函数的极限

定义 9-3 设 $f(x,y)$ 为定义在 $D \subset \mathbf{R}^2$ 上的二元函数,P_0 为 D 的一个聚点,A 是一个确定的实数.若对任给正数 ε,总存在某正数 δ,使得当 $P \in U^\circ(P_0; \delta) \bigcap D$ 时,都有

$$|f(P) - A| < \varepsilon,$$

则称 f 在 D 上当 $P \to P_0$ 时,以 A 为**极限**,记作

$$\lim_{\substack{P \to P_0 \\ P \in D}} f(P) = A, \tag{9-2}$$

当 P、P_0 分别用坐标 (x,y),(x_0,y_0) 表示时,式(9-2)也常写作

$$\lim_{(x,y) \to (x_0,y_0)} f(x,y) = A. \tag{9-2'}$$

例 3 设 $f(x,y) = \begin{cases} xy \dfrac{x^2-y^2}{x^2+y^2}, & (x,y) \neq (0,0) \\ 0, & (x,y) = (0,0) \end{cases}$,证明 $\displaystyle\lim_{(x,y) \to (0,0)} f(x,y) = 0$.

证 对函数的自变量作极坐标变换 $x = r\cos\varphi, y = r\sin\varphi$.当 $(x,y) \to (0,0)$ 时候,等价于对任何 φ 都有 $r \to 0$.由于

$$|f(x,y)-0|=\left|xy\frac{x^2-y^2}{x^2+y^2}\right|=\frac{1}{4}r^2|\sin4\varphi|\leqslant\frac{1}{4}r^2,$$

因此，对任何 $\varepsilon>0$，只需取 $\delta=2\sqrt{\varepsilon}$，当 $0<r=\sqrt{x^2+y^2}<\delta$ 时，不管 φ 取什么值都有 $|f(x,y)-0|<\varepsilon$，即

$$\lim_{(x,y)\to(0,0)}f(x,y)=0.$$

二元函数极限的四则运算法则与一元函数极限四则运算法则类似，相应定理的证法也完全相同，这里不再一一列出.

9.1.4　二元函数的连续性及其性质

定义 9-4（用"ε-δ"定义二元函数连续）　设函数 $f(x,y)$ 为定义在点集 $D\subset\mathbf{R}^2$ 上的二元函数，$P_0\in D$，若对任给的正数 ε，总存在相应的正数 δ，使得当 $P\in U(P_0;\delta)\bigcap D$ 时，都有

$$|f(P)-f(P_0)|<\varepsilon,$$

则称 $f(x,y)$ 关于集合 D 在 P_0 **点连续**，简称 $f(x,y)$ 在 P_0 **点连续**.

若函数 $f(x,y)$ 在 D 上任何点都连续，则称 $f(x,y)$ 为 D 上的**连续函数**.

例 4　讨论函数 $f(x,y)=\begin{cases}\dfrac{xy}{x^2+y^2}, & (x,y)\in\{(x,y)\mid y=mx,x\neq0\}\\[3mm]\dfrac{m}{1+m^2}, & (x,y)=(0,0)\end{cases}$ 在点 $(0,0)$ 的

连续性，其中 m 是固定实数.

解　在直线 $y=mx$ 上，有

$$\lim_{\substack{(x,y)\to(0,0)\\y=mx}}f(x,y)=\frac{m}{1+m^2}=f(0,0),$$

即 $f(x,y)$ 沿着任意直线 $y=mx$ 趋于原点 $(0,0)$，$f(x,y)$ 的极限值存在而且等于该点的函数值，因此 $f(x,y)$ 在原点沿着任意直线 $y=mx$ 是连续的.

定义 9-5（全增量）　设 $P_0(x_0,y_0)$，$P(x,y)\in D$，则称

$$\Delta z=f(x,y)-f(x_0,y_0)$$

为函数 $f(x,y)$ 在点 P_0 的**全增量**.

如果在全增量中取 $\Delta x=0$ 或 $\Delta y=0$，则称相应的函数增量为**偏增量**. 记作

$$\Delta_x f(x_0,y_0)=f(x_0+\Delta x,y_0)-f(x_0,y_0),$$
$$\Delta_y f(x_0,y_0)=f(x_0,y_0+\Delta y)-f(x_0,y_0).$$

定义 9-6（用增量定义连续性）　设函数 $f(x,y)$ 为定义在点集 $D\subset\mathbf{R}^2$ 上的二元函数，当 $P\in U(P_0;\delta)\bigcap D$ 时，都有 $\lim\limits_{(\Delta x,\Delta y)\to(0,0)}\Delta z=0$，则称 $f(x,y)$ 在 P_0 点连续.

例 5　$f(x,y)=\begin{cases}1, & 0<y<x^2,-\infty<x<+\infty\\0, & \text{其他}\end{cases}$，证明函数 $f(x,y)$ 在点 $(0,0)$ 沿任何

方向都连续，但在点 $(0,0)$ 却并不连续.

证　当 $k=0$ 时，$|f(x,kx)-f(0,0)|=|f(x,0)|=0$，$k\neq0$ 时，取 $\delta=|k|$，$|x|<\delta$ 时

$|f(x,kx)-f(0,0)|=0$. 因此函数 $f(x,y)$ 在点 $(0,0)$ 沿任何方向都连续. 但显然函数 $f(x,y)$ 在点 $(0,0)$ 极限不存在,所以不连续.

定理 9-1(复合函数连续性) 设函数 $u=\varphi(x,y)$ 和 $v=\psi(x,y)$ 在 x-y 平面上点 $P_0(x_0,y_0)$ 的某邻域内有定义,并且在点 $P_0(x_0,y_0)$ 连续;函数 $f(u,v)$ 在 u-v 平面上点 $Q_0(u_0,v_0)$ 的某邻域内有定义,并且在点 $Q_0(u_0,v_0)$ 连续,其中 $u_0=\varphi(x_0,y_0)$,$v_0=\psi(x_0,y_0)$,则复合函数 $g(x,y)=f[\varphi(x,y),\psi(x,y)]$ 在点 $P_0(x_0,y_0)$ **连续**.

证明 由函数 $f(u,v)$ 在点 $Q_0(u_0,v_0)$ 连续,对任意 $\varepsilon>0$,存在 $\eta>0$,当
$$|u-u_0|<\eta,\quad |v-v_0|<\eta$$
时,有
$$|f(u,v)-f(u_0,v_0)|<\varepsilon.$$

又由 φ,ψ 在点 $P_0(x_0,y_0)$ 连续,对上述的 $\eta>0$ 存在 $\delta>0$,当
$$|x-x_0|<\delta,\quad |y-y_0|<\delta$$
时,有
$$|u-u_0|=|\varphi(x,y)-\varphi(x_0,y_0)|<\eta,$$
$$|v-v_0|=|\psi(x,y)-\psi(x_0,y_0)|<\eta.$$

综合上述两步,当 $|x-x_0|<\delta$,$|y-y_0|<\delta$ 时,有
$$|g(x,y)-g(x_0,y_0)|=|f(u,v)-f(u_0,v_0)|<\varepsilon.$$

因此,复合函数 $g(x,y)=f[\varphi(x,y),\psi(x,y)]$ 在点 $P_0(x_0,y_0)$ 连续.

下面两个定理给出了二元连续函数的性质.

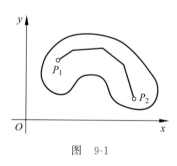

图 9-1

定理 9-2(有界性与最大、最小值定理) 若二元函数 $f(x,y)$ 在有界闭区域 $D\subset\mathbf{R}^2$ 上连续,则 $f(x,y)$ 在 D 上**有界**,且能取得**最大值**和**最小值**.

定理 9-3(介值性定理) 设二元函数 $f(x,y)$ 在区域 $D\subset\mathbf{R}^2$ 上连续,若 P_1、P_2 为 D 中任意两点,且 $f(P_1)<f(P_2)$,如图 9-1 所示,则对任何满足不等式
$$f(P_1)<\mu<f(P_2)$$
的实数 μ,必存在点 $P_0\in D$,使得 $f(P_0)=\mu$.

上述两定理证明从略.

9.2 多元函数的偏导数和全微分

求多元函数的导数和微分的法则与一元函数的相同,但是,由于自变量个数增加了,函数的变化因素增加了,所以其结果又有很大不同.

9.2.1 偏导数

多变量的函数的导数称为偏导数,意即它关于其中一个变量的导数而保持其他变量(暂时)不变,因此,偏导数就是导数. 相应地,多个维度上的微分叫做偏微分,把各个维度的微分综合起来得到的就是全微分.

1. 偏导数的定义

在研究一元函数时,引入导数是为了精确地刻画函数的变化率,对于二元函数同样需要精确地刻画变化率,这要比一元函数问题复杂得多,因为从定义域内某点(x_0,y_0)出发,自变量点(x,y)可沿不同方向变化.一般地讲,沿不同方向,函数的变化率也各不同.

研究二元函数导数的思路是:首先,固定 y 为 y_0,只让 x 变动,则二元函数 $f(x,y)$ 变为一元函数 $z=f(x,y_0)$,它对 x 的导数称为二元函数 $f(x,y)$ 对 x 的偏导数;然后,固定 x 为 x_0,让 y 变动,这时 z 是自变量为 y 的函数,求 z 关于 y 的导数.由此我们给出偏导数的定义.

定义 9-7　设 $f(x,y)$ 是一个二元函数,定义在 $\mathbf{R}^2$ 内某一个开集 D 内,点 $(x_0,y_0)\in D$.在 $f(x,y)$ 中固定 $y=y_0$,那么 $f(x,y_0)$ 是一个变元 x 的函数,如果它在点 x_0 可导,则称此导数是二元函数 $f(x,y)$ 在点 (x_0,y_0) 关于 x 的**偏导数**,记为

$$\frac{\partial f}{\partial x}(x_0,y_0)\quad 或\quad f_x(x_0,y_0)\quad 或\quad f'_x(x_0,y_0),$$

亦即

$$\frac{\partial f}{\partial x}(x_0,y_0)=\lim_{\Delta x\to 0}\frac{f(x_0+\Delta x,y_0)-f(x_0,y_0)}{\Delta x}.$$

同样,在 $f(x,y)$ 中固定 $x=x_0$,那么 $f(x_0,y)$ 是一个变元 y 的函数,如果它在点 y_0 可导,则称此导数是二元函数 $f(x,y)$ 在点 (x_0,y_0) 关于 y 的**偏导数**,记为

$$\frac{\partial f}{\partial y}(x_0,y_0)\quad 或\quad f_y(x_0,y_0)\quad 或\quad f'_y(x_0,y_0),$$

亦即

$$\frac{\partial f}{\partial y}(x_0,y_0)=\lim_{\Delta y\to 0}\frac{f(x_0,y_0+\Delta y)-f(x_0,y_0)}{\Delta y}.$$

同理,可以类似地定义 n 元函数 $f(x_1,x_2,\cdots,x_n)$ 的偏导数,记为

$\frac{\partial f}{\partial x_i}(x_{10},x_{20},\cdots,x_{n0})$、$f_{x_i}(x_{10},x_{20},\cdots,x_{n0})$ 或 $f'_{x_i}(x_{10},x_{20},\cdots,x_{n0})(1\leqslant i\leqslant n)$.

这里注意区分 $\frac{\partial f}{\partial x}(x_0,y_0)$ 和 $\frac{\partial f(x_0,y_0)}{\partial x}$ 的不同含义:$\frac{\partial f}{\partial x}(x_0,y_0)$ 是先对 $f(x,y)$ 求关于 x 的偏导数,然后再将 (x_0,y_0) 的值代入,其结果是 $\frac{\partial f(x_0,y_0)}{\partial x}$.求关于 y 的偏导数以及二阶偏导数,其含义类似.

例 1　设 $z=x\cos(xy)$.

解　将 y 固定,把它看作一个常量,让 x 变动,这时 z 是自变量为 x 的函数,将 z 关于 x 求导.习惯上,记该导数为 z_x 或 $\frac{\partial z}{\partial x}$ 或 z'_x,得到

$$z_x=\cos(xy)-xy\sin(xy).$$

同样,将 x 固定,把它看做一个常数,让 y 变动,这时 z 是自变量为 y 的函数,将 z 关于 y 求导.习惯上,记该导数为 z_y 或 $\frac{\partial z}{\partial y}$ 或 z'_y,得到

$$z_y = -x^2 \sin(xy).$$

2. 偏导数和连续性

在一元函数中,如果 $f(x)$ 在点 x_0 可导,可以断言 $f(x)$ 在点 x_0 连续,但在多元函数中,设 $f(x_1, x_2, \cdots, x_n)$ 在某点对每一个变元的偏导数都存在,却不能断定 $f(x_1, x_2, \cdots, x_n)$ 在该点连续,甚至不能断言 $f(x_1, x_2, \cdots, x_n)$ 在该点的极限存在.

例 2 如图 9-2 所示,设

$$f(x, y) = \begin{cases} 2, & x = x_0 \text{ 或 } y = y_0, \\ 1, & \text{其他}. \end{cases}$$

解 显然 $f(x, y)$ 在点 $P_0(x_0, y_0)$ 不连续,甚至极限也不存在,但 $f_x(x_0, y_0) = 0$、$f_y(x_0, y_0) = 0$,即偏导数都存在.

例 3 设函数 $f(x, y) = \begin{cases} \dfrac{xy}{x^2 + y^2}, & x^2 + y^2 \neq 0 \\ 0, & x^2 + y^2 = 0 \end{cases}$,求 $f_x(0, 0)$、$f_y(0, 0)$.

解 $f_x(0, 0) = \lim\limits_{\Delta x \to 0} \dfrac{f(\Delta x, 0) - f(0, 0)}{\Delta x} = \lim\limits_{\Delta x \to 0} \dfrac{0}{\Delta x} = 0,$

$f_y(0, 0) = \lim\limits_{\Delta y \to 0} \dfrac{f(0, \Delta y) - f(0, 0)}{\Delta y} = \lim\limits_{\Delta y \to 0} \dfrac{0}{\Delta y} = 0.$

这里,函数在点 $(0, 0)$ 偏导数存在,但在点 $(0, 0)$ 不连续,因为偏导数存在只能保证动点 (x, y) 沿平行于 x, y 轴方向趋于 (x_0, y_0) 时,函数 $f(x, y)$ 趋近于 $f(x_0, y_0)$,而不能保证动点 (x, y) 按任何方向趋于 (x_0, y_0) 时,函数 $f(x, y)$ 都趋于 $f(x_0, y_0)$.

因此,偏导数与连续关系,既非充分也非必要条件.

3. 偏导数的几何意义

在 $z = f(x, y)$ 中,固定 $y = y_0$ 时,$z = f(x, y_0)$ 就是一个变量 x 的函数. 从几何上看,它是曲面 $z = f(x, y)$ 和平面 $y = y_0$ 的交线 l,如图 9-3 所示.

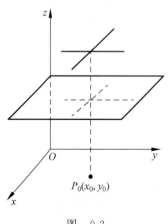

图 9-2

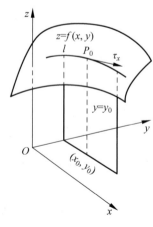

图 9-3

$$l:\begin{cases} z=f(x,y), \\ y=y_0. \end{cases}$$

交线 l 的方程可以写为下列参数方程：

$$l:\begin{cases} x=x \\ y=y_0 \\ z=f(x,y) \end{cases},$$

其中 x 是参数，于是曲线 l 在点 $P_0(x_0,y_0,z_0)(z_0=f(x_0,y_0))$ 的切向量是 τ_x

$$\tau_x=(1,0,f_x(x_0,y_0)).$$

同样，曲面 $z=f(x,y)$ 和平面 $x=x_0$ 的交线在点 P_0 的切向量是

$$\tau_y=(0,1,f_y(x_0,y_0)).$$

图 9-4 画出了曲面 $z=f(x,y)$ 在点 P_0 的两个切向量.

4. 高阶偏导数

定义 9-8　设函数 $z=f(x,y)$ 的偏导数在区域 D 内具有偏导数（其仍是 D 上的二元函数），即

$$\frac{\partial z_x}{\partial x}=f_{xx}(x,y),\quad \frac{\partial z_y}{\partial y}=f_{yy}(x,y).$$

若这两个偏导数存在，则称它们是函数 $z=f(x,y)$ 的**二阶偏导数**.

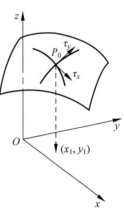

图　9-4

按对变量求偏导数的次序不同，有下列四个二阶偏导数

$$\frac{\partial}{\partial x}\left(\frac{\partial z}{\partial x}\right)=\frac{\partial^2 z}{\partial x^2}=f_{xx}(x,y),\quad \frac{\partial}{\partial y}\left(\frac{\partial z}{\partial x}\right)=\frac{\partial^2 z}{\partial x\partial y}=f_{xy}(x,y),$$

$$\frac{\partial}{\partial x}\left(\frac{\partial z}{\partial y}\right)=\frac{\partial^2 z}{\partial y\partial x}=f_{yx}(x,y),\quad \frac{\partial}{\partial y}\left(\frac{\partial z}{\partial y}\right)=\frac{\partial^2 z}{\partial y^2}=f_{yy}(x,y).$$

其中 $\dfrac{\partial^2 z}{\partial x\partial y}$、$\dfrac{\partial^2 z}{\partial y\partial x}$ 称为**混合偏导数**.

同样可引入三阶、四阶、……、n 阶偏导数，二阶以上的偏导数称为**高阶偏导数**.

例 4　求函数 $z=x^3y^3-3x^2y+xy^2+3$ 的二阶偏导数.

解　$\dfrac{\partial z}{\partial x}=3x^2y^3-6xy+y^2,\dfrac{\partial z}{\partial y}=3x^3y^2-3x^2+2xy;$

$\dfrac{\partial^2 z}{\partial x^2}=6xy^3-6y,\dfrac{\partial^2 z}{\partial y^2}=6x^3y+2x;$

$\dfrac{\partial^2 z}{\partial x\partial y}=9x^2y^2-6x+2y,\dfrac{\partial^2 z}{\partial y\partial x}=9x^2y^2-6x+2y.$

结果表明，$\dfrac{\partial^2 z}{\partial x\partial y}=\dfrac{\partial^2 z}{\partial y\partial x}$. 由此可得如下定理.

定理 9-4　如果函数 $z=f(x,y)$ 的两个二阶混合偏导数 $\dfrac{\partial^2 z}{\partial x\partial y}$ 及 $\dfrac{\partial^2 z}{\partial y\partial x}$ 在区域 D 内连续，那么在该区域内这两个二阶混合偏导数必相等. 即二阶混合偏导数在连续条件下与求

导的次序无关.

9.2.2　全微分

1. 多元函数全微分的概念

与一元函数的微分概念相仿,可以引进多元函数全微分的概念.这里仅讨论二元函数.

定义 9-9　设 D 是 $\mathbf{R}^2$ 中的一个开集,$(x_0,y_0)\in D$,$z=f(x,y)$ 是定义在 D 内的二元函数.如果 $\Delta z=f(x_0+\Delta x,y_0+\Delta y)-f(x_0,y_0)$ 可以表示为

$$\Delta z=A\Delta x+B\Delta y+o(r),$$

其中 A,B 是两个仅与点 (x_0,y_0) 有关而与 Δx、Δy 无关的常数,$r=\sqrt{\Delta x^2+\Delta y^2}$,即点 $(x_0+\Delta x,y_0+\Delta y)$ 与点 (x_0,y_0) 之间的距离,$o(r)$ 是当 $r\to 0$ 时关于 r 的高阶无穷小量,则称 $f(x,y)$ 在点 (x_0,y_0) **可微**,又称 $A\Delta x+B\Delta y$ 是函数在点 (x_0,y_0) 的**全微分**,记为

$$\mathrm{d}z=A\Delta x+B\Delta y.$$

习惯上,记 $\Delta x=\mathrm{d}x$、$\Delta y=\mathrm{d}y$,于是全微分又可写为

$$\mathrm{d}z=A\mathrm{d}x+B\mathrm{d}y.$$

从全微分的定义可知,如果函数 $f(x)$ 在点 (x_0,y_0) 可微,那么在点 (x_0,y_0) 的充分小的邻域内成立:

$$f(x_0+\Delta x,y_0+\Delta y)-f(x_0,y_0)\approx A\Delta x+B\Delta y,$$

上式右端是一个线性函数,左端的 $f(x_0,y_0)$ 是一个常数,因此可微的意义在于:在局部范围内可以将函数 $f(x,y)$ 线性化,这就是全微分的一个重要数学功能.

2. 多元函数全微分的性质

性质 1　如果 $z=f(x,y)$ 在点 (x_0,y_0) 可微,即 $\mathrm{d}z=A\mathrm{d}x+B\mathrm{d}y$,则有

$$A=\frac{\partial f(x_0,y_0)}{\partial x},\quad B=\frac{\partial f(x_0,y_0)}{\partial y}.$$

证　根据全微分的定义,如果 $f(x,y)$ 在点 (x_0,y_0) 可微,则有

$$f(x_0+\Delta x,y_0+\Delta y)-f(x_0,y_0)=A\Delta x+B\Delta y+o(r),$$

$$r=\sqrt{\Delta x^2+\Delta y^2}.$$

令 $\Delta y=0$,有

$$f(x_0+\Delta x,y_0)-f(x_0,y_0)=A\Delta x+o(\Delta x),$$

即

$$\frac{\partial f}{\partial x}(x_0,y_0)=\lim_{\Delta x\to 0}\frac{f(x_0+\Delta x)-f(x_0,y_0)}{\Delta x}=A.$$

同样,令 $\Delta x=0$,有

$$f(x_0,y_0+\Delta y)-f(x_0,y_0)=B\Delta y+o(\Delta y)$$

即

$$\frac{\partial f}{\partial y}(x_0,y_0)=\lim_{\Delta y\to 0}\frac{f(x_0,y_0+\Delta y)-f(x_0,y_0)}{\Delta y}=B.$$

证毕.

由性质 1 知道,如果函数 $f(x,y)$ 在点 (x_0,y_0) 可微,那么 $f(x,y)$ 在点 (x_0,y_0) 的全微分是

$$df(x,y) = \frac{\partial f}{\partial x}(x_0,y_0)dx + \frac{\partial f}{\partial y}(x_0,y_0)dy.$$

这样,我们将自变量的增量 Δx 与 Δy 分别记为 dx 与 dy,并分别称自变量 x 与 y 的微分,则函数 $z = f(x,y)$ 的全微分就可以写成 $dz = \frac{\partial z}{\partial x}dx + \frac{\partial z}{\partial y}dy$.

性质 2 若 $f(x,y)$ 在点 (x_0,y_0) 可微,则 $f(x,y)$ 在点 (x_0,y_0) 连续.

定理 9-5 设函数 $f(x,y)$ 的两个偏导数 $\frac{\partial f}{\partial x}$ 和 $\frac{\partial f}{\partial y}$ 在点 (x_0,y_0) 不仅存在,而且都连续,则 $f(x,y)$ 在点 (x_0,y_0) 可微.

例 5 求 $z = x e^{xy} + y$ 的全微分.

解 因为

$$\frac{\partial z}{\partial x} = e^{xy}(1 + xy) \quad \text{和} \quad \frac{\partial z}{\partial y} = x^2 e^{xy} + 1,$$

即在任何点 (x,y) 都连续,所以 $z = f(x,y)$ 在任何点 (x,y) 都可微,其全微分是

$$dz = e^{xy}(1 + xy)dx + (x^2 e^{xy} + 1)dy.$$

3. 全微分在近似计算中的应用

由定理 9-5 知,当二元函数 $z = f(x,y)$ 在点 (x,y) 处的两个偏导数 $\frac{\partial z}{\partial x}$ 和 $\frac{\partial z}{\partial y}$ 存在且连续时,有

$$\Delta z = f_x(x_0,y_0)\Delta x + f_y(x_0,y_0)\Delta y.$$

又当 $|\Delta x|$,$|\Delta y|$ 都很小时,有 $\Delta z = f(x+\Delta x, y+\Delta y) - f(x,y) \approx dz$,这样便得到两个近似公式:

$$\Delta z = f_x(x,y)\Delta x + f_y(x,y)\Delta y,$$
$$f(x+\Delta x, y+\Delta y) \approx f(x,y) + f_x(x,y)\Delta x + f_y(x,y)\Delta y.$$

应用以上两式,可以计算二元函数 $z = f(x,y)$ 的全增量 Δz 及某点处的函数值的近似值.

例 6 有一个圆柱体受压后发生了形变,半径由 20cm 增大到 20.05cm,高度由 100cm 减少到 99cm.求此圆柱体体积变化的近似值.

解 设圆柱体的半径、高和体积依次为 r、h 和 V,则有

$$V = \pi r^2 h.$$

记 r、h 和 V 的增量依次为 Δr、Δh 和 ΔV,则有

$$\Delta V \approx dV = V_r \Delta r + V_h \Delta h = 2\pi rh \Delta r + \pi r^2 \Delta h.$$

把 $r = 20$,$h = 100$,$\Delta r = 0.05$,$\Delta h = -1$ 代入上式,得

$$\Delta V \approx 2\pi \times 20 \times 100 \times 0.05 + \pi \cdot 20^2 \times (-1)\text{cm}^3 = -200\pi \text{ cm}^3.$$

因此,圆柱体的体积减少了 $200\pi \text{ cm}^3$.

9.3 多元复合函数和隐函数的导数

多元复合函数及隐函数的求导法则与一元函数的类似,多元函数复合函数的求导法则称为链式法则.

9.3.1 复合函数求导的链式法则

链式法则是微积分中的求导法则,用于求一个复合函数的导数. 比如,如果 $h(x) = f(g(x))$,则 $h'(x) = f'(g(x))g'(x)$. 链式法则用通俗的文字描述,就是由两个函数"凑起来"的复合函数,其导数等于里边函数代入外边函数的值之导数,乘以里边函数的导数.

设 $z = f(x, y)$ 为二元函数,$x = x(s)$,$y = y(s)$. 由 $f(x, y)$ 可以构成复合函数 $z = f(x(s), y(s))$.

下面我们讨论对 z、对 x 和 y 即 s 的求导.

定理 9-6(链式法则) 设 $f(x, y)$ 在点 (x_0, y_0) 可微,$x_0 = x(s_0)$,$y_0 = y(s_0)$. 而 $x(s)$,$y(s)$ 在 s_0 均可导,则当 $s = s_0$ 时,

$$z_s = z_x x_s + z_y y_s.$$

证明 考虑极限

$$\lim_{\Delta s \to 0} \frac{1}{\Delta s}[f(x(s_0 + \Delta s), y(s_0 + \Delta s)) - f(x_0, y_0)],$$

如果极限存在,则其是 $z_s|_{s=s_0}$.

由于 $f(x, y)$ 在点 (x_0, y_0) 可微,则

$$f(x_0 + \Delta x, y_0 + \Delta y) - f(x_0, y_0) = \frac{\partial f}{\partial x}(x_0, y_0)\Delta x + \frac{\partial f}{\partial y}(x_0, y_0)\Delta y + o(r),$$

其中 $r = \sqrt{\Delta x^2 + \Delta y^2}$. 现在有

$$\Delta x = x(s_0 + \Delta s) - x(s_0), \quad \Delta y = y(s_0 + \Delta s) - y(s_0),$$

所以

$$\frac{1}{\Delta s}[f(x(s_0 + \Delta s), y(s_0 + \Delta s)) - f(x(s_0), y(s_0))]$$

$$= \frac{\partial f}{\partial x}(x_0, y_0)\frac{x(s_0 + \Delta s) - x(s_0)}{\Delta s} + \frac{\partial f}{\partial y}(x_0, y_0)\frac{y(s_0 + \Delta s) - y(s_0)}{\Delta s} + \frac{o(r)}{\Delta s}$$

$$= \frac{\partial f}{\partial x}(x_0, y_0)\frac{\Delta x}{\Delta s} + \frac{\partial f}{\partial y}(x_0, y_0)\frac{\Delta y}{\Delta s} + \frac{o(r)}{\Delta s},$$

而

$$\lim_{\Delta s \to 0}\frac{o(r)}{\Delta s} = \lim_{\Delta s \to 0} o\left(\sqrt{\left(\frac{\Delta x}{\Delta s}\right)^2 + \left(\frac{\Delta y}{\Delta s}\right)^2}\right) = o(1) = 0,$$

$$\lim_{\Delta s \to 0}\frac{\Delta x}{\Delta s} = \frac{x(s_0 + \Delta s) - x(s_0)}{\Delta s} = \frac{dx}{ds}(s_0) = \frac{dx}{ds},$$

$$\lim_{\Delta s \to 0}\frac{\Delta y}{\Delta s} = \frac{y(s_0 + \Delta s) - y(s_0)}{\Delta s} = \frac{dy}{ds}(s_0) = \frac{dy}{ds}.$$

由此可得到

$$\frac{dz}{ds} = \frac{\partial z}{\partial x}\frac{dx}{ds} + \frac{\partial z}{\partial y}\frac{dy}{ds},$$

简写为

$$z_s = z_x x_s + z_y y_s.$$

同理,三元两自变量情形:$u=f(x,y,z)$可微,又设 $x=x(s,t)$,$y=y(s,t)$和 $z=z(s,t)$ 也都可偏导,且由 $f(x,y,z)$和 x,y,z 可以构成复合函数,则

$$u_s=\frac{\partial u}{\partial s}=\frac{\partial u}{\partial x}\frac{\partial x}{\partial s}+\frac{\partial u}{\partial y}\frac{\partial y}{\partial s}+\frac{\partial u}{\partial z}\frac{\partial z}{\partial s},\quad u_t=\frac{\partial u}{\partial t}=\frac{\partial u}{\partial x}\frac{\partial x}{\partial t}+\frac{\partial u}{\partial y}\frac{\partial y}{\partial t}+\frac{\partial u}{\partial z}\frac{\partial z}{\partial t};$$

简写为

$$\frac{\partial u}{\partial s}=u_s=u_x x_s+u_y y_s+u_z z_s,\qquad \frac{\partial u}{\partial t}=u_t=u_x x_t+u_y y_t+u_z z_t.$$

在对复合函数求偏导时,应防止记号混淆.

例 1 $z=z(x,y)$,$y=y(x)$,求 z 对 x 的偏导数.

解 $z_x=z_x x_x+z_y y_x=z_x(x,y)+z_y(x,y)y_x(x)$.

例 2 设 $u=f(x,y)=\begin{cases}\dfrac{|x|^\alpha y}{x^2+y^2}, & (x,y)\neq(0,0) \\ 0, & (x,y)=(0,0)\end{cases}$,(其中 $\alpha>2$),何时 $f(x,y)$ 在点 $(0,0)$连续可导?

解 容易求得 z 对 x 和 y 的偏导数为

$$\frac{\partial f(x,y)}{\partial x}=\frac{|x|^\alpha y[(\alpha-2)x^2+\alpha y^2]}{x(x^2+y^2)^2},\qquad \frac{\partial f(x,y)}{\partial y}=\frac{|x|^\alpha(x^2-y^2)}{(x^2+y^2)^2},$$

所以,

$$\frac{\partial f}{\partial x}(0,0)=0,\qquad \frac{\partial f}{\partial y}(0,0)=0.$$

当 $(x,y)\neq(0,0)$时,讨论 $\dfrac{\partial f}{\partial x}$ 和 $\dfrac{\partial f}{\partial y}$ 在点的连续性.

当 $\alpha>2$ 时,作极坐标代换 $x=r\cos\theta$,$y=r\sin\theta$,有

$$\frac{\partial f}{\partial x}(x,y)=r^{\alpha-2}\sin\theta\cos^{\alpha-1}\theta[(\alpha-2)\cos^2\theta+\alpha\sin^2\theta],$$

$$\frac{\partial f}{\partial y}(x,y)=r^{\alpha-2}\cos^\alpha\theta(\cos^2\theta-\sin^2\theta)=0,$$

得

$$|f_x|\leqslant(2_a-2)r^{a-2}\to 0,\qquad |f_y|\leqslant r^{a-2}\to 0(r\to 0^+),$$

所以,当 $\alpha>2$ 时,都在点$(0,0)$连续,从而函数 $f(x,y)$ 在点$(0,0)$可微,满足链式规则的条件.

9.3.2 隐函数及其求导的法则

隐函数有两个定理,其一是唯一性定理——隐函数在内点的某一区域上连续且存在连续的偏导数,则这个隐函数是唯一的.其二是可微性定理——隐函数自变量在某个未知点的改变量与函数改变量有关系,则这个隐函数可微.

定义 9-10(隐函数的定义) 如果方程 $f(x,y)=0$ 能确定 y 是 x 的函数,那么称这种方式表示的函数是**隐函数**.

由该定义可知,隐函数不一定能写为 $y=f(x)$的形式,而是方程形式.比如,$x^2+y^2=1$;

$z = \arcsin x + 2y^{\frac{y}{x}}$. 而方程 $y^2 + x^2 = a^2$, $z^2 = x^2 + y^2$ 分别确定了两个函数:

$$y_1 = \sqrt{a^2 + x^2}, \quad y_2 = -\sqrt{a^2 - x^2}, \quad z_1 = \sqrt{x^2 + y^2}, \quad z_2 = -\sqrt{x^2 + y^2}.$$

在这样的情况下,因变量与自变量的关系是由方程所确定的.

例3 讨论笛卡儿叶形线 $x^3 + y^3 - 3axy = 0$ 所确定的隐函数 $y = f(x)$ 的一阶、二阶导数.

解 记 $F(x, y) = x^3 + y^3 - 3axy = 0$,

$$F_x = 3x^2 - 3ay = 3(x^2 - ay),$$

$$F_y = 3y^2 - 3ax = 3(y^2 - ax),$$

F 在 $\mathbf{R}^2$ 连续,F_x 和 F_y 在 $\mathbf{R}^2$ 存在且连续,故当 $F_y \neq 0$ 即 $y^2 - ax \neq 0$ 且满足 $F(x, y) = 0$ 的点附近,方程皆能确定隐函数 $y = f(x)$. 即对 $F(x, y) = 0$ 两边求偏导数,得 $\dfrac{\partial F(x, y)}{\partial x} \mathrm{d}x + \dfrac{\partial F(x, y)}{\partial y} \mathrm{d}y = 0$,即 $F_x(x, y)\mathrm{d}x + F_y(x, y)\mathrm{d}y = 0$,所以得

$$y' = f'(x) = -\frac{F_x}{F_y} = -\frac{3(x^2 - ay)}{3(y^2 - ax)} = \frac{ay - x^2}{y^2 - ax} \quad (y^2 - ax \neq 0),$$

$$y'' = \frac{(ay' - 2x)(y^2 - ax) - (ay - x^2)(2yy' - a)}{(y^2 - ax)^2}$$

$$= \frac{1}{(y^2 - ax)^3}[(a^2 + ax^2 - 2xy^2)(y^2 - ax) - (ay - ax)(ay^2 - 2yx^2 - a^2x)]$$

$$= \frac{1}{(y^2 - ax)^3}[-2a^3xy + 2xy(3axy - x^3 - y^3)] - \frac{2a^3xy}{(y^2 - ax)^3}.$$

令 $ay - x^2 = 0$,即 $y = \dfrac{x^2}{a}$ 代入原方程得点 $A(\sqrt[3]{2}\,a, \sqrt[3]{4}\,a)$.

令 $y^2 - ax = 0$,即 $x = \dfrac{y^2}{a}$ 代入原方程得点 $B(\sqrt[3]{4}\,a, \sqrt[3]{2}\,a)$.

曲线 $y = f(x)$ 在点 A, B 分别有平行于 x 轴和 y 轴的切线.

*9.4 偏导数的应用

多元函数的偏导数是数学理论和理论物理学的重要基础性数学方法,应用于空间解析几何、矢量场分析、偏微分方程和微分几何等各个领域.

9.4.1 在空间解析几何中的应用

在空间解析几何中,我们需要对一般空间曲线求取切线和法平面、对空间曲面求取其切平面和法线,这些都必须用到多元函数的偏导数.

1. 空间曲线的切线与法平面

空间曲线 l 由可导的参数方程 $x = x(t), y = y(t), z = z(t), \alpha \leqslant t \leqslant \beta$ 给出,且 $x'(t)^2 + y'(t)^2 + z'(t)^2 \neq 0$,则根据解析几何的知识,过该空间曲线 l 的 $P_0(x_0, y_0, z_0)$ 点的"割线"

P_0P 的方程为

$$\frac{x-x_0}{\Delta x}=\frac{y-y_0}{\Delta y}=\frac{z-z_0}{\Delta z},$$

同除以 Δt 得

$$\frac{x-x_0}{\dfrac{\Delta x}{\Delta t}}=\frac{y-y_0}{\dfrac{\Delta y}{\Delta t}}=\frac{z-z_0}{\dfrac{\Delta z}{\Delta t}}.$$

令 $\Delta t\to0$(即 $P\to P_0$)取极限,得该 P_0 点**切线方程**

$$\frac{x-x_0}{x'(t_0)}=\frac{y-y_0}{y'(t_0)}=\frac{z-z_0}{z'(t_0)},$$

其中 $\boldsymbol{\tau}=\{x'(t_0),y'(t_0),z'(t_0)\}$ 即为 P_0 点的**切向量**.

由解析几何的知识,如果过空间曲线 l 的 $P_0(x_0,y_0,z_0)$ 点直线的方向向量 $\overrightarrow{PP_0}=\{x-x_0,y-y_0,z-z_0\}$ 与 P_0 点的切向量 $\boldsymbol{\tau}=\{x'(t_0),y'(t_0),z'(t_0)\}$ 正交,即 $\boldsymbol{\tau}\cdot\overrightarrow{PP_0}=0$,则可立即得过 P_0 点的法平面的方程

$$x'(t_0)(x-x_0)+y'(t_0)(y-y_0)+z'(t_0)(z-z_0)=0.$$

例 1　求曲线 $x=t$、$y=t^2$、$z=t^3$ 在点 $(1,1,1)$ 处的切线与法平面方程.

解　因为 $x'=1,y'=2t,z'=3t^2$,而点 $(1,1,1)$ 所对应参数 $t_0=1$,所以,**切向量**

$$\boldsymbol{\tau}=\{x'(t_0),y'(t_0),z'(t_0)\}=\{1,2,3\},$$

于是,其切线方程为

$$\frac{x-1}{1}=\frac{y-1}{2}=\frac{z-1}{3},$$

法平面的方程

$$(x-1)+2(y-1)+3(z-1)=0.$$

如果空间曲线 l 由方程以 $\begin{cases}F(x,y,z)=0\\G(x,y,z)=0\end{cases}$ 的形式给出,则需要根据解析几何的知识,求出过该曲线 P_0 点的切向量,即可求出其切线方程和法平面方程,其过程比较繁,有兴趣的读者可以查看相关高等数学.

2. 曲面的切平面与法线

若曲面由 $F(x,y,z)=0$ 且在 $P_0(x_0y_0z_0)$ 存在连续偏导数 $F_x(P_0)$、$F_y(P_0)$、$F_z(P_0)$,而且 $F_z(P_0)\neq0$,则由解析几何的知识,可以得出 P_0 点的切平面方程为

$$F_x(P_0)(x-x_0)+F_y(P_0)(y-y_0)+F_z(P_0)(z-z_0)=0.$$

其在 P_0 点的法线方程为

$$\frac{x-x_0}{F_x(P_0)}=\frac{y-y_0}{F_y(P_0)}=\frac{z-z_0}{F_z(P_0)},$$

其中 $\boldsymbol{n}=\{F_x(P_0),F_y(P_0),F_z(P_0)\}$ 即为 P_0 点的**法向量**.

若曲面方程是 $z=f(x,y)$,可以令 $F(x,y,z)=f(x,y)-z$,则有

$$F_x(x,y,z)=f_x(x,y),\quad F_y(x,y,z)=f_y(x,y),\quad F_z(x,y,z)=-1,$$

由此得,其**切平面方程**为

$$f_x(x_0,y_0)(x-x_0)+f_y(x_0,y_0)(y-y_0)-(z-z_0)=0,$$

法线的方程

$$\frac{x-x_0}{f_x(x_0,y_0)}=\frac{y-y_0}{f_y(x_0,y_0)}=\frac{z-z_0}{-1}.$$

例 2 求旋转抛物面 $z=x^2+y^2-1$ 在点 $(2,1,4)$ 处的切平面及线法方程.

解 $z=f(x,y)=x^2+y^2-1,\boldsymbol{n}=\{f_x,f_y,-1\}=\{2x,2y,-1\}$,所以在点 $(2,1,4)$ 处的切平面为

$$4(x-2)+2(y-1)-(z-4)=0,$$

线法方程为

$$\frac{x-2}{4}=\frac{y-1}{2}=\frac{z-4}{-1}.$$

9.4.2 方向导数

前面我们研究了偏导数 z_x 和 z_y. z_x 是固定 y,函数 $z=f(x,y)$ 沿 x 轴正方向的变化率;z_y 是固定 x,函数 $z=f(x,y)$ 沿 y 轴正方向的变化率;我们现在讨论函数 $z=f(x,y)$ 在一点 P 沿某一方向的变化率问题.

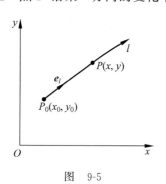

图 9-5

设 l 是 xOy 平面上以 $P_0(x_0,y_0)$ 为始点的一条射线,$\boldsymbol{e}_l=\{\cos\alpha,\cos\beta\}$ 是与射线 l 同方向的单位向量. 在 l 上任选一点 $P(x,y)$,使 $|\overrightarrow{PP_0}|=|\{x-x_0,y-y_0\}|=\sqrt{(x-x_0)^2+(y-y_0)^2}=t$,如图 9-5 所示. 由解析几何知识,射线 l 的参数方程为

$$x=x_0+t\cos\alpha,\quad y=y_0+t\cos\beta,$$

或

$$\frac{x-x_0}{\cos\alpha}=\frac{y-y_0}{\cos\beta}=t\quad(t\geqslant 0).$$

由此我们可以定义二元函数 $z=f(x,y)$ 在 l 方向上的变化率,即**方向导数**.

定义 9-11 设函数 $z=f(x,y)$ 在点 $P_0(x_0,y_0)$ 的某一邻域 $U(P_0)$ 内有定义,$P(x_0+t\cos\alpha,y_0+t\cos\beta)$ 为射线 l 上另一点,且 $P\in U(P_0)$. 如果函数增量 $f(x_0+t\cos\alpha,y_0+t\cos\beta)-f(x_0,y_0)$ 与 P 到 P_0 的距离 $|PP_0|=t$ 的比值,方程为

$$\frac{f(x_0+t\cos\alpha,y_0+t\cos\beta)-f(x_0,y_0)}{t},$$

当 P 沿着 l 趋于 P_0(即 $t\to t_0^+$)时的极限存在,则称此极限为函数 $f(x,y)$ 在点 P_0 沿方向 l 的**方向导数**,记作 $\left.\dfrac{\partial f}{\partial l}\right|_{(x_0,y_0)}$,即

$$\left.\frac{\partial f}{\partial l}\right|_{(x_0,y_0)}=\lim_{t\to 0^+}\frac{f(x_0+t\cos\alpha,y_0+t\cos\beta)-f(x_0,y_0)}{t}.$$

从方向导数的定义可知,方向导数 $\left.\dfrac{\partial f}{\partial l}\right|_{(x_0,y_0)}$ 就是函数 $f(x,y)$ 在点 $P_0(x_0,y_0)$ 处沿方向 l 的变化率.

定理 9-7 如果函数 $z = f(x, y)$ 在点 $P_0(x_0, y_0)$ 可微分,那么函数在该点沿任一方向 l 的方向导数都存在,且有

$$\frac{\partial f}{\partial l}\Big|_{(x_0, y_0)} = f_x(x_0, y_0)\cos\alpha + f_y(x_0, y_0)\cos\beta,$$

其中 $\cos\alpha, \cos\beta$ 是 l 的**方向余弦**.

证明 设 $\Delta x = t\cos\alpha, \Delta y = t\cos\beta$,由全微分知识可知

$$f(x_0 + t\cos\alpha, y_0 + t\cos\beta) - f(x_0, y_0) = f_x(x_0, y_0)t\cos\alpha + f_y(x_0, y_0)t\cos\beta + o(t).$$

所以

$$\lim_{t \to 0^+} \frac{f(x_0 + t\cos\alpha, y_0 + t\cos\beta) - f(x_0, y_0)}{t} = f_x(x_0, y_0)\cos\alpha + f_y(x_0, y_0)\cos\beta.$$

这就证明了方向导数的存在,且其值为

$$\frac{\partial f}{\partial l}\Big|_{(x_0, y_0)} = f_x(x_0, y_0)\cos\alpha + f_y(x_0, y_0)\cos\beta.$$

例 3 讨论函数 $z = f(x, y)$ 在点 P 沿 x 轴正向和负向,或沿 y 轴正向和负向,其方向导数的特性如何?

解 沿 x 轴正向时,$\cos\alpha = 1, \cos\beta = 0, \dfrac{\partial f}{\partial l} = \dfrac{\partial f}{\partial x}$;

沿 x 轴负向时,$\cos\alpha = -1, \cos\beta = 0, \dfrac{\partial f}{\partial l} = -\dfrac{\partial f}{\partial x}$.

同理,可以讨论沿 y 轴的方向导数.

例 4 求函数 $z = x\mathrm{e}^{2y}$ 在点 $P(1, 0)$ 到点 $Q(2, -1)$ 方向的方向导数.

解 这里方向 l 即向量 $\overrightarrow{PQ} = (1, -1)$ 的方向,与 l 同向的单位向量为

$$\boldsymbol{e}_l = \left(\frac{1}{\sqrt{2}}, -\frac{1}{\sqrt{2}}\right).$$

因为函数可微分,且 $\dfrac{\partial z}{\partial x}\Big|_{(1,0)} = \mathrm{e}^{2y}\big|_{(1,0)} = 1, \dfrac{\partial z}{\partial y}\Big|_{(1,0)} = 2x\mathrm{e}^{2y}\big|_{(1,0)} = 2$,故所求方向导数为

$$\frac{\partial z}{\partial l}\Big|_{(1,0)} = 1 \cdot \frac{1}{\sqrt{2}} + 2 \cdot \left(-\frac{1}{\sqrt{2}}\right) = -\frac{\sqrt{2}}{2}.$$

对于三元函数 $f(x, y, z)$,在空间可微分点 $P_0(x_0, y_0, z_0)$ 沿 $\boldsymbol{e}_l = (\cos\alpha, \cos\beta, \cos\gamma)$ 的方向导数为

$$\frac{\partial f}{\partial l}\Big|_{(x_0, y_0, z_0)} = \lim_{t \to 0^+} \frac{f(x_0 + t\cos\alpha, y_0 + t\cos\beta, z_0 + t\cos\gamma) - f(x_0, y_0, z_0)}{t}.$$

9.4.3 梯度

在物理学中,标量场的梯度构成一个向量场;在微积分中,标量场的梯度是该标量函数沿某一方向的变化率(从而构成一个向量场).标量场中某一点的梯度的方向指向标量场增长最快的方向,梯度的大小是最大的变化率.显然,在单变量的实值函数(一元函数),其梯度只是导数;在多元函数中,其梯度的大小由偏导数构成,梯度的方向指向多元函数曲面外法线方向.

定义 9-12（梯度的定义） 设函数 $z=f(x,y)$ 在平面区域 D 内具有一阶连续偏导数，则对于每一点 $P_0(x_0,y_0)\in D$，都可确定一个向量：

$$f_x(x_0,y_0)\boldsymbol{i}+f_y(x_0,y_0)\boldsymbol{j},$$

该向量称为函数 $f(x,y)$ 在点 $P_0(x_0,y_0)$ 的**梯度**，记作 $\mathrm{grad}f(x_0,y_0)$，即

$$\mathrm{grad}f(x_0,y_0)=f_x(x_0,y_0)\boldsymbol{i}+f_y(x_0,y_0)\boldsymbol{j}.$$

梯度可以用微分算子 ∇ 表示，其在直角坐标系中的形式是 $\nabla=\dfrac{\partial}{\partial x}\boldsymbol{i}+\dfrac{\partial}{\partial y}\boldsymbol{j}$（二维）和

$\nabla=\dfrac{\partial}{\partial x}\boldsymbol{i}+\dfrac{\partial}{\partial y}\boldsymbol{j}+\dfrac{\partial}{\partial z}\boldsymbol{k}$（三维），所以梯度可以表示为

$$\mathrm{grad}f(x_0,y_0)=\nabla f(x_0,y_0),$$

或

$$\mathrm{grad}f(x_0,y_0,z_0)=\nabla f(x_0,y_0,z_0).$$

从定义可知，函数在某一点的梯度是一个向量.

如果函数 $f(x,y)$ 在 $P_0(x_0,y_0)$ 可微分，$\boldsymbol{e}_l=(\cos\alpha,\cos\beta)$ 是与 $\boldsymbol{l}$ 同方向的单位向量，则沿 l 方向的方向导数为

$$\begin{aligned}
\frac{\partial f}{\partial l}\bigg|_{(x_0,y_0)}&=f_x(x_0,y_0)\cos\alpha+f_y(x_0,y_0)\cos\beta\\
&=\mathrm{grad}f(x_0,y_0)\cdot\boldsymbol{e}_l\\
&=|\mathrm{grad}f(x_0,y_0)|\cos(\mathrm{grad}f(x_0,y_0),\boldsymbol{e}_l).
\end{aligned}$$

这一关系式表明了函数在一点的梯度与函数在这点的方向导数间的关系. 特别地，当向量 $\boldsymbol{e}_l$ 与 $\mathrm{grad}f(x_0,y_0)$ 的夹角 $\theta=0$，即沿梯度方向时，方向导数 $\dfrac{\partial f}{\partial l}\bigg|_{(x_0,y_0)}$ 取得最大值，这个最大值就是梯度的模 $|\mathrm{grad}f(x_0,y_0)|$. 也就是说，函数在一点的梯度的方向是函数在这点的方向导数取得最大值的方向，梯度的模就等于该点方向导数的最大值.

例 5 求 $\mathrm{grad}\dfrac{1}{x^2+y^2}$.

解 由于 $f(x,y)=\dfrac{1}{x^2+y^2}$，又因为

$$\frac{\partial f}{\partial x}=-\frac{2x}{(x^2+y^2)^2},\qquad \frac{\partial f}{\partial y}=-\frac{2y}{(x^2+y^2)^2},$$

所以

$$\mathrm{grad}\frac{1}{x^2+y^2}=-\frac{2x}{(x^2+y^2)^2}\boldsymbol{i}-\frac{2y}{(x^2+y^2)^2}\boldsymbol{j}.$$

例 6 设 $f(x,y,z)=x^2+y^2+z^2$，求 $\mathrm{grad}f(1,-1,2)$.

解 因为 $\mathrm{grad}f=\{f_x,f_y,f_z\}=\{2x,2y,2z\}$，于是

$$\mathrm{grad}f(1,-1,2)=(2,-2,4).$$

*9.5 多元函数的极值

与一元函数类似，多元函数在某一点取得极值的条件是：各个分量的偏导数为 0；但这

也只是必要条件,其充分条件是这个多元函数的二阶偏导数的行列式为正定或负定的.如果该多元函数的二阶偏导数的行列式是半正定的,则需要进一步判断三阶行列式.如果该多元函数的二阶偏导数的行列式是不定的,那么该点仍然不是极值点.本节讨论二元函数的极值,其结果可以推广到 n 元函数上去.

9.5.1 二元函数的极值

定义 9-13 设二元函数 $f(x,y)$ 在点 $P(a,b)$ 的邻域内 G 有定义,若 $\forall (a+h,b+k) \in G$ 有 $f(a+h,b+k) \leqslant f(a,b)(f(a+h,b+k) \geqslant f(a,b))$,则称 $P(a,b)$ 是函数 $f(x,y)$ 的**极大值点(极小值点)**. 极大值点(极小值点)的函数值 $f(a,b)$ 称为函数 $f(x,y)$ 的**极大值(极小值)**.

极大值点与极小值点统称为**极值点**,极大值与极小值统称为**极值**.

$P(a,b)$ 是函数 $f(x,y)$ 的极值点的必要条件是下面的定理.

定理 9-8 若二元函数 $f(x,y)$ 在点 $P(a,b)$ 存在两个偏导数,且 $P(a,b)$ 是函数 $f(x,y)$ 的极值点,则

$$f_x(a,b)=0 \text{ 和 } f_y(a,b)=0.$$

证 已知 $P(a,b)$ 是函数 $f(x,y)$ 的极值点,即 $x=a$ 是一元函数 $f(x,b)$ 的极值点. 根据一元函数的极值的必要条件,a 是一元函数 $f(x,b)$ 的驻点,即

$$f_x(a,y)=0.$$

同法可证,$f_y(x,b)=0$,其中 b 是一元函数 $f(a,y)$ 的驻点.

也就是说,解下列方程组

$$\begin{cases} f_x(x,y)=0 \\ f_y(x,y)=0 \end{cases},$$

可以得到二元函数 $f(x,y)$ 的驻点 (a,b).

定理 9-8 指出,二元可微函数 $f(x,y)$ 的极值点一定是驻点(一阶导数为零的点).反之,驻点不一定是极值点.我们知道,驻点是一阶导数为 0 的点,也是使函数凹凸性改变的点,而极值点是函数单调性发生变化的点,从单调递增变成单调递减的点是极大值点,所以,驻点不一定是极值点,极值点也不一定是驻点.

例 1 考查点 $(0,0)$ 是否是函数 $f(x,y)=x^2-y^2$(双曲抛物面)的极值点.

解 求出 $f_x(x,y)=2x$ 和 $f_y(x,y)=-2y$,$f_x(0,0)=0$ 和 $f_y(0,0)=0$. 显然,点 $(0,0)$ 是函数 $f(x,y)=x^2-y^2$ 的驻点. 但是点 $(0,0)$ 并不是函数 $f(x,y)=x^2-y^2$ 的极值点.

事实上,在点 $(0,0)$ 的任意邻域内,总存在着点 $(x,0)(x \neq 0)$,使 $f(x,0)=x^2>f(0,0)=0$,同时总也存在点 $(y,0)(y \neq 0)$,使 $f(y,0)=y^2<f(0,0)=0$,所以点 $(0,0)$ 不是极值点.

那么,对于二元函数,什么样的驻点才是极值点呢? 即 $P(a,b)$ 是函数 $f(x,y)$ 的极值点的充分条件是什么呢?

定理 9-9 设二元函数 $f(x,y)$ 有驻点 $P(a,b)$,且在点 $P(a,b)$ 的邻域 G 存在二阶连续偏导数,令

$$\Delta = B^2 - AC : A = f_{xx}(a,b), \quad B = f_{xy}(a,b), \quad C = f_{yy}(a,b)$$

(1) 若 $\Delta < 0$,则 $P(a,b)$ 是函数 $f(x,y)$ 的**极值点**:

(i) $A>0$(或 $C>0$), $P(a,b)$ 是函数 $f(x,y)$ 的**极小值点**;

(ii) $A<0$(或 $C<0$), $P(a,b)$ 是函数 $f(x,y)$ 的**极大值点**.

(2) 若 $\Delta > 0$, $P(a,b)$ **不是**函数 $f(x,y)$ 的**极值点**.

定理 9-9 的证明从略.

必须注意,当判别式 $\Delta = 0$ 时,驻点 $P(a,b)$ 可能是函数 $f(x,y)$ 的极值点,也可能不是 $f(x,y)$ 的极值点.

例 2 考查函数 $f_1(x,y)=(x^2+y^2)^2$, $f_2(x,y)=-(x^2+y^2)^2$, $f_3(x,y)=x^2y$ 在 $P(0,0)$ 点的极值情况.

解 不难验证, $P(0,0)$ 是上述每个函数唯一的驻点;而且在驻点 $P(0,0)$ 上,每个函数都有其判别式 $\Delta = B^2 - AC = 0$,显然有

驻点 $P(0,0)$ 是函数 $f_1(x,y)=(x^2+y^2)^2$ 的极小值点;

驻点 $P(0,0)$ 是函数 $f_2(x,y)=-(x^2+y^2)^2$ 的极大值点;

驻点 $P(0,0)$ 却不是函数 $f_3(x,y)=x^2y$ 的极值点.

9.5.2 二元函数极值应用举例

求可微二元函数 $f(x,y)$ 的极值点的步骤如下.

第一步:求偏导数,解方程组 $\begin{cases} f_x(x,y)=0 \\ f_y(x,y)=0 \end{cases}$,求驻点,设其中一个驻点是 $P(a,b)$;

第二步:求二阶偏导数,写出判别式 $\Delta = [f_{xy}(x,y)]^2 - f_{xx}(x,y)f_{yy}(x,y)$.

第三步:将驻点 $P(a,b)$ 的坐标代入判别式,再由 Δ 的符号,根据下表判定 $P(a,b)$ 是否是极值点,列出表格如下(见表 9-1).

表 9-1

$f(x,y)$	$A=f_{xx}(a,b), B=f_{xy}(a,b), C=f_{yy}(a,b)$			
B^2-AC	<0		>0	$=0$
A	>0	<0	不是极值点	不确定
C	>0	<0		
$P(a,b)$	极小值点	极大值点		

例 3 求二元函数 $z=x^3+y^3-3xy$ 的极值.

解 解方程组

$$\begin{cases} f_x(x,y)=3x^2-2y=0 \\ f_y(x,y)=3y^2-3x=0 \end{cases},$$

得两个驻点 $(0,0)$ 与 $(1,1)$. 求其二阶偏导数

$$A=f_{xx}(x,y)=6x, \quad B=f_{xy}(x,y)=-3, \quad C=f_{yy}(x,y)=6y,$$

$$\Delta = B^2 - AC = [f_{xy}(x,y)]^2 - f_{xx}(x,y)f_{yy}(x,y) = 9 - 36xy.$$

在点 $(0,0)$, $\Delta = 9 > 0$,所以 $(0,0)$ 不是函数的极值点.

在点 $(1,1)$, $\Delta = -27 < 0$,且 $A=6>0$,所以 $(1,1)$ 是函数的极小值点,极小值是 $(x^3+$

$y^3 - 3xy)\Big|_{y=1}^{x=1} = -1$,是函数的极值点.

例 4 用钢板制作容积为 V 的无盖长方形水箱,问怎样选择水箱的长、宽、高才最省钢板?

解 设水箱长、宽、高分别是 x, y, z. 已知 $xyz = V$,从而 $z = V/xy$. 水箱表面的面积为

$$S = xy + \frac{V}{xy}(2x + 2y) = xy + 2V\left(\frac{1}{x} + \frac{1}{y}\right),$$

S 的定义域 $D = \{(x, y) \mid 0 < x < +\infty, 0 < y < +\infty\}$.

这个问题就是求函数 S 在区域 D 内的最小值.

解方程组

$$\begin{cases} \dfrac{\partial S}{\partial x} = y + 2V\left(-\dfrac{1}{x^2}\right) = y - \dfrac{2V}{x^2} = 0 \\ \dfrac{\partial S}{\partial y} = x + 2V\left(-\dfrac{1}{y^2}\right) = x - \dfrac{2V}{y^2} = 0 \end{cases},$$

在区域 D 内解得唯一驻点 $(\sqrt[3]{2V}, \sqrt[3]{2V})$.

求二阶偏导数

$$A = \frac{\partial^2 S}{\partial x^2} = \frac{4V}{x^3}, \quad B = \frac{\partial^2 S}{\partial x \partial y} = 1, \quad C = \frac{\partial^2 S}{\partial y^2} = \frac{4V}{y^3};$$

$$\Delta = \left(\frac{\partial^2 S}{\partial x \partial y}\right)^2 - \frac{\partial^2 S}{\partial x^2}\frac{\partial^2 S}{\partial y^2} = 1 - \frac{16V^2}{x^3 y^3}.$$

在驻点 $(\sqrt[3]{2V}, \sqrt[3]{2V})$,$\Delta = -3 < 0$ 且 $A = 2 > 0$,从而驻点 $(\sqrt[3]{2V}, \sqrt[3]{2V})$ 是 S 的极小值点,因此,函数 S 在点 $(\sqrt[3]{2V}, \sqrt[3]{2V})$. 取最小值,当 $x = \sqrt[3]{2V}, y = \sqrt[3]{2V}$ 时,

$$z = \frac{V}{\sqrt[3]{2V}\sqrt[3]{2V}} = \frac{\sqrt[3]{2V}}{2},$$

即无盖长方形水箱 $x = y = \sqrt[3]{2V}, z = \dfrac{\sqrt[3]{2V}}{2}$ 时,所需钢板最省.

小结与复习

一、主要内容

1. 多元函数的定义

2. 二元函数的极限与连续

3. 多元函数的偏导数

4. 全微分

5. 多元函数极值

二、主要结论与方法

1. 多元函数的定义

2. 多元函数的极限与连续

3. 偏导数及其应用方法

4. 偏导数的几何意义

5. 高阶偏导数

6. 复合函数求导的链式法则

7. 全微分的概念

8. 偏导数与全微分关系及其应用方法

三、基本要求

1. 理解多元函数的定义

2. 掌握二元函数的极限与连续

3. 理解多元函数偏导数的概念

4. 掌握全微分的概念

5. 掌握复合函数求导的链式法则

6. 掌握偏导数的简单应用

7. 会求多元函数极值

数学家简介　德国数学家：黎曼

波恩哈德·黎曼（Georg Friedrich Bernhard Riemann，1826—1866），是德国著名的数

学家、物理学家，他在数学分析和微分几何方面做出了重要贡献，他开创了黎曼几何，并且给后来爱因斯坦的广义相对论提供了数学基础。数学分析的定积分，又叫做黎曼积分，即在一个指定的区间里，存在一个非负函数，而这个函数代表的曲线和坐标轴之间会有一个特定的图形，这个图形的面积一般被称为定积分，也称为黎曼积分，其有规范的几个步骤：分割区间、取微元、确定求和元素、求和、取极限。

1826 年 9 月 17 日，黎曼出生于德国汉诺威。其父亲是当地牧师，母亲则是一名法律顾问的女儿，贫困的一家共有六个孩子，黎曼排行第二。由于长期营养不良，黎曼的兄弟姐妹很多早逝，积劳成疾的母亲不久也撒手人寰。但一家人天生的乐观与和谐的氛围还算是对黎曼的一丝安慰。由于家庭的不幸，黎曼从小便有一种近乎顽固的胆怯。他 6 岁的时候开始学算术，数学天赋在这时候一下子就显露出来，他不满足于做题，还喜欢出题去考他的父亲，很多时候他的父亲对这些题也无能为力。大约 10 岁的时候，他又跟随一位名叫舒尔茨的教师学习更高级的算术和几何，但老师很快发现自己的思路已经跟不上这个天赋异禀的学生。

1857 年，黎曼被聘请为格丁根大学的编外教授，1859 年成为正教授。1858 年他发表的关于素数分布的论文中，研究了黎曼 ζ 函数，给出了 ζ 函数的积分表示与它满足的函数方程；他提出的著名黎曼猜想至今仍未解决。1866 年 7 月 20 日，他在第三次去意大利休养的途中因肺结核在塞拉斯卡去世，年仅 40 岁。

黎曼对数学分析和微分几何做出了重要贡献；他引入三角级数理论，从而指出积分论

的方向,并奠定了近代解析数论的基础;他最初引入黎曼曲面这一概念,成为近代拓扑学的理论基础。黎曼的工作直接影响了 19 世纪后半期的数学发展,许多杰出的数学家重新论证黎曼断言过的定理,在黎曼思想的影响下数学许多分支取得了辉煌成就。黎曼首先提出用复变函数论,特别是用 ζ 函数研究数论的新思想和新方法,开创了解析数论的新时期,并对单复变函数论的发展有深刻的影响。他是世界数学史上最具独创精神的数学家之一,黎曼的著作不多,但却异常深刻,极富于对概念的创造与想象。他的名字出现在黎曼 ζ 函数、黎曼积分、黎曼几何、黎曼引理、黎曼流形、黎曼映照定理、黎曼-希尔伯特问题以及黎曼思路回环矩阵和黎曼曲面中。

另外,黎曼也在物理学上成就卓著,他对偏微分方程及其在物理学中的应用有重大贡献,深刻揭示了数学和物理之间的联系。因此,黎曼不仅是数学家和物理学家,而且更是一位伟大的科学思想家。

思考与练习

一、思考题

1. 多元函数与一元函数在定义上有哪些区别?

2. 多元函数与一元函数的极限与连续性有哪些区别?

3. 偏导数与导数(一元函数)有本质区别吗? 为什么?

4. 什么是全微分? 全微分反映了多元函数的什么特征?

5. 多元函数的全微分与一元函数的微分有什么区别?

6. 偏导数的几何意义是什么?

7. 高阶偏导数与一阶偏导数有本质区别吗? 为什么?

8. 什么是复合函数求导的链式法则? 多元复合函数的求导法则与多元隐函数的求导法则有哪些不同?

9. 方向导数与偏导数的区别与联系是什么?

10. 多元函数梯度的数学意义是什么?

11. 可以用多元函数的偏导数刻画空间曲线和空间曲面的哪些特征?

12. 为什么可以用多元函数的偏导数刻画多元函数的极值?

二、作业必做题

(一)二元函数的极限与连续

1. $z=xy$ 是定义在整个 xOy 平面上的函数,它的图像是过原点的双曲抛物面,如图 9-6 所示.

2. $z=[\sqrt{x^2+y^2}]$ 是定义在 $\mathbf{R}^2$ 上的函数,值域是全体非负整数,如图 9-7 所示.

3. 设 $f(x,y)=\begin{cases} xy\dfrac{x^2-y^2}{x^2+y^2}, & (x,y)\neq(0,0) \\ 0, & (x,y)=(0,0) \end{cases}$. 证明 $\lim\limits_{(x,y)\to(0,0)} f(x,y)=0$.

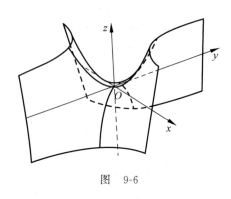

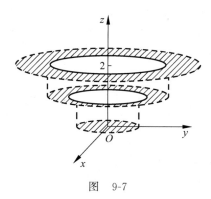

图 9-6   图 9-7

4. 讨论 $f(x,y)=\dfrac{xy}{x^2+y^2}$,当 $(x,y)\to(0,0)$ 时是否存在极限?

5. $f(x,y)=\begin{cases}1,0<y<x^2, & -\infty<x<+\infty \\ 0, & \text{其他}\end{cases}$,证明函数 $f(x,y)$ 在点 $(0,0)$ 沿任何方向都连续,但并不连续.

（二）多元函数微分学

6. 设 $z=x^y$,求证:$\dfrac{x}{y}\dfrac{\partial z}{\partial x}+\dfrac{1}{\ln x}\dfrac{\partial z}{\partial y}=2z$.

7. 曲线 $\begin{cases}z=\dfrac{x^2+y^2}{4} \\ y=4\end{cases}$ 在点 $(2,4,5)$ 处的切线对于 x 轴的倾角是多少?

8. 验证函数 $u=\dfrac{1}{r}$,$r=\sqrt{x^2+y^2+z^2}$ 满足方程 $\dfrac{\partial^2 u}{\partial x^2}+\dfrac{\partial^2 u}{\partial y^2}+\dfrac{\partial^2 u}{\partial z^2}=0$(称此方程为拉普拉斯方程).

9. $u=f(x,y,t)$ 可微,而 $x=x(s,t)$,$y=y(s,t)$ 也都可微,则
$$u_s=f_1 x_s+f_2 y_s,$$
$$u_t=f_1 x_t+f_2 y_t+f_3.$$

10. 设 $z=z(u,v)$ 在 $\mathbf{R}^2$ 内有关于 x 和 y 的二阶连续偏导数. 又设 $u=x^2 y$,$v=\dfrac{y}{x}$,求 $\dfrac{\partial z}{\partial x}$,$\dfrac{\partial z}{\partial y}$,$\dfrac{\partial^2 z}{\partial x^2}$,$\dfrac{\partial^2 z}{\partial y^2}$,$\dfrac{\partial^2 z}{\partial x\partial y}$.

11. 设 f 二阶可微,$z=f(x,e^x)$,求 $\dfrac{dz}{dx}$,$\dfrac{d^2 z}{dx^2}$.

12. 设 f 二阶可微,$z=f(x-2y^2)$,求 $\dfrac{\partial^2 z}{\partial x^2}$,$\dfrac{\partial^2 z}{\partial x\partial y}$,$\dfrac{\partial^2 z}{\partial y^2}$.

13. 求 $f(x,y,z)=xy+yz+zx$ 在点 $(1,1,2)$ 沿方向 $\boldsymbol{l}$ 的方向导数,其中 $\boldsymbol{l}$ 的方向角分别为 $60°$、$45°$、$60°$.

14. 试求数量场 $\dfrac{m}{r}z$ 所产生的梯度场,其中常数 $m>0$,$r=\sqrt{x^2+y^2+z^2}$ 为原点 O 与

点 $M(x,y,z)$ 间的距离.

15. 求二元函数 $z=x^3+y^3-3xy$ 的极值.

16. 在已知周长为 $2p$ 的一切三角形中,求出面积最大的三角形.

(三) 二元函数偏导数及其应用

17. 方程 $F(x,y)=xy+y-1=0$ 能确定出定义在 $[-1,1]$ 上函数值不大于 0 的隐函数 $y=-\sqrt{1^2+x^2}$. 它的几何意义是:平面曲线 $y=\sqrt{1^2-x^2}$ 与 $y=-\sqrt{1^2-x^2}$ 是空间曲面 $z^2=x^2+y^2-1$ 与平面 $z=0$ 的两条交线.

18. $F(x,x+y,x+y+z)=0$,求 $\dfrac{\partial z}{\partial x}$、$\dfrac{\partial z}{\partial y}$、$\dfrac{\partial^2 z}{\partial x^2}$.

19. 设 f 为一元函数,试问应对 f 提出什么条件,方程 $2f(xy)=f(x)+f(y)$ 在点 $(1,1)$ 的邻域内能唯一确定的 y 为 x 的函数?

20. 设 $u=u(x,y)$ 由方程组 $u=f(x,y,z,t)$,$g(y,z,t)=0$,$h(z,t)=0$ 所确定,求 $\dfrac{\partial u}{\partial x}$、$\dfrac{\partial u}{\partial y}$.

21. 变换 $u=xy$,$v=\dfrac{y}{x}$,把 x-y 平面第一象限映射变换到 u-v 平面第一象限,其逆变换为 $x=\sqrt{\dfrac{u}{v}}$,$y=\sqrt{uv}$. 若 $\begin{cases} u=u(x,y) \\ v=v(x,y) \end{cases}$ 满足 $\dfrac{\partial(u,v)}{\partial(x,y)}\Big|_{P_0}\neq 0$,则存在反函数组 $\begin{cases} x=x(u,v) \\ y=y(u,v) \end{cases}$,若视函数组为变换,求其逆变换.

22. 以 u,v 为新变量变换方程:
$$(x+y)\frac{\partial z}{\partial x}-(x-y)\frac{\partial z}{\partial y}=0, \quad 设 u=\ln\sqrt{x^2+y^2}, \quad v=\arctan\frac{y}{x}.$$

三、多元函数极值

23. 要设计一个容量为 V 的长方体的水箱,试问水箱的长、宽、高各为多少时表面积最小?

24. 抛物面 $z=x^2+y^2$ 被平面 $x+y+z=1$ 截成一个椭圆,求此椭圆到原点的最长、最短距离.

25. 求 $f(x,y,z)=xyz$ 在条件 $\dfrac{1}{x}+\dfrac{1}{y}+\dfrac{1}{z}=\dfrac{1}{r}$$(r,x,y,z>0)$ 下的极小值并证明不等式 $3\left(\dfrac{1}{a}+\dfrac{1}{b}+\dfrac{1}{c}\right)^{-1}\leqslant\sqrt[3]{abc}$$(a,b,c\in\mathbf{R})$.

第10章

重积分及其应用

将定积分扩展到多元函数(多变量的函数)即是重积分,包括二重积分和三重积分. 重积分与定积分类似,都是某种特定形式的和的极限. 重积分在数学、物理学、工程技术和科学研究中有着广泛的应用,比如,可以用来计算曲面的面积、平面薄片重心、质点系的质心、物体的转动惯量、物体的引力、物体的面密度、空间物体的质量等.

10.1 二重积分

二重积分是二元函数在空间上的积分,最简单的应用就是在解析几何三维空间中求曲顶柱体体积等. 平面区域的二重积分可以推广到三维空间中的有向曲面上进行积分,称为曲面积分.

10.1.1 二重积分的概念

先从立体几何和物理学中的具体例子出发,引入二重积分的概念,然后给出二重积分的严格定义,在理解其数学意义的基础上,学会应用二重积分求解实际问题的具体方法.

1. 曲顶柱体的体积

设有一空间立体 Ω,如图 10-1 所示,它的底是 xOy 面上的有界区域 D,它的侧面是以 D 的边界曲线为准线,而母线平行于 z 轴的柱面,它的顶是曲面 $z=f(x,y)$,$f(x,y)$ 在 D 上连续,且 $f(x,y) \geqslant 0$,这种立体称为**曲顶柱体**.

在直角坐标系 $O\text{-}xyz$ 中,曲顶柱体的体积 V 可以这样来计算,如图 10-2 所示,用任意一组曲线网将区域 D 分成 n 个小区域 $\Delta\sigma_1, \Delta\sigma_2, \cdots, \Delta\sigma_n$,以这些小区域的边界曲线为准线,

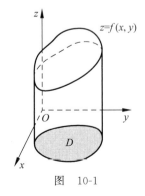

图 10-1

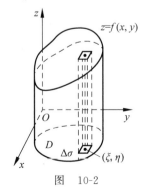

图 10-2

作每线平行于 z 轴的柱面,这些柱面将原来的曲顶柱体 Ω 分划成 n 个小曲顶柱体 $\Delta\Omega_1$,$\Delta\Omega_2,\cdots,\Delta\Omega_n$. 假设 $\Delta\sigma_i$ 所对应的小曲顶柱体为 $\Delta\Omega_i$,这里 $\Delta\sigma_i$ 既代表第 i 个小区域,又代表它的面积值;$\Delta\Omega_i$ 既代表第 i 个小曲顶柱体,又代表它的体积值,从而 $V=\sum\limits_{i=1}^{n}\Delta\Omega_i$.

由于 $f(x,y)$ 连续,对于同一个小区域来说,函数值的变化不大. 因此,可以将小曲顶柱体近似地看作小平顶柱体,于是 $\Delta\Omega_i\approx f(\xi_i,\eta_i)\Delta\sigma_i(\xi_i,\eta_i\in\Delta\sigma_i)$.

整个曲顶柱体的体积近似值为 $V\approx\sum\limits_{i=1}^{n}f(\xi_i,\eta_i)\Delta\sigma_i$. 为得到 V 的精确值,运用极限的数学思维:只需让这 n 个小区域越来越小,即让每个小区域向某点收缩. 为此,我们引入区域直径的概念:一个闭区域的直径是指区域上任意两点距离的最大者. 所谓让区域向一点收缩性地变小,意指让区域的直径趋向于零. 设 n 个小区域直径中的最大者为 λ,则

$$V=\lim_{\lambda\to 0}\sum_{i=1}^{n}f(\xi_i,\eta_i)\Delta\sigma_i.$$

2. 平面薄片的质量

设有一平面薄片占有 xOy 面上的区域 D,它在点 (x,y) 处的面密度为 $\rho(x,y)$,而且 $\rho(x,y)$ 在 D 上连续,现计算该平面薄片的质量 M.

如图 10-3 所示,将 D 分成 n 个小区域 $\Delta\sigma_1,\Delta\sigma_2,\cdots,$ $\Delta\sigma_n$,用 λ_i 记 $\Delta\sigma_i$ 的直径,$\Delta\sigma_i$ 既代表第 i 个小区域又代表它的面积. 当 $\lambda=\max\limits_{1\leqslant i\leqslant n}\{\lambda_i\}$ 很小时,由于密度函数 $\rho(x,y)$ 是连续的,则每小片区域的质量可近似地看做均匀的,那么第 i 小块区域的近似质量可取为 $\rho(\xi_i,\eta_i)\Delta\sigma_i(\xi_i,\eta_i\in\Delta\sigma_i)$,于是 $M\approx\sum\limits_{i=1}^{n}\rho(\xi_i,\eta_i)\Delta\sigma_i$,即

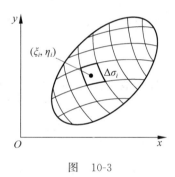

图　10-3

$$M=\lim_{\lambda\to 0}\sum_{i=1}^{n}\rho(\xi_i,\eta_i)\Delta\sigma_i.$$

以上两种实际意义完全不同的问题,最终都归结为同一形式的极限问题. 因此,我们可以给出二重积分的定义.

3. 二重积分的定义

定义 10-1　设 $f(x,y)$ 是有界闭区域 D 上的有界函数,将区域 D 任意分成 n 个小闭区域:$\Delta\sigma_1,\Delta\sigma_2,\cdots,\Delta\sigma_n$,其中 $\Delta\sigma_i$ 既表示第 i 个小闭区域,也表示它的面积. 在每个 $\Delta\sigma_i$ 上任取一点 (ξ_i,η_i),作乘积 $f(\xi_i,\eta_i)\Delta\sigma_i(i=1,2,\cdots,n)$,并作和 $\sum\limits_{i=1}^{n}f(\xi_i,\eta_i)\Delta\sigma_i$. 如果当各小闭区域的直径中的最大值 λ 趋于零时,这和式的极限总存在,则称此和式为函数 $f(x,y)$ 在闭区域 D 上的**二重积分**,记作 $\iint\limits_{D}f(x,y)\mathrm{d}\sigma$,即

$$\iint\limits_{D}f(x,y)\mathrm{d}\sigma=\lim_{\lambda\to 0}\sum_{i=1}^{n}f(\xi_i,\eta_i)\Delta\sigma_i.$$

其中,$f(x,y)$ 叫做**被积函数**;$f(x,y)\mathrm{d}\sigma$ 叫做**被积表达式**;$\mathrm{d}\sigma$ 叫做**积分元**;x 与 y 叫做**积**

分变量；D 叫做积分区域.

若 $f(x,y)$ 在闭区域 D 上连续，则 $f(x,y)$ 在 D 上的二重积分存在.

由于二重积分的定义中对区域 D 的划分是任意的，若用一组平行于坐标轴的直线来划分区域 D，那么除了靠近边界曲线的一些小区域之外，绝大多数的小区域都是矩形.

因此，在直角坐标系下，可以将 $\mathrm{d}\sigma$ 记作 $\mathrm{d}x\mathrm{d}y$，并称其为面积元素，所以，二重积分也可表示为

$$\iint\limits_{D} f(x,y)\mathrm{d}x\mathrm{d}y.$$

10.1.2　二重积分的性质

二重积分与定积分有相类似的性质.

性质 1　$\iint\limits_{D}\left[\alpha f(x,y)+\beta g(x,y)\right]\mathrm{d}\sigma = \alpha\iint\limits_{D}f(x,y)\mathrm{d}\sigma + \beta\iint\limits_{D}g(x,y)\Big]\mathrm{d}\sigma$，

其中 α,β 是常数.

性质 2　若区域 D 分为两个部分区域 D_1 与 D_2，则

$$\iint\limits_{D}f(x,y)\mathrm{d}\sigma = \iint\limits_{D_1}f(x,y)\mathrm{d}\sigma + \iint\limits_{D_2}f(x,y)\mathrm{d}\sigma.$$

性质 3　若在 D 上，$f(x,y)\leqslant\varphi(x,y)$，则有不等式：

$$\iint\limits_{D}f(x,y)\mathrm{d}\sigma \leqslant \iint\limits_{D}\varphi(x,y)\mathrm{d}\sigma.$$

特别地，由于 $f(x,y)\leqslant|f(x,y)|$，有

$$\left|\iint\limits_{D}f(x,y)\mathrm{d}\sigma\right| \leqslant \iint\limits_{D}|f(x,y)|\,\mathrm{d}\sigma.$$

性质 4　估值不等式. 设 M 与 m 分别是 $f(x,y)$ 在闭区域 D 上的最大值和最小值，σ 是 D 的面积，则

$$m\sigma \leqslant \iint\limits_{D}f(x,y)\mathrm{d}\sigma \leqslant M\sigma.$$

定理 10-1（二重积分的中值定理）　设函数 $f(x,y)$ 在闭区域 D 上连续，σ 是 D 的面积，则在 D 上至少存在一点 (ξ,η)，使得

$$\iint\limits_{D}f(x,y)\mathrm{d}\sigma = f(\xi,\eta)\sigma.$$

10.1.3　二重积分的计算

因为求极限的具体过程有赖于函数的形式，所以必须利用二重积分的定义，把二重积分化为两个定积分来计算，也称二次积分.

1. 利用直角坐标计算二重积分

如果积分区域 D 为 $a\leqslant x\leqslant b$，$\varphi_1(x)\leqslant y\leqslant\varphi_2(x)$，且 $\varphi_1(x)$、$\varphi_2(x)$ 在区间 $[a,b]$ 上连续，求二重积分 $\iint\limits_{D}f(x,y)\mathrm{d}\sigma$. 这是以 D 为底，以曲面 $z=f(x,y)$ 为顶的曲顶柱体的体积，

按定义 10-1,得

$$\iint\limits_{D} f(x,y)\mathrm{d}\sigma = \int_a^b \mathrm{d}x \int_{\varphi_1(x)}^{\varphi_2(x)} f(x,y)\mathrm{d}y.$$

如果积分区域 D 为 $\psi_1(y) \leqslant x \leqslant \psi_2(y)$,$c \leqslant y \leqslant d$,且 $\psi_1(y)$、$\psi_2(y)$ 在区间 $[c,d]$ 上连续,求**二重积分** $\iint\limits_{D} f(x,y)\mathrm{d}\sigma$. 这是以 D 为底,以曲面 $z=f(x,y)$ 为顶的曲顶柱体的体积,按照定义 10-1,得

$$\iint\limits_{D} f(x,y)\mathrm{d}\sigma = \int_c^d \mathrm{d}y \int_{\psi_1(y)}^{\psi_2(y)} f(x,y)\mathrm{d}x.$$

例 1　由 $\int_0^1 \mathrm{d}x \int_0^{1-x} f(x,y)\mathrm{d}y$ 表达式,改变积分的次序.

解　原式 $= \int_0^1 \mathrm{d}y \int_0^{1-y} f(x,y)\mathrm{d}x.$

例 2　计算 $\iint\limits_{D} xy\,\mathrm{d}\sigma$,积分区域 D 是由抛物线 $y^2 = x$ 及直线 $y = x-2$ 所围成的区域.

解法一　如图 10-4 所示,积分区域为

$$D: -1 \leqslant y \leqslant 2, \quad y^2 \leqslant x \leqslant y+2,$$

则

$$\iint\limits_{D} xy\,\mathrm{d}\sigma = \int_{-1}^{2} \left[\int_{y^2}^{y+2} xy\,\mathrm{d}x\right]\mathrm{d}y$$

$$= \int_{-1}^{2} \left[\frac{x^2}{2}y\right]_{y^2}^{y+2}\mathrm{d}y = \frac{1}{2}\int_{-1}^{2}\left[y(y+2)^2 - y^5\right]\mathrm{d}y$$

$$= \frac{1}{2}\left[\frac{y^4}{4} + \frac{4y^3}{3} + 2y^2 - \frac{y^6}{6}\right]_{-1}^{2} = \frac{45}{8}.$$

解法二　如图 10-5 所示,积分区域可以划分为

$$D_1: 0 \leqslant x \leqslant 1, -\sqrt{x} \leqslant y \leqslant \sqrt{x},$$

$$D_2: 1 \leqslant x \leqslant 4, x-2 \leqslant y \leqslant \sqrt{x},$$

则

$$\iint\limits_{D} xy\,\mathrm{d}\sigma = \iint\limits_{D_1} xy\,\mathrm{d}\sigma + \iint\limits_{D_2} xy\,\mathrm{d}\sigma$$

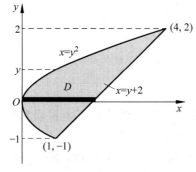

图　10-4

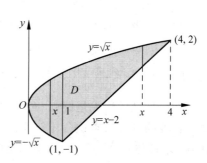

图　10-5

$$= \int_0^1 \mathrm{d}x \int_{-\sqrt{x}}^{\sqrt{x}} xy\,\mathrm{d}y + \int_1^4 \mathrm{d}x \int_{x-2}^{\sqrt{x}} xy\,\mathrm{d}y = \frac{45}{8}.$$

2. 利用极坐标计算二重积分

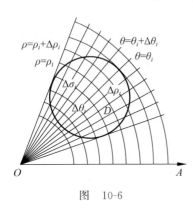

图 10-6

在平面极坐标系中，$x = \rho\cos\theta$，$y = \rho\sin\theta$，$\rho =$ 常数是以原点为中心的一族同心圆，$\theta =$ 常数是以原点为起点的一族射线. 这两族曲线将区域 D 分成 n 个小区域 $\Delta\sigma_1,\Delta\sigma_2,\cdots,\Delta\sigma_n$，如图 10-6 所示. 则每个小区域 $\Delta\sigma_i$ 的面积近似一个矩形，则其面积为长×宽，即 $\Delta\sigma_i = \Delta\rho_i \cdot \rho_i\Delta\theta_i$，也可以理解为任意两个相邻扇形之差（略去二阶无穷小），即

$$\Delta\sigma_i = \frac{1}{2}(\rho_i + \Delta\rho_i)^2 \Delta\theta_i - \frac{1}{2}\rho_i^2\Delta\theta_i = \rho_i\Delta\rho_i\Delta\theta_i.$$

根据二重积分的定义（求和的极限过程），可以将直角坐标系的面积元 $\mathrm{d}x\,\mathrm{d}y$ 化为极坐标系中的面积元 $\mathrm{d}\sigma = \rho\,\mathrm{d}\rho\,\mathrm{d}\theta$，于是

$$\iint\limits_D f(x,y)\mathrm{d}x\,\mathrm{d}y = \iint\limits_D f(\rho\cos\theta,\rho\sin\theta)\rho\,\mathrm{d}\rho\,\mathrm{d}\theta.$$

极坐标系中二重积分的具体计算，同样可以化归为二次积分来计算，根据被积函数的不同特性，可以分以下三种情形.

情形一：D：$0 \leqslant \theta \leqslant 2\pi$，$0 \leqslant \rho \leqslant \varphi(\theta)$，极点 0 在区域 D 的内部.

$$\iint\limits_D f(\rho\cos\theta,\rho\sin\theta)\rho\,\mathrm{d}\rho\,\mathrm{d}\theta = \int_0^{2\pi}\mathrm{d}\theta\int_0^{\varphi(\theta)}f(\rho\cos\theta,\rho\sin\theta)\rho\,\mathrm{d}\rho.$$

情形二：D：$\alpha \leqslant \theta \leqslant \beta$，$0 \leqslant \rho \leqslant \varphi(\theta)$，极点 0 在区域 D 的边界曲线上.

$$\iint\limits_D f(\rho\cos\theta,\rho\sin\theta)\rho\,\mathrm{d}\rho\,\mathrm{d}\theta = \int_\alpha^\beta\mathrm{d}\theta\int_0^{\varphi(\theta)}f(\rho\cos\theta,\rho\sin\theta)\rho\,\mathrm{d}\rho.$$

情形三：D：$\alpha \leqslant \theta \leqslant \beta$，$\varphi_1(\theta) \leqslant \rho \leqslant \varphi_2(\theta)$，其中函数 $\varphi_1(\theta),\varphi_2(\theta)$ 在 $[\alpha,\beta]$ 上连续，则

$$\iint\limits_D f(\rho\cos\theta,\rho\sin\theta)\rho\,\mathrm{d}\rho\,\mathrm{d}\theta = \int_\alpha^\beta\mathrm{d}\theta\int_{\varphi_1(\theta)}^{\varphi_2(\theta)}f(\rho\cos\theta,\rho\sin\theta)\rho\,\mathrm{d}\rho.$$

例 3　将下列区域用极坐标变量表示.

(1) D_1：$x^2 + y^2 \leqslant 2y$；

(2) D_2：$-R \leqslant x \leqslant R$，$R \leqslant y \leqslant R + \sqrt{R^2 - x^2}$.

解　由平面极坐标系与直角坐标系变换关系 $x = \rho\cos\theta$，$y = \rho\sin\theta$，得

(1) D_1：$0 \leqslant \theta \leqslant \pi$，$0 \leqslant \rho \leqslant 2\sin\theta$；

(2) D_2：$\dfrac{\pi}{4} \leqslant \theta \leqslant \dfrac{3\pi}{4}$，$\dfrac{R}{\sin\theta} \leqslant \rho \leqslant 2R\sin\theta$.

如果积分区域的边界是圆弧（的一部分），或者被积函数用极坐标表示较简单的时候，使用极坐标变换计算二重积分比较简洁方便.

例 4　求球体 $x^2 + y^2 + z^2 \leqslant 4a^2$ 被圆柱面 $x^2 + y^2 = 2ax$（$a > 0$）所截得的（含在圆柱面内的部分）立体的体积.

解　所求体积如图 10-7 所示，由对称性，得

$$V = 4\iint\limits_{D} \sqrt{4a^2 - x^2 - y^2}\, dx\, dy,$$

其中 D 为半圆周 $y = \sqrt{2ax - x^2}$ 及 x 轴所围成的闭区域,如图 10-8 所示. 在极坐标系中,闭区域 D 可用不等式

$$0 \leqslant \rho \leqslant 2a\cos\theta, \quad 0 \leqslant \theta \leqslant \frac{\pi}{2}$$

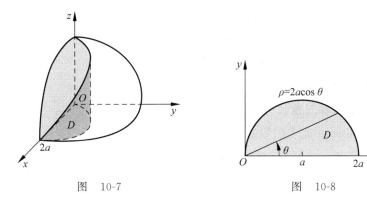

图 10-7 　　　　图 10-8

来表示. 于是

$$V = 4\iint\limits_{D} \sqrt{4a^2 - \rho^2}\, \rho\, d\rho\, d\theta$$

$$= 4\int_0^{\frac{\pi}{2}} d\theta \int_0^{2a\cos\theta} \sqrt{4a^2 - \rho^2}\, \rho\, d\rho$$

$$= \frac{32}{3}a^3 \int_0^{\frac{\pi}{2}} (1 - \sin^3\theta)\, d\theta = \frac{32}{3}a^3 \left(\frac{\pi}{2} - \frac{2}{3} \right).$$

10.2 三重积分

三重积分是三元函数在空间上的积分,与定积分和二重积分类似,也是某种特定形式的和式的极限.

10.2.1 三重积分的概念

定义 10-2 设 $f(x, y, z)$ 是空间有界闭区域 Ω 上的有界连续函数,将 Ω 任意地分划成 n 个小区域,如 $\Delta v_1, \Delta v_2, \cdots, \Delta v_n$,其中 Δv_i 表示第 i 个小区域的体积. 在每个小区域 Δv_i 上任取一点 (ξ_i, η_i, ζ_i),作乘积 $f(\xi_i, \eta_i, \zeta_i)\Delta v_i$ $(i = 1, 2, \cdots, n)$,并作和式 $\sum\limits_{i=1}^{n} f(\xi_i, \eta_i, \zeta_i)\Delta v_i$. 如果当各小闭区域直径中的最大值 $\lambda_{\max}$ 趋于零时,该和式的极限总存在,则称此极限为函数 $f(x, y, z)$ 在闭区域 Ω 上的**三重积分**. 记作 $\iiint\limits_{\Omega} f(x, y, z)dv$,即

$$\iiint\limits_{\Omega} f(x, y, z)dv = \lim_{\lambda \to 0} \sum_{i=1}^{n} f(\xi_i, \eta_i, \zeta_i)\Delta v_i.$$

其中 $\mathrm{d}v$ 叫做**体积元**,在直角坐标系下也可记作 $\mathrm{d}x\,\mathrm{d}y\,\mathrm{d}z$.

如果 $f(x,y,z)$ 表示某物体在 (x,y,z) 处的质量密度,Ω 是该物体所占有的空间区域,且 $f(x,y,z)$ 在 Ω 上连续,则和式 $\sum\limits_{i=1}^{n} f(\xi_i,\eta_i,\zeta_i)\Delta v_i$ 就是物体质量 M 的近似值,当 $\lambda_{\max}\to 0$ 时该和式的极限值就是该物体的质量 M,即

$$M = \iiint\limits_{\Omega} f(x,y,z)\mathrm{d}v.$$

特别地,当 $f(x,y,z)=1$ 时,$\iiint\limits_{\Omega}\mathrm{d}v=V$.

10.2.2 三重积分的计算

1. 利用直角坐标计算三重积分

设积分区域 Ω 在 xOy 面上的投影区域为 D_{xy},如图 10-9 所示.过 D_{xy} 上任意一点,作平行于 z 轴的直线穿过 Ω 内部,与 Ω 边界曲面相交不多于两点.亦即 Ω 的边界曲面可分为上、下两片部分曲面,其中 $S_1\colon z=z_1(x,y)$,$S_2\colon z=z_2(x,y)$ 和 $z_1(x,y)\leqslant z_2(x,y)$,而且 $z_1(x,y)$,$z_2(x,y)$ 在 D_{xy} 上连续,即积分区域可以表达为

$$\Omega = \{(x,y,z) \mid z_1(x,y)\leqslant z\leqslant z_2(x,y),(x,y)\in D_{xy}\}.$$

若 $D_{xy}=\{(x,y)\mid y_1(x)\leqslant y\leqslant y_2(x),a\leqslant x\leqslant b\}$,则三重积分可化为三次积分:

$$\iiint\limits_{\Omega} f(x,y,z)\mathrm{d}v = \int_a^b \mathrm{d}x \int_{y_1(x)}^{y_2(x)} \mathrm{d}y \int_{z_1(x,y)}^{z_2(x,y)} f(x,y,z)\mathrm{d}z.$$

这就是三重积分的计算公式,它将三重积分化成先对积分变量 z,次对 y,最后对 x 的三次积分.

例 1 计算三重积分 $\iiint\limits_{\Omega} x\,\mathrm{d}x\,\mathrm{d}y\,\mathrm{d}z$,其中 Ω 为平面 $x+2y+z=1$ 及三坐标面所围成的位于第一卦限的立体,如图 10-10 所示.

解 将积分区域 Ω 投影在 xOy 面上,得区域 D_{xy} 为三角形闭区域 OAB.直线 OA、OB 和 AB 的方程依次为 $y=0$、$x=0$ 和 $x+2y=1$,所以

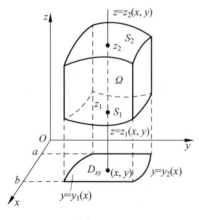

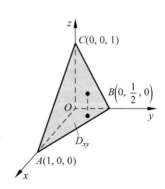

图 10-9 图 10-10

$$D_{xy} = \left\{ (x,y) \,\middle|\, 0 \leqslant y \leqslant \frac{1-x}{2}, 0 \leqslant x \leqslant 1 \right\}.$$

在 D_{xy} 内任取一点 (x,y)，过此点作平行于 z 轴的直线，该直线通过平面 $z=0$ 穿入 Ω 内，然后通过平面 $x+2y+z=1$ 穿出 Ω 外. 于是

$$\iiint\limits_{\Omega} xyz\,\mathrm{d}x\,\mathrm{d}y\,\mathrm{d}z = \int_0^1 \mathrm{d}x \int_0^{\frac{1-x}{2}} \mathrm{d}y \int_0^{1-x-2y} x\,\mathrm{d}z$$

$$= \int_0^1 x\,\mathrm{d}x \int_0^{\frac{1-x}{2}} (1-x-2y)\,\mathrm{d}y$$

$$= \frac{1}{4}\int_0^1 (x-2x^2+x^3)\,\mathrm{d}x = \frac{1}{48}.$$

计算三重积分也可以化为先计算一个二重积分、再计算一个定积分，即所谓截面法. 有下述计算公式.

设空间闭区域 $\Omega = \{(x,y,z)\,|\,(x,y)\in D_z, c_1 \leqslant z \leqslant c_2\}$，其中 D_z 是竖标为 z 的平面截闭区域 Ω 所得到的一个平面闭区域，则有

$$\iiint\limits_{\Omega} f(x,y,z)\,\mathrm{d}v = \int_{c_1}^{c_2} \mathrm{d}z \iint\limits_{D_z} f(x,y,z)\,\mathrm{d}x\,\mathrm{d}y.$$

例 2　计算三重积分 $\iiint\limits_{\Omega} z^2\,\mathrm{d}x\,\mathrm{d}y\,\mathrm{d}z$，其中 Ω 是由椭球面 $\dfrac{x^2}{a^2}+\dfrac{y^2}{b^2}+\dfrac{z^2}{c^2}=1$ 所围成的空间闭区域，如图 10-11 所示.

解　按照截面法，所求三重积分的空间闭区域可以表示为

$$\Omega = \left\{ (x,y,z)\,\middle|\, -c \leqslant z \leqslant c, \frac{x^2}{a^2}+\frac{y^2}{b^2} \leqslant 1-\frac{z^2}{c^2} \right\},$$

其中截面区域为

$$D_{xy} = \left\{ (x,y)\,\middle|\, \frac{x^2}{a^2}+\frac{y^2}{b^2} \leqslant 1-\frac{z^2}{c^2} \right\}.$$

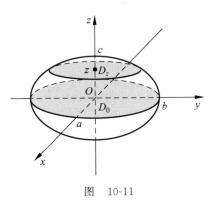

图　10-11

由解析几何知识，区域 D_{xy} 的边界方程为

$$\frac{x^2}{a^2\left(1-\frac{z^2}{c^2}\right)} + \frac{y^2}{b^2\left(1-\frac{z^2}{c^2}\right)} = 1, D_{xy} \text{ 的面积为}$$

$$\iint\limits_{D_{xy}} \mathrm{d}x\,\mathrm{d}y = \pi a\left[\sqrt{\left(1-\frac{z^2}{c^2}\right)}\right]\left[b\sqrt{\left(1-\frac{z^2}{c^2}\right)}\right] = \pi ab\left(1-\frac{z^2}{c^2}\right).$$

将其代入三重积分中，即

$$\iiint\limits_{\Omega} z^2\,\mathrm{d}x\,\mathrm{d}y\,\mathrm{d}z = \int_{-c}^{c} z^2\,\mathrm{d}z \iint\limits_{D_{xy}} \mathrm{d}x\,\mathrm{d}y = \int_{-c}^{c} \pi ab\left(1-\frac{z^2}{c^2}\right)z^2\,\mathrm{d}z = \frac{4}{15}\pi abc^3.$$

2. 利用柱面坐标计算三重积分

设 $M(x,y,z)$ 为空间内一点，该点在 xOy 面上的投影为 P，P 点的极坐标为 ρ,θ，则 ρ，θ,z 三个数称作点 M 的柱面坐标. 规定 ρ,θ,z 的取值范围是 $0 \leqslant \rho < +\infty, 0 \leqslant \theta \leqslant 2\pi, -\infty <$

$z<\infty$,如图 10-12 所示. 柱面坐标系的三组坐标面分别为 $\rho=$ 常数,即以 z 轴为轴的圆柱面;$\theta=$ 常数,即过 z 轴的半平面;$z=$ 常数,即与 xOy 面平行的平面. 点 M 的直角坐标与柱面坐标之间有关系式为

$$\begin{cases} x=\rho\cos\theta \\ y=\rho\sin\theta . \\ z=z \end{cases}$$

用三组坐标面 $\rho=$ 常数,$\theta=$ 常数,$z=$ 常数,将 Ω 分割成许多小区域,除了含 Ω 的边界点的一些不规则小区域外,这种小闭区域都是柱体. 考查由 ρ,θ,z 各取得微小增量 $\mathrm{d}\rho,\mathrm{d}\theta$,$\mathrm{d}z$ 所成的柱体,该柱体是底面积为 $\rho\mathrm{d}\rho\mathrm{d}\theta$,高为 $\mathrm{d}z$ 的柱体,其体积元为 $\mathrm{d}v=\rho\mathrm{d}\rho\mathrm{d}\theta\mathrm{d}z$,如图 10-13 所示,这便是柱面坐标系下的积分体积元,且有

$$\iiint\limits_{\Omega} f(x,y,z)\mathrm{d}x\mathrm{d}y\mathrm{d}z = \iiint\limits_{\Omega} f(\rho\cos\theta,\rho\sin\theta,z)\rho\mathrm{d}\rho\mathrm{d}\theta\mathrm{d}z.$$

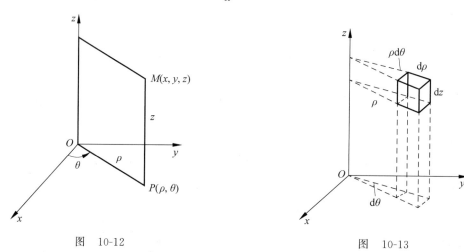

图 10-12　　　　　　　　　　　　图 10-13

柱面坐标的三重积分的计算,可化为三次积分来进行,其积分限要由 ρ,θ,z 在 Ω 中的变化范围来确定. 具体方法如下:

(1) 找出 Ω 在 xOy 面上的投影区域 D_{xy},并用极坐标变量 ρ,θ 表示之;

(2) 在 D_{xy} 内任取一点 (ρ,θ),过此点作平行于 z 轴的直线穿过区域,此直线与 Ω 边界曲面的两交点之竖坐标(将此竖坐标表示成 ρ,θ 的函数)即为 z 的变化范围.

例 3 利用柱坐标计算三重积分 $\iiint\limits_{\Omega} z\mathrm{d}x\mathrm{d}y\mathrm{d}z$,其中 Ω 是由曲面 $z=x^2+y^2$、$\rho=2$ 与平面 $z=4$ 所围成的闭区域.

解 积分区域 Ω:$\rho^2\leqslant z\leqslant 4,0\leqslant\rho\leqslant 2,0\leqslant\theta\leqslant 2\pi$.

$$\iiint\limits_{\Omega} z\mathrm{d}x\mathrm{d}y\mathrm{d}z = \int_0^{2\pi}\mathrm{d}\theta\int_0^2\rho\mathrm{d}\rho\int_{\rho^2}^4 z\mathrm{d}z = \frac{64}{3}\pi.$$

3. 利用球面坐标计算三重积分

设 $M(x,y,z)$ 为空间内一点,如图 10-14 所示,则点 M 可用三个有次序的数 r,φ,θ 来确定,其中 r 为原点 O 与点 M 间的距离,φ 为有向线段 OM 与 z 轴正向所夹的角,θ 为从正

z 轴来看 x 轴在 xOy 面上按逆时针方向转到有向线段 OP 的夹角,这里 P 为点 M 在 xOy 面上的投影. 这样的三个数 r,φ,θ 就叫做点 M 的球面坐标

$$\begin{cases} x = r\sin\varphi\cos\theta \\ y = r\sin\varphi\sin\theta \\ z = r\cos\varphi \end{cases}.$$

这里,M 的变化范围为 $0 \leqslant 1 < +\infty, 0 \leqslant \varphi \leqslant \pi, 0 \leqslant \theta \leqslant 2\pi$;三组坐标面分别为:$r=$ 常数,即以原点为心的球面;$\varphi=$ 常数,即以原点为顶点、z 轴为轴的圆锥面;$\theta=$ 常数,即过 z 轴的半平面.

用三组坐标面 $r=$ 常数,$\varphi=$ 常数,$\theta=$ 常数,将 Ω 分划成许多小区域,考虑当 r,φ,θ 各取微小增量 $\mathrm{d}r,\mathrm{d}\varphi,\mathrm{d}\theta$ 所形成的六面体,若忽略高阶无穷小,可将此六面体视为长方体,其体积近似值为 $\mathrm{d}v = r^2\sin\varphi\,\mathrm{d}r\,\mathrm{d}\varphi\,\mathrm{d}\theta$,这就是球面坐标系下的体积元,如图 10-15 所示. 由此,有

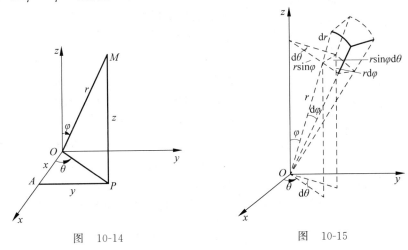

图　10-14

$$\iiint\limits_{\Omega} f(x,y,z)\,\mathrm{d}v = \iiint\limits_{\Omega} f(r\sin\varphi\cos\theta, r\sin\varphi\sin\theta, r\cos\varphi)r^2\sin\varphi\,\mathrm{d}r\,\mathrm{d}\varphi\,\mathrm{d}\theta.$$

三重积分可化为积分变量 r,φ,θ 的三次积分来实现其计算.

例 4　求半径为 a 的球面与半顶角为 α 的内接锥面所围成的立体的体积.

解　如图 10-16 所示,设球面通过原点 O,球心在 z 轴上,又内接锥面的顶角也在原点 O,其轴与 z 轴重合,则球面方程为 $r = 2a\cos\varphi$,锥面方程为 $\varphi = \alpha$. 因为立体所占有的空间闭区域 Ω 可以用不等式

$$0 \leqslant r \leqslant 2a\cos\varphi, \quad 0 \leqslant \varphi \leqslant \alpha, \quad 0 \leqslant \theta \leqslant 2\pi$$

来表示,所以

$$\begin{aligned} V &= \iiint\limits_{\Omega} r^2\sin\varphi\,\mathrm{d}r\,\mathrm{d}\varphi\,\mathrm{d}\theta = \int_0^{2\pi}\mathrm{d}\theta\int_0^{\alpha}\mathrm{d}\varphi\int_0^{2a\cos\varphi} r^2\sin\varphi\,\mathrm{d}r \\ &= 2\pi\int_0^{\alpha}\sin\varphi\,\mathrm{d}\varphi\int_0^{2a\cos\varphi} r^2\,\mathrm{d}r = \frac{16\pi a^3}{3}\int_0^{\alpha}\cos^3\varphi\sin\varphi\,\mathrm{d}\varphi \\ &= \frac{4\pi a^3}{3}(1-\cos^4\varphi). \end{aligned}$$

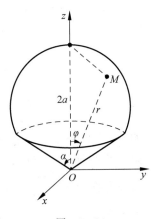

图　10-16

10.3　重积分的应用

本节学习重积分在数学和物理学方面的最简单应用,主要计算面积、物体的体积、物体的重心、转动惯量、引力、曲线积分和曲面积分方面.实际上,重积分在科学研究中有重要应用,比如空气动力学中的阻力分析和环境科学中的流体分布等.

10.3.1　曲面的面积

设曲面 S 由方程 $z=f(x,y)$ 给出,D_{xy} 为曲面 S 在 xOy 面上的投影区域,函数 $f(x,y)$ 在 D_{xy} 上具有连续偏导数 $f_x(x,y)$ 和 $f_y(x,y)$,现计算曲面 S 的面积 A.

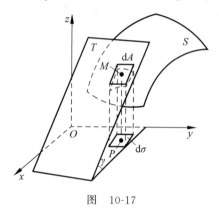

图　10-17

在闭区域 D_{xy} 上任取一直径很小的闭区域 $\mathrm{d}\sigma$(它的面积也记作 $\mathrm{d}\sigma$),在 $\mathrm{d}\sigma$ 内取一点 $P(x,y)$,对应着曲面 S 上一点 $M(x,y,f(x,y))$,曲面 S 在点 M 处的切平面设为 T.以小区域 $\mathrm{d}\sigma$ 的边界为准线作母线平行于 z 轴的柱面,该柱面在曲面 S 上截下一小片曲面,则该小片曲面在切平面 T 上截下一小片平面,由于 $\mathrm{d}\sigma$ 的直径很小,这一小片平面面积近似地等于对应一小片曲面面积,如图 10-17 所示.曲面 S 在点 M 处的法线向量(指向朝上的那个)为 $\boldsymbol{n}=\{-f_x(x,y),-f_y(x,y),1\}$,它与 z 轴正向所成夹角 γ 的方向余弦为

$$\cos\gamma=\frac{1}{\sqrt{1+f_x^2(x,y)+f_y^2(x,y)}},$$

$$\mathrm{d}A=\frac{\mathrm{d}\sigma}{\cos\gamma}=\sqrt{1+f_x^2(x,y)+f_y^2(x,y)}\,\mathrm{d}\sigma.$$

将 $\mathrm{d}\sigma=\mathrm{d}x\,\mathrm{d}y$ 代入得

$$\mathrm{d}A=\sqrt{1+f_x^2(x,y)+f_y^2(x,y)}\,\mathrm{d}x\,\mathrm{d}y \tag{10-1}$$

这就是曲面 S 的面积元 $\mathrm{d}A$,所以有

$$A=\iint\limits_{D_{xy}}\sqrt{1+f_x^2(x,y)+f_y^2(x,y)}\,\mathrm{d}\sigma,$$

即

$$A=\iint\limits_{D_{xy}}\sqrt{1+\left(\frac{\partial z}{\partial x}\right)^2+\left(\frac{\partial z}{\partial y}\right)^2}\,\mathrm{d}x\,\mathrm{d}y.$$

例1　求球面 $x^2+y^2+z^2=a^2$ 含在柱面 $x^2+y^2=ax\,(a>0)$ 内部的面积.

解　所求曲面在 xOy 面的投影区域 $D_{xy}=\{(x,y)\,|\,x^2+y^2\leqslant ax\}$,
曲面方程为 $z=\sqrt{a^2-x^2-y^2}$,则

$$z_x=f_x(x,y)=(\sqrt{a^2-x^2-y^2})'=-\frac{x}{\sqrt{a^2-x^2-y^2}},$$

$$z_y = f_y(x,y) = (\sqrt{a^2 - x^2 - y^2})' = -\frac{y}{\sqrt{a^2 - x^2 - y^2}},$$

所以有

$$\sqrt{1 + z_x^2 + z_y^2} = \frac{a}{\sqrt{a^2 - x^2 - y^2}};$$

$$dA = \sqrt{1 + f_x^2(x,y) + f_y^2(x,y)}\,d\sigma = \frac{a}{\sqrt{a^2 - x^2 - y^2}}dx\,dy;$$

根据曲面的对称性,有

$$A = 2\iint\limits_{D_{xy}} \frac{a}{\sqrt{a^2 - x^2 - y^2}}dx\,dy = 2\int_{-\frac{\pi}{2}}^{\frac{\pi}{2}} d\theta \int_0^{a\cos\theta} \frac{a}{\sqrt{a^2 - r^2}} r\,dr = 2a^2(\pi - 2)$$

若曲面的方程 $x = g(y,z)$ 或 $y = h(z,x)$,可分别将曲面投影到 yOz 面或 zOx 面,设所得到的投影区域分别为 D_{yz} 或 D_{zx},类似的有

$$A = \iint\limits_{D_{yz}} \sqrt{1 + \left(\frac{\partial x}{\partial y}\right)^2 + \left(\frac{\partial x}{\partial z}\right)^2}\,dy\,dz,$$

或

$$A = \iint\limits_{D_{zx}} \sqrt{1 + \left(\frac{\partial y}{\partial z}\right)^2 + \left(\frac{\partial y}{\partial x}\right)^2}\,dz\,dx.$$

10.3.2　质心

设有一平面薄片,占有 xOy 面上的闭区域 D,在点 (x,y) 处的面密度为 $\rho(x,y)$,假定 $\rho(x,y)$ 在 D 上连续,求该薄片的质心坐标 $(\bar{x}, \bar{y})$.

在闭区域 D 上任取一直径很小的闭区域 $d\sigma$(这小闭区域的面积也记作 $d\sigma$),(x,y) 是这小闭区域上的任一个点. 由于 $d\sigma$ 的直径很小,所以薄片中相应于 $d\sigma$ 的部分的质量 dm 近似等于 $\rho(x,y)d\sigma$,这部分质量可近似看作集中在点 (x,y) 上,于是可写出静矩元 dM_y 和 dM_x 分别为

$$dM_y = x\,dm = x\rho(x,y)d\sigma,$$

$$dM_x = y\,dm = y\rho(x,y)d\sigma;$$

则在闭区域 D 上积分,便得总的静矩为

$$M_y = \iint\limits_D x\rho(x,y)d\sigma,$$

$$M_x = \iint\limits_D y\rho(x,y)d\sigma;$$

由面密度函数,平面薄片的质量为 $M = \iint\limits_D dm = \iint\limits_D \rho(x,y)d\sigma$,从而薄片的质心坐标为

$$\bar{x} = \frac{M_y}{M} = \frac{\iint\limits_D x\rho(x,y)d\sigma}{\iint\limits_D \rho(x,y)d\sigma}, \quad \bar{y} = \frac{M_x}{M} = \frac{\iint\limits_D y\rho(x,y)d\sigma}{\iint\limits_D \rho(x,y)d\sigma}.$$

如果薄片是均匀的,即面密度为定值,则

$$\bar{x} = \frac{1}{A}\iint\limits_{D} x\,\mathrm{d}\sigma, \quad \bar{y} = \frac{1}{A}\iint\limits_{D} y\,\mathrm{d}\sigma;$$

其中 $A = \iint\limits_{D}\mathrm{d}\sigma$ 为闭区域 D 的面积.

显然,薄片的质心完全由闭区域 D 的形状所决定.

例 2　求位于两圆 $r=2\sin\theta$ 和 $r=4\sin\theta$ 之间的均匀薄片的质心,如图 10-18 所示.

解　因为闭区域 D 对称于 y 轴,可知 $\bar{x}=0$.闭区域 D 位于半径为 1 和半径为 2 两圆之间,即这两个圆的面积之差 $A=3\pi$.再运用极坐标计算二重积分

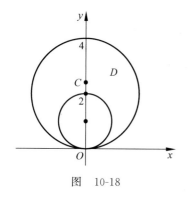

图　10-18

$$\iint\limits_{D} y\,\mathrm{d}\sigma = \iint\limits_{D} r^2\sin\theta\,\mathrm{d}r\,\mathrm{d}\theta = \int_0^\pi \sin\theta\,\mathrm{d}\theta \int_{2\sin\theta}^{4\sin\theta} r^2\,\mathrm{d}r$$

$$= \frac{56}{3}\int_0^\pi \sin^4\theta\,\mathrm{d}\theta = 7\pi,$$

所以, $\bar{y} = \frac{1}{A}\iint\limits_{D}\mathrm{d}\sigma y = \frac{7\pi}{3\pi} = \frac{7}{3}$,所求质心是 $\left(0,\frac{7}{3}\right)$.

类似地,设某物体在空间有界闭区域 Ω 的密度为连续函数 $\rho(x,y,z)$,则物体的质心坐标是

$$\bar{x} = \frac{1}{M}\iiint\limits_{\Omega} x\rho(x,y,z)\,\mathrm{d}v, \quad \bar{y} = \frac{1}{M}\iiint\limits_{\Omega} y\rho(x,y,z)\,\mathrm{d}v,$$

$$\bar{z} = \frac{1}{M}\iiint\limits_{\Omega} z\rho(x,y,z)\,\mathrm{d}v,$$

其中 $M = \iiint\limits_{\Omega}\rho(x,y,z)\,\mathrm{d}v$.

10.3.3　转动惯量

设有一薄片,占有 xOy 面上的闭区域 D,在点 (x,y) 处的面密度为 $\rho(x,y)$,假定 $\rho(x,y)$ 在 D 上连续.现要求该薄片对于 x 轴、y 轴的转动惯量 I_x,I_y.

在闭区域 D 上任取一直径很小的闭区域 $\mathrm{d}\sigma$(这小闭区域的面积也记作 $\mathrm{d}\sigma$),(x,y) 是这小闭区域上的一个点.由于 $\mathrm{d}\sigma$ 的直径很小,所以薄片中相应于 $\mathrm{d}\sigma$ 的部分的质量 $\mathrm{d}m$ 近似等于 $\rho(x,y)\mathrm{d}\sigma$,这部分质量可近似看作集中在点 (x,y) 上,于是,按照转动惯量的定义,可写出薄片对于 x 轴、y 轴的转动惯量元素有

$$\mathrm{d}I_x = y^2\mathrm{d}m = y^2\rho(x,y)\mathrm{d}\sigma,$$

$$\mathrm{d}I_y = x^2\mathrm{d}m = x^2\rho(x,y)\mathrm{d}\sigma;$$

以这些元素为被积表达式,在闭区域 D 上积分,便得

$$I_x = \iint\limits_{D} y^2\rho(x,y)\mathrm{d}\sigma, \quad I_y = \iint\limits_{D} x^2\rho(x,y)\mathrm{d}\sigma.$$

例 3　求由抛物线 $y=x^2$ 及直线 $y=1$ 所围成的均匀薄片(面密度为常数 ρ)对于直线 $y=-1$ 的转动惯量.

解 转动惯量元为 $dI = (y+1)^2 \rho d\sigma$，积分区域 D 为 $-1 \leqslant x \leqslant 1, -1 \leqslant y \leqslant 1$，则

$$dI = (y+1)^2 dm = (y+1)^2 \rho d\sigma,$$

$$I = \iint\limits_D (y+1)^2 \mu d\sigma = \rho \int_{-1}^{1} (y+1)^2 dy = \frac{368}{105}\mu.$$

类似地，在空间有界闭区域 Ω、在点 (x, y, z) 处的密度为 $\rho(x, y, z)$（假定 $\rho(x, y, z)$ 在 Ω 上连续）的物体对于 x、y、z 轴的转动惯量为

$$I_x = \iiint\limits_\Omega (y^2 + z^2)\rho(x, y, z)dv,$$

$$I_y = \iiint\limits_\Omega (z^2 + x^2)\rho(x, y, z)dv,$$

$$I_z = \iiint\limits_\Omega (x^2 + y^2)\rho(x, y, z)dv.$$

*10.3.4 引力

设某物体在有界闭区域 Ω 具有连续密度函数为 $\rho(x, y, z)$，讨论该物体对于其外一点 $P_0(x_0, y_0, z_0)$ 处的单位质量的质点的引力大小.

在物体内任取一直径很小的闭区域 dv（这闭区域的体积也记作 dv），(x, y, z) 为这一小块中的一点. 把这一小块物体的质量 $dm = \rho dv$ 近似地看作集中在点 (x, y, z) 处. 按牛顿万有引力定律，质点间的 $F = G\dfrac{m_1 m_2}{r^2}$，可得这一小块物体对位于 $P_0(x_0, y_0, z_0)$ 处的单位质量的质点的引力近似地为

$$dF = (dF_x, dF_y, dF_z)$$
$$= \left(G\frac{\rho(x,y,z)(x-x_0)}{r^3}dv, G\frac{\rho(x,y,z)(y-y_0)}{r^3}dv, G\frac{\rho(x,y,z)(z-z_0)}{r^3}dv \right),$$

其中 dF_x, dF_y, dF_z 为引力元素 dF 在三个坐标轴上的分量，G 为引力常数，

$$r = \sqrt{(x-x_0)^2 + (y-y_0)^2 + (z-z_0)^2}.$$

将 dF_x, dF_y, dF_z 在 Ω 上分别积分，即得

$$F = (F_x, F_y, F_z)$$
$$= \left(\iiint\limits_\Omega G\frac{\rho(x,y,z)(x-x_0)}{r^3}dv, \iiint\limits_\Omega G\frac{\rho(x,y,z)(y-y_0)}{r^3}dv, \iiint\limits_\Omega G\frac{\rho(x,y,z)(z-z_0)}{r^3}dv \right).$$

如果考虑平面薄片对薄片外一点 $P_0(x_0, y_0, z_0)$ 处的单位质量的质点的引力，设平面薄片占有 xOy 平面上的有界闭区域 D，其面密度为 $\rho(x, y)$，那么只要将上式中的体密度 $\rho(x, y, z)$ 换成面密度 $\rho(x, y)$，将 Ω 上的三重积分换成 D 上的二重积分，就可得到相应的计算公式.

例4 设球体 V 具有均匀的密度 μ，求 V 对球体外一点（质量为1）的引力.

解 设球体 V 为 $x^2 + y^2 + z^2 \leqslant \mathbf{R}^2$，球外一点 A 的坐标为 $(0, 0, a)$. 显然有 $F_x = F_y = 0$，引力的方向沿 z 轴，现在计算 F_z，由上述公式得

$$F_z = G \iiint_V \frac{\mu(z-a)}{\left[x^2 + y^2 + (z-a)^2 \right]^{\frac{3}{2}}} \mathrm{d}x\,\mathrm{d}y\,\mathrm{d}z$$

$$= G\mu \int_{-R}^{R} (z-a)\mathrm{d}z \iint_D \frac{\mathrm{d}x\,\mathrm{d}y}{\left[x^2 + y^2 + (z-a)^2 \right]^{\frac{3}{2}}}.$$

采用柱坐标计算：此时有 $\rho = \sqrt{x^2 + y^2}$，$\mathrm{d}x\,\mathrm{d}y = \rho\mathrm{d}\theta\mathrm{d}\rho$，在柱坐标的积分区域 D 中，$D = \{ (x,y) \mid \rho^2 = x^2 + y^2 \leqslant R^2 - z^2 \}$，所以有

$$F_z = G\mu \int_{-R}^{R} (z-a)\mathrm{d}z \int_0^{2\pi} \mathrm{d}\theta \int_0^{\sqrt{R^2-z^2}} \frac{\rho}{(\rho^2 + (z-a)^2)^{\frac{3}{2}}} \mathrm{d}\rho$$

$$= 2\pi G\mu \int_{-R}^{R} \left(-1 - \frac{z-a}{\sqrt{R^2 - 2az + a^2}} \right)\mathrm{d}z$$

$$= -\frac{4}{3a^2}\pi R^3 G\mu.$$

所以，$\boldsymbol{F} = F_z \boldsymbol{k} = -\dfrac{4}{3a^2}\pi R^3 G\mu \boldsymbol{k}$，即方向沿 z 轴负方向.

小结与复习

一、主要内容

1. 二重积分

2. 三重积分

3. 重积分的应用

二、主要结论与方法

1. 二重积分的概念、性质及计算方法

2. 在平面极坐标系中,二重积分的积分面积微元的表示方法

3. 三重积分的概念、性质及计算方法

4. 在球坐标系和柱坐标系中,三重积分的积分体积微元的表示方法

5. 重积分在几何学中的应用的类型

6. 重积分在物理学中的应用方法

三、基本要求

1. 理解二重积分的概念和定义

2. 掌握二重积分在直角坐标系和极坐标系中的计算方法

3. 理解三重积分的概念和定义

4. 掌握三重积分在直角坐标系、球坐标系和柱坐标系中的计算方法

5. 掌握重积分在几何学、物理学及工程计算中的简单应用

数学家简介　中国古代数学家：杨辉

杨辉，字谦光，汉族，钱塘(今浙江省杭州)人，具体生卒年不详。南宋时期杰出的数学家和数学教育家。他是世界上第一个排出丰富的纵横图和讨论其构成规律的数学家。他还曾论证过弧矢公式，时人称为"辉术"。杨辉与秦九韶、李冶、朱世杰并称"宋元数学四大家"。著有《详解九章算法》《日用算法》《乘除通变本末》《田亩比类乘除捷法》《续古摘奇算法》。

杨辉曾担任过南宋地方行政官员，为政清廉，足迹遍及苏杭一带。他在总结民间乘除捷算法、垛积术、纵横图以及数学教育方面，均做出了重大的贡献。杨辉的数学研究与教育工作的重点是在改进筹算计算技术方面，有的还编成了歌诀，如珠算的"九归口诀"。

```
左  右
积  隅
本
积      ①
商
除     ①  ①
平
方    ①  ②  ①
立
方   ①  ③  ③  ①
三
乘  ①  ④  ⑥  ④  ①
四
乘 ① ⑤ ⑩ ⑩ ⑤ ①
五
乘 ① ⑥ ⑮ ⑳ ⑮ ⑥ ①
命  以  中  右  左
实  廉  藏  表  表
面  乘  者  乃  乃
除  商  皆  隅  积
之      方  算  数
```

图　10-19

杨辉三角，又称贾宪三角，是二项式系数在三角形中的一种几何排列。1261 年，杨辉在他的著作《详解九章算法》中记载着一张珍贵的图形——"开方做法本源"图(图 10-19)。根据杨辉自注，此图"出《释锁算书》，贾宪用此术"，就是说这张图是贾宪(11 世纪)创造的，贾宪制作这张表进行开方运算，因其形似三角形，因此我们称之为"贾宪三角"，又称"杨辉三角"。欧洲人一般称它为"帕斯卡三角形"，认为是法国科学家帕斯卡(1623—1662)首创的。显然，中国数学家独立发明这个三角比欧洲要早 500 多年。

杨辉主要著有数学著作 5 种 21 卷，即《详解九章算法》12 卷(1261 年)，《日用算法》2 卷(1262 年)，《乘除通变本末》3 卷(1274 年)，《田亩比类乘除捷法》2 卷(1275 年)和《续古摘奇算法》2 卷(1275 年)(其中《详解》和《日用算法》已非完书)。后三种合称《杨辉算法》。朝鲜、日本等国均有译本出版，流传世界。杨辉的另一重要成果是垛积术。这是杨辉继沈括"隙积术"之后，关于高阶等差级数求和的研究。在《详解九章算法》和《算法通变本末》中记叙了若干二阶等差级数求和公式，其中除有一个即沈括的当童垛外，还有三角垛、四隅垛、方垛三式。对数学重新分类也是杨辉的重要数学工作之一。杨辉在详解《九章算术》的基础上，专门增加了一卷"纂类"，将《九章》的方法和 246 个问题按其方法的性质重新分为乘除、分率、合率、互换、衰分、叠积、盈不足、方程、勾股九类。

杨辉不仅是一位著述甚丰的数学家，而且还是一位杰出的数学教育家。他一生致力于数学教育和数学普及，其著述有很多是为了数学教育和普及而写。《算法通变本末》中载有杨辉专门为初学者制订的《习算纲目》，它集中体现了杨辉的数学教育思想和方法。杨辉的数学研究与数学教育工作之重点在于改进筹算乘除计算技术，总结各种乘除捷算法，这是由当时的社会状况决定的。杨辉生活在南宋商业发达的苏杭一带，进一步发展了乘除捷算法。他说："乘除者本钩深致远之法。《指南算法》以'加减''九归''求一'旁求捷径，学者岂容不晓，宜兼而用之。"

思考与练习

一、思考题

1. 二重积分、三重积分与定积分的区别与联系是什么？

2. 二重积分是如何定义的？二重积分的几何意义是什么？

3. 三重积分是如何定义的？三重积分的几何意义是什么？

4. 在平面极坐标系中，二重积分的积分面积微元如何表示？

5. 在球坐标系和柱坐标系中，三重积分的积分体积微元如何表示？

6. 重积分在几何学中有哪些应用？

7. 重积分在物理学中有哪些应用？

二、作业必做题

1. 估计二重积分 $I = \iint\limits_{D}(x^2 + 4y^2 + 9)\mathrm{d}\sigma$ 的值，D 是圆域 $x^2 + y^2 \leqslant 4$.

2. 求 $\iint\limits_{D} x^2 \mathrm{e}^{-y^2}\mathrm{d}x\mathrm{d}y$，其中 D 是以 $(0,0),(1,1),(0,1)$ 为顶点的三角形.

3. 求由曲面 $z = x^2 + 2y^2$ 及 $z = 6 - 2x^2 - y^2$ 所围成的立体的体积.

4. 计算 $\iint\limits_{D} \mathrm{e}^{-x^2-y^2}\mathrm{d}x\mathrm{d}y$，其中 D 是由中心在原点，半径为 a 的圆周所围成的闭区域.

5. 计算 $\iint\limits_{D} |y - x^2|\,\mathrm{d}x\mathrm{d}y$，其中 D：$\begin{cases}-1 \leqslant x \leqslant 1 \\ 0 \leqslant y \leqslant 1\end{cases}$.

6. 将下列三重积分 $\iiint\limits_{\Omega} f(x,y,z)\mathrm{d}x\mathrm{d}y\mathrm{d}z$ 化为三次积分.

(1) Ω：$z = xy, \dfrac{x^2}{4} + \dfrac{y^2}{9} = 1, z = 0$ 所围成的区域中的第一卦面的部分；

(2) Ω：$z = x^2 + 2y^2, z = 2 - x^2$ 所围成的区域.

7. 计算 $\iiint\limits_{\Omega} xyz\,\mathrm{d}x\mathrm{d}y\mathrm{d}z$，其中 Ω 为球面 $x^2 + y^2 + z^2 = 1$ 及三个坐标面所围成的位于第一卦限的立体.

8. 计算三重积分 $\iiint\limits_{\Omega} z\,\mathrm{d}x\mathrm{d}y\mathrm{d}z$，其中 Ω 为三个坐标面及平面 $x + y + z = 1$ 所围成的闭区域.

9. 求半径为 r 的球面与半顶角为 α 的内接锥面所围成的立体的体积.

10. 有一圆筒形的无盖水桶，桶高 6cm，半径为 1cm. 在筒壁上钻有两个小孔用于安装支架，使水桶可以自由倾斜. 两个小孔距桶底 2cm，且两孔连线恰为直径，水可以从两个小孔向外流出，如图 10-20 所示. 当水桶以不同角度倾斜放置且没有水漏出时，这只水桶最多可以装多少水？

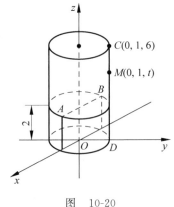

图　10-20

第 *11* 章

曲线积分与曲面积分

定积分与重积分讨论的是定义在直线段、平面图形或空间区域上函数的积分问题,曲线积分与曲面积分讨论的是定义在曲线段或曲面块上函数的积分,其被积函数可以是标量函数或向量函数.曲线积分与曲面积分包含了函数极限、微积分、向量函数、解析几何和物理学理论及其应用的最基础的知识.通过曲线积分和曲面积分特别是第二类曲线(曲面)积分的演绎,可以深刻地揭示客观规律的科学原理的本质,例如研究各类积分之间的关系,计算电场或重力场中的做功,或量子力学中计算粒子出现的概率等.所以,曲线积分与曲面积分是科学研究的重要的工具之一.

11.1 第一型曲线积分

第一型曲线积分是对弧长积分,被积函数是标量函数,其积分元是弧长微元 ds,取值沿的不是区间,而是沿特定的曲线.

11.1.1 第一型曲线积分的概念

设某物体 P 的密度函数 $f(P)$ 是定义在曲线 L 上的连续函数,当 L 为直线段时,应用定积分就能计算得到 P 的质量.现在研究 L 是曲线段时如何计算物体 P 的质量.

如图 11-1 所示,首先对 L 作分割,它把 L 分成 n 个小曲线段: M_1M_2 , M_2M_3 , $\cdots$, $M_{n-1}M_n$,每一小段 $M_{i-1}M_i$ 的长度为 $\Delta l_i (i=1,2,\cdots,n)$,并在每一小段 Δl_i 上任取一点 $P_i(\xi_i,\eta_i)$.由于 f 为 L 上连续函数,故当 Δl_i 都很小时,每一小段 Δl_i 的质量可近似等于 $f(P_i)\Delta l_i$.于是在整个 L 上的质量就近似等于和式

$$\sum_{i=1}^{n} f(P_i)\Delta l_i .$$

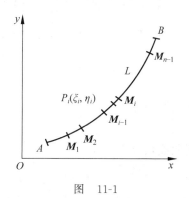

图　11-1

当对 L 的分割越来越细密(即 $d=\max\{\Delta l_i$ 直径$\} \rightarrow 0$)时,上述和式的极限就是所求物体 P 的质量 M .

由这个例子可以看到,求曲线段形状的质量,与求直线段的质量一样,也是通过"分割、近似、求和、取极限"来得到的.因此,由曲线密度求质量的方法可得到第一型曲线积分的概念.

11.1.2 第一型曲线积分的定义

定义 11-1 设 L 是 xOy 面内的一条光滑曲线弧,函数 $f(x,y)$ 在 L 上有界,在 L 上任意插入一点列 $M_1,M_2,M_{n-1},\cdots$ 把 L 分成了 n 个小弧段. 设第 i 小弧段的长度为 Δl_i. 又 (ξ_i,η_i) 为第 i 小弧段上任意选取的一点,作乘积 $f(\xi_i,\eta_i)\Delta l_i (i=1,2,\cdots,n)$,并作和式 $\sum_{i=1}^{n} f(\xi_i,\eta_i)\Delta l_i$,如果 $\lambda=\max\{\Delta l_1,\Delta l_2,\cdots,\Delta l_i\}\to 0$,该和式的极限总存在,而且与各小弧段的分法及 (ξ_i,η_i) 点的取法无关,那么称此极限为函数 $f(x,y)$ 在曲线弧 L 上对弧长的**曲线积分**或**第一型曲线积分**,记作 $\int_L f(x,y)\mathrm{d}l$,即

$$\int_L f(x,y)\mathrm{d}l =\lim_{\lambda\to 0}\sum_{i=1}^{n} f(\xi_i,\eta_i)\Delta l_i, \tag{11-1}$$

其中 $f(x,y)$ 叫做**被积函数**,L 叫做**积分路径**.

当 L 是直线段时,式(11-1)就是定积分;当 L 是三维空间曲线时,该式就是三重积分.

第一型曲线积分和定积分有类似的性质.

性质 1 若 $f(x,y),g(x,y)$ 在 L 上可积,α,β 为常数,则

$$\int_L [\alpha f(x,y)+\beta g(x,y)]\mathrm{d}l =\alpha\int_L f(x,y)\mathrm{d}l+\beta\int_L g(x,y)\mathrm{d}l.$$

性质 2 设 L 可被划分成两有连接的可度量小段 L_1 和 L_2,则

$$\int_L f(x,y)\mathrm{d}l =\int_{L_1} f(x,y)\mathrm{d}l+\int_{L_2} f(x,y)\mathrm{d}l.$$

性质 3 设在 L 上 $f(x,y)\leqslant g(x,y)$,则

$$\int_L f(x,y)\mathrm{d}l \leqslant \int_L g(x,y)\mathrm{d}l.$$

特别地,有

$$\left|\int_L f(x,y)\mathrm{d}l\right| \leqslant \int_L |f(x,y)|\mathrm{d}l.$$

11.1.3 第一型曲线积分的计算

第一型曲线积分可以化为定积分或二重积分来计算.

设有光滑曲线 L: $\begin{cases} x=\varphi(t), \\ y=\psi(t), \end{cases} t\in[\alpha,\beta]$,函数 $f(x,y)$ 为定义在 L 上的连续函数,曲线积分微元为

$$\mathrm{d}l =\sqrt{\mathrm{d}x^2+\mathrm{d}y^2} =\sqrt{\varphi'^2(t)+\psi'^2(t)}\,\mathrm{d}t \tag{11-2}$$

则曲线积分为

$$\int_L f(x,y)\mathrm{d}l =\int_\alpha^\beta f(\varphi(t),\psi(t))\sqrt{\varphi'^2(t)+\psi'^2(t)}\,\mathrm{d}t. \tag{11-3}$$

若曲线 L 由方程 $y=\psi(x),x\in[a,b]$ 表示,且 ψ 在 $[a,b]$ 上有连续的导函数,则式(11-3)可写成

$$\int_L f(x,y)\mathrm{d}l =\int_a^b f(x,\psi(x))\sqrt{1+\psi'^2(x)}\,\mathrm{d}x. \tag{11-4}$$

若曲线 L 由方程 $x=\varphi(y)$，$y\in[c,d]$ 表示，且 φ 在 $[c,d]$ 上有连续的导函数，则有

$$\int_L f(x,y)\mathrm{d}l = \int_c^d f(\varphi(y),y)\sqrt{1+\varphi'^2(y)}\,\mathrm{d}y. \tag{11-5}$$

例 1 设 L 是 $y^2=4x$ 从 $O(0,0)$ 到 $A(1,2)$ 的一段，

计算第一型曲线积分 $\displaystyle\int_L y\mathrm{d}s$.

解 $x=\dfrac{y^2}{4}=\varphi(y)$，$\sqrt{1+\varphi'^2(y)}=\sqrt{1+\dfrac{y^2}{2}}$，如

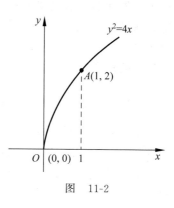

图 11-2 所示，由式 (11-5) 得

$$\int_L y\mathrm{d}l = \int_0^2 y\sqrt{1+\frac{y^2}{4}}\,\mathrm{d}y = 2\,\frac{2}{3}\left(1+\frac{y^2}{4}\right)^{\frac{3}{2}}\Bigg|_0^2$$

$$= \frac{4}{3}(2\sqrt{2}-1).$$

图 11-2

当曲线 L 由三维空间参量方程 $x=\phi(t)$，$y=\psi(t)$，$z=\gamma(t)$，$t\in[\alpha,\beta]$ 表示时，空间曲线积分的计算公式为

$$\int_L f(x,y,z)\mathrm{d}l = \int_\alpha^\beta f(\varphi(t),\psi(t),\gamma(t))\sqrt{\varphi'^2(t)+\psi'^2(t)+\gamma'^2(t)}\,\mathrm{d}t. \tag{11-6}$$

例 2 计算 $I=\displaystyle\int_L xy\mathrm{d}s$，其中 L：$x=a\cos t$，$y=b\sin t$，$0\leqslant t\leqslant\dfrac{\pi}{2}$.

解 已知 $x'=-a\sin t$，$y'=b\cos t$，所以

$$\mathrm{d}s = \sqrt{\mathrm{d}x'^2+\mathrm{d}y'^2} = \sqrt{a^2\sin^2 t+b^2\cos^2 t}\,\mathrm{d}t.$$

由式 (11-3)，有

$$I = \int_0^{\frac{\pi}{2}} a\cos t\cdot b\sin t\sqrt{a^2\sin^2 t+b^2\cos^2 t}\,\mathrm{d}t$$

$$= \frac{ab}{2}\int_0^{\frac{\pi}{2}}\sin 2t\sqrt{a^2\,\frac{1-\cos 2t}{2}+b^2\,\frac{1+\cos 2t}{2}}\,\mathrm{d}t,$$

设 $z=\cos 2t$，积分限 t：$0\to\dfrac{\pi}{2}$ 变换为 z：$1\to-1$；$\mathrm{d}z=-2\sin 2t\,\mathrm{d}t$，则 $\sin 2t\,\mathrm{d}t=-\dfrac{1}{2}\mathrm{d}z$，即

$$\frac{ab}{2}\int_0^{\frac{\pi}{2}}\sin 2t\sqrt{a^2\,\frac{1-\cos 2t}{2}+b^2\,\frac{1+\cos 2t}{2}}\,\mathrm{d}t = -\frac{ab}{4}\int_1^{-1}\left(\sqrt{\frac{a^2+b^2}{2}+\frac{b^2-a^2}{2}z}\right)\mathrm{d}z,$$

所以有

$$I = \frac{ab}{4}\int_{-1}^1\left(\sqrt{\frac{a^2+b^2}{2}+\frac{b^2-a^2}{2}z}\right)\mathrm{d}z$$

$$= \frac{ab}{4}\,\frac{2}{b^2-a^2}\,\frac{2}{3}\left(\frac{a^2+b^2}{2}+\frac{b^2-a^2}{2}z\right)^{\frac{3}{2}}\Bigg|_{-1}^1$$

$$= \frac{ab}{3}\sqrt{b^2-a^2}.$$

11.2 第二型曲线积分

第二型曲线积分的被积函数是向量函数,因此必须考虑积分路径的方向性,即积分微元也是向量. 在直角坐标系中,其积分微元是坐标微元 $\mathrm{d}x$、$\mathrm{d}y$、$\mathrm{d}z$,其是有向弧长对坐标轴的投影,所以第二型曲线积分是对坐标积分. 当积分路径为闭合曲线时,又称其为环路积分或向量场的环流.

11.2.1 第二型曲线积分的概念

为了充分理解第二型曲线积分的含义,首先看看物理学中场力做功的问题. 我们知道,若质点在恒力 $\boldsymbol{F}$(大小与方向都不变)的作用下沿直线运动,有位移是 $\boldsymbol{S}$(有向线段)时,则恒力 $\boldsymbol{F}$ 所做的功 W 是力(向量)$\boldsymbol{F}$ 与位移(向量)$\boldsymbol{S}$ 的内积,即 $W = \boldsymbol{F} \cdot \boldsymbol{S} = |\boldsymbol{F}| \cdot |\boldsymbol{S}| \cos\theta$,其中 θ 是 $\boldsymbol{F}$ 与 $\boldsymbol{S}$ 之间的夹角.

再看看变力沿曲线做功的计算问题.

设有一质点在平面力场有变力 $\boldsymbol{F} = (P(x,y), Q(x,y))$ 的作用下,沿光滑的有向曲线 L 由点 A 运动到点 B,如图 11-3 所示,求该力场 $\boldsymbol{F}$ 所做的功.

用任意分法 T,将曲线 L 分成 n 个有向的小弧:
$$M_0 M_1, M_1 M_2, \cdots, M_{n-1} M_n,$$
其中端点为 $M_0 = A$ 和 $M_n = B$.

设 M_i 的坐标是 (x_i, y_i). 将第 i 个有向小弧 $M_{i-1} M_i$ 的弦记为 $\boldsymbol{M}_{i-1} \boldsymbol{M}_i$,则弦 $\boldsymbol{M}_{i-1} \boldsymbol{M}_i$ 在 x 轴与 y 轴上的投影分别是 $\Delta x_i = x_i - x_{i-1}$ 与 $\Delta y_i = y_i - y_{i-1}$,即
$$\boldsymbol{M}_{i-1} \boldsymbol{M}_i = (x_i - x_{i-1}, y_i - y_{i-1}) = (\Delta x_i, \Delta y_i).$$

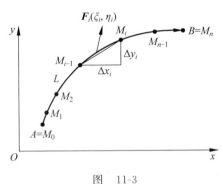

图 11-3

在第 i 个小弧 $M_{i-1} M_i$ 上任取一点 $\boldsymbol{F}_i(\xi_i, \eta_i)$. 在点 $\boldsymbol{F}_i$ 的"力"向量是
$$\boldsymbol{F}_i(\xi_i, \eta_i) = (P(\xi_i, \eta_i), Q(\xi_i, \eta_i)).$$

以点 $\boldsymbol{F}_i$ 的力向量近似地代替第 i 个小弧 $M_{i-1} M_i$ 上每一点的力向量. 于是,内积 $\boldsymbol{F}_i(\xi_i, \eta_i) \cdot \boldsymbol{M}_{i-1} \boldsymbol{M}_i$ 应是质点在力场 $\boldsymbol{F}$ 的作用下,沿第 i 个小弧 $M_{i-1} M_i$ 由点 M_{i-1} 运动到点 M_i 所做功的近似值. 它们的和式为
$$\sum_{i=1}^{n} \boldsymbol{F}_i(\xi_i, \eta_i) \cdot \boldsymbol{M}_{i-1} \boldsymbol{M}_i,$$

就是质点在力场 $\boldsymbol{F}$ 的作用下,沿曲线 L 由点 A 到点 B 所做总功 W 的近似值.小弧长度的 $\lambda(T)$ 越小,近似程度越好.于是,当 $\lambda(T)\to 0$ 时,有

$$W=\lim_{\lambda(T)\to 0}\sum_{i=1}^{n}\boldsymbol{F}_i(\xi_i,\eta_i)\cdot\boldsymbol{M}_{i-1}\boldsymbol{M}_i.$$

由内积公式,有 $\boldsymbol{F}_i(\xi_i,\eta_i)\cdot\boldsymbol{M}_{i-1}\boldsymbol{M}_i=(P(\xi_i,\eta_i),Q(\xi_i,\eta_i))\cdot(\Delta x_i,\Delta y_i)$

$$=P(\xi_i,\eta_i)\Delta x_i+Q(\xi_i,\eta_i)\Delta y_i,$$

即

$$W=\lim_{\lambda(T)\to 0}\sum_{i=1}^{n}[P(\xi_i,\eta_i)\Delta x_i+Q(\xi_i,\eta_i)\Delta y_i]$$

$$=\lim_{\lambda(T)\to 0}\sum_{i=1}^{n}P(\xi_i,\eta_i)\Delta x_i+\lim_{\lambda(T)\to 0}\sum_{i=1}^{n}Q(\xi_i,\eta_i)\Delta y_i. \tag{11-7}$$

由物理学的变力沿曲线做功的例子,得到第二型曲线积分的概念.

11.2.2　第二型曲线积分的定义

定义 11-2　设平面上有光滑有向曲线 $L(A,B)$,二元函数 $f(x,y)$ 在曲线 L 上有定义.用任意分法 T,将曲线 L 依次分成 n 个有向小弧:

$$M_0M_1,\quad M_1M_2,\quad\cdots,\quad M_{n-1}M_n,$$

其中端点 $M_0=A,M_n=B$.

设第 i 个小弧 $M_{i-1}M_i$ 的弦 $\boldsymbol{M}_{i-1}\boldsymbol{M}_i$ 在 x 轴与 y 轴上的投影区间的长(带有符号)分别是 Δx_i 与 Δy_i.在第 i 个小弧 $M_{i-1}M_i$ 上任取一点,该点二元向量函数 $\boldsymbol{f}_i(\xi_i,\eta_i)=(f_x(\xi_i,\eta_i),f_y(\xi_i,\eta_i))$,则作和式

$$\sum_{i=1}^{n}f_x(\xi_i,\eta_i)\Delta x_i\quad\text{与}\quad\sum_{i=1}^{n}f_y(\xi_i,\eta_i)\Delta y_i, \tag{11-8}$$

令 $\lambda(T)=\max\{\Delta s_1,\Delta s_2,\cdots,\Delta s_n\}$,若式(11-8)的极限存在,即

$$\lim_{\lambda(T)\to 0}\sum_{i=1}^{n}[f_x(\xi_i,\eta_i)\Delta x_i]=J_x\left(\text{或}\lim_{\lambda(T)\to 0}\sum_{i=1}^{n}[f_y(\xi_i,\eta_i)\Delta y_i]=J_y\right),$$

称 J_x(或 J_y)是 $f_x(x,y)\mathrm{d}x$(或 $f_y(x,y)\mathrm{d}y$)在曲线 $L(A,B)$ 的**第二型曲线积分**,记为

$$\int_{L(A,B)}f_x(x,y)\mathrm{d}x\quad\text{或}\quad\int_{L(A,B)}f_y(x,y)\mathrm{d}y.$$

由弧微分知,$\mathrm{d}x$ 与 $\mathrm{d}y$ 分别是位移向量的微分 $\mathrm{d}l$ 在 x 轴与 y 轴上的投影.弧位移向量微元 $\mathrm{d}l=(\mathrm{d}x,\mathrm{d}y)$ 的方向就是曲线 $L(A,B)$ 在该点的切线方向,第二型曲线积分可以合写为

$$\int_L\boldsymbol{f}(x,y)\cdot\mathrm{d}\boldsymbol{l}=\int_L[f_x(x,y),f_y(x,y)](\mathrm{d}x,\mathrm{d}y)=\int_Lf_x(x,y)\mathrm{d}x+\int_Lf_y(x,y)\mathrm{d}y$$

$$\tag{11-9}$$

注意:式(11-9)真的"点"是向量内积运算的符号,不可或缺.

第二型曲线积分与曲线 $L(A,B)$ 的方向有关.因为 Δx_i 与 Δy_i 分别是第 i 个有向小弧 $M_{i-1}M_i$ 的弦 $\boldsymbol{M}_{i-1}\boldsymbol{M}_i$ 在 x 轴与 y 轴上的投影,当改变曲线 L 的方向时,Δx_i 与 Δy_i 要改变符号,所以第二型曲线积分也要改变符号,即

$$\int_{L(A,B)}f_x(x,y)\mathrm{d}x=-\int_{L(B,A)}f_x(x,y)\mathrm{d}x,$$

与

$$\int_{L(A,B)} f_y(x,y)\mathrm{d}y = -\int_{L(B,A)} f_y(x,y)\mathrm{d}y.$$

设二元向量函数 $\boldsymbol{f}(x,y)=(f_x(x,y),f_y(x,y))$ 在有向光滑曲线 $L(A,B)$：$x=x(t),y=y(t),\alpha\leqslant t\leqslant\beta$ 上连续，且 $A(x(\alpha),y(\alpha)),B(x(\beta),y(\beta))$，则其在 $L(A,B)$ 的第二型曲线积分都存在，且

$$\int_{L(A,B)} f_x(x,y)\mathrm{d}x = \int_\alpha^\beta f[x(t),y(t)]x'(t)\mathrm{d}t, \tag{11-10}$$

$$\int_{L(A,B)} f_y(x,y)\mathrm{d}y = \int_\alpha^\beta f[x(t),y(t)]y'(t)\mathrm{d}t. \tag{11-11}$$

例1 计算 $\int_c (y^2\mathrm{d}x + x^2\mathrm{d}y)$，其中曲线 L 是上半椭圆 $x=a\cos t,y=b\sin t(0\leqslant t\leqslant\pi)$，取顺时针的方向.

解 $\mathrm{d}x=-a\sin t\,\mathrm{d}t,\mathrm{d}y=b\cos t\,\mathrm{d}t$，由式(11-10)与式(11-11)有

$$\int_L y^2\mathrm{d}x + x^2\mathrm{d}y = \int_\pi^0 [b^2\sin^2 t(-a\sin t) + a^2\cos^2 t\cdot b\cos t]\mathrm{d}t$$

$$= -ab^2\int_\pi^0 \sin^3 t\,\mathrm{d}t + a^2 b\int_\pi^0 \cos^3 t\,\mathrm{d}t = \frac{4}{3}ab^2.$$

设三维空间中有向光滑曲线 $L(A,B,C)$，其函数为

$$\boldsymbol{f}(x,y,z)=(f_x(x,y,z),f_y(x,y,z),f_z(x,y,z)) \tag{11-12}$$

在曲线 L 上有定义. 可仿照平面(二维空间)第二型曲线积分定义，给出三维空间中第二型曲线积分

$$\int_{L(A,B,C)} f_x(x,y,z)\mathrm{d}x、\int_{L(A,B,C)} f_y(x,y,z)\mathrm{d}y 与\int_{L(A,B,C)} f_z(x,y,z)\mathrm{d}z,$$

其中 $\mathrm{d}x、\mathrm{d}y$ 和 $\mathrm{d}z$ 是有向弧长微元 $\mathrm{d}s$ 在 x 轴、y 轴和 z 轴上的投影.

如果三维空间的有向光滑曲线 $L(A,B,C)$ 是参数方程

$$x=x(t),\quad y=y(t),\quad z=z(t),\quad \alpha\leqslant t\leqslant\beta.$$

t 在对应曲线 L 上由点 A 到点 B，则三维欧氏空间 $\mathbf{R}^3$ 的第二型曲线积分可化成定积分，有公式

$$\int_{L(A,B,C)} f_x(x,y,z)\mathrm{d}x = \int_\alpha^\beta f[x(t),y(t),z(t)]x'(t)\mathrm{d}t,$$

$$\int_{L(A,B,C)} f_y(x,y,z)\mathrm{d}y = \int_\alpha^\beta f[x(t),y(t),z(t)]y'(t)\mathrm{d}t, \tag{11-13}$$

$$\int_{L(A,B,C)} f_z(x,y,z)\mathrm{d}z = \int_\alpha^\beta f[x(t),y(t),z(t)]z'(t)\mathrm{d}t.$$

如果力场为 $\boldsymbol{F}(x,y,z)=(P(x,y,z),Q(x,y,z),R(x,y,z))$，有向光滑曲线 $L(A,B,C)$ 的弧位移为 $\mathrm{d}\boldsymbol{l}=(\mathrm{d}x,\mathrm{d}y,\mathrm{d}z)$，则第二型曲线积分可以表示为

$$\int_L \boldsymbol{F}(x,y,z)\cdot\mathrm{d}\boldsymbol{l} = \int_{L(A,B,C)} P(x,y,z)\mathrm{d}x + Q(x,y,z)\mathrm{d}y + R(x,y,z)\mathrm{d}z.$$

$$\tag{11-14}$$

式(11-14)右端实际上就是第一型曲线积分，所以该式也是两类曲线积分之间的关系.

例 2 计算 $\displaystyle\int_L y^2 \mathrm{d}x$,其中积分的起点为 A,终点为 B,积分路径曲线 L 如图 11-4 所示的两种情况.

(1) 半径为 a、圆心为原点、按逆时针方向绕行的上半圆周;

(2) 从点 $A(a,0)$ 沿轴到点 $B(-a,0)$ 的直线段.

解 (1) 给出上半圆周 L 的参数方程为
$$x = a\cos t, \quad y = a\sin t$$
参数 t 从 0 变到 π. 所以有
$$\int_L y^2 \mathrm{d}x = \int_0^\pi a^2 \sin^2 t(-a\sin t)\mathrm{d}t = a^3 \int_0^\pi (1-\cos^2 t)\mathrm{d}(\cos t)$$
$$a^3 \left[\cos t - \frac{\cos^3 t}{3}\right]\Big|_0^\pi = -\frac{4}{3}a^3.$$

(2) A 到 B 的直线段沿 x 轴,则 L 的方程为 $y=0$,积分范围是 a 到 $-a$. 所以有
$$\int_L y^2 \mathrm{d}x = \int_a^{-a} 0 \mathrm{d}x = 0.$$

从例 2 可以看出,虽然两个曲线积分的被积函数相同,始点与终点也相同,沿着不同的路径,积分值却不相等.

例 3 计算 $\displaystyle\int_L x\mathrm{d}y + y\mathrm{d}x$,其中积分的起点为 A,终点为 B,积分路径曲线 L 如图 11-5 所示的两种情况.

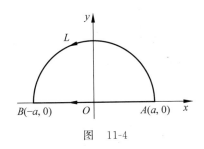

图 11-4

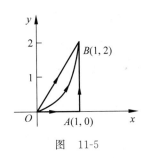

图 11-5

(1) 沿抛物线 $y = 2x^2$ 从原点 O 到点 $B(1,2)$;

(2) 沿直线 $y = 2x$ 从原点 O 到点 $B(1,2)$;

(3) 沿 OAB 折线从原点 O 到点 $B(1,2)$.

解 (1) 沿抛物线 $y = 2x^2$:
$$\int_L x\mathrm{d}y + y\mathrm{d}x = \int_0^1 [x(4x) + 2x^2]\mathrm{d}x = \int_0^1 6x^2 \mathrm{d}x = 2.$$

(2) 沿直线 $y = 2x$:
$$\int_L x\mathrm{d}y + y\mathrm{d}x = \int_0^1 (2x + 2x)\mathrm{d}x = \int_0^1 4x\mathrm{d}x = 2.$$

(3) 沿 OAB 折线:直线 OA 的方程为 $y=0$;直线 AB 的方程为 $x=2$.
$$\int_L x\mathrm{d}y + y\mathrm{d}x = \int_{AB} 2\mathrm{d}y = \int_0^1 2\mathrm{d}y = 2.$$

从例 3 可以看出,三个曲线积分的被积函数相同,始点与终点相同,沿着不同的路径,积

分值却都是相等的. 那么,对于被积函数相同、始点与终点相同,路径不同的曲线积分,在什么条件下,其积分值与所沿的路径无关呢? 这个问题在 11.4 节讨论.

11.3 第一型曲面积分

在 11.1 节的第一型曲线积分的具体例子、概念和定义中,把"曲线"改为"曲面"即得第一型曲面积分,这是因为在这型积分中,其被积函数都是标量函数. 为了理解方便,现在还是分开学习.

11.3.1 第一型曲面积分的概念

设某物体 P 的密度函数 $f(\sigma)$ 是定义在某区域上的连续函数,当物体 P 是曲线 L 时,应用定积分就能计算得到 P 的质量. 当物体 P 是一个平面图形 Σ 或空间的一个立体 Ω 时,应用二重积分或三重积分就能计算得到它的质量.

现在研究物体 P 是一个曲面质量的计算. 首先对 P 作分割,它把 P 分成 n 个小曲面 $N_i(i=1,2,\cdots,n)$,并在每一个 P_i 上任取一点 $P_i(\xi_i,\eta_i)$. 由于密度 $f(\sigma)$ 为 P 上连续函数,故当 P_i 都很小时,每一小曲面块 P_i 的质量可近似地等于 $f(P_i)\Delta P_i$. 于是在整个 P 上的质量就近似地等于和式

$$\sum_{i=1}^{n} f(P_i)\Delta P_i.$$

当对 P 的分割越来越细密(即 $d=\max\{P_i \text{ 直径}\}\to 0$)时,上述和式的极限就是所求物体 M 的质量.

由上面的讨论可以看到,求曲面块的质量,与求平面块的质量一样,也是通过"分割、近似、求和、取极限"来得到的. 由此我们得到第一型曲面积分的定义.

11.3.2 第一型曲面积分的定义

定义 11-3 设 P 是空间的曲面或一个可度量的几何体. $f(x,y,z)$ 为定义在 P 上的函数. 对 P 作分割 T: 把 P 分成 n 个可度量的小曲面或小几何体 $P_i(i=1,2,\cdots,n)$,且在 P_i 上任取一点 $p_i(i=1,2,\cdots,n)$,若 $T=\max_{1\leqslant i\leqslant n}\{d(P_i)\}\to 0$ 时有极限

$$\lim_{\|T\|\to 0}\sum_{i=1}^{n} f(P_i)\Delta P_i = J,$$

且 J 的值与分割 T 及点 P_i 的取法无关,则称 $f(x,y,z)$ 在 P 上可积,极限 J 为 $f(x,y,z)$ 在 P 上的积分,记作

$$J = \int_M f(P)\mathrm{d}P. \tag{11-15}$$

称式(11-15)为 f 在 S 上的**第一型曲面积分**,特别记作

$$\iint\limits_{S} f(x,y,z)\mathrm{d}S. \tag{11-16}$$

11.3.3 第一型曲面积分的计算

可将第一型曲面积分化为定积分或二重积分来计算.

设有光滑曲面 S：$z = z(x,y)$，$(x,y) \in D$，$f(x,y,z)$ 为 S 上的连续函数，根据第 10.3 节重积分的应用（一、曲面的面积），选取曲顶微元，有关系式 $dS = \sqrt{1 + f_x^2(x,y) + f_y^2(x,y)}\, dx\, dy$，所以，式(11-16)可以写成

$$\iint\limits_{S} f(x,y,z)\, dS = \iint\limits_{D} f(x,y,z(x,y)) \sqrt{1 + z_x^2 + z_y^2}\, dx\, dy. \tag{11-17}$$

例1　计算 $\displaystyle\iint\limits_{S} \frac{dS}{z}$，其中 S 是球面 $x^2 + y^2 + z^2 = a^2$ 被平面 $z = h\,(0 < h < a)$ 所截的顶部，如图 11-6 所示.

解　曲面 S 的方程为 $z = \sqrt{a^2 - x^2 - y^2}$，定义域 D 为圆域 $x^2 + y^2 \leqslant a^2 - h^2$.

由于

$$\sqrt{1 + z_x^2 + z_y^2} = a / \sqrt{a^2 - x^2 - y^2},$$

所以由式(11-17)求得

$$
\begin{aligned}
\iint\limits_{S} \frac{dS}{z} &= \iint\limits_{D} \frac{a}{a^2 - x^2 - y^2}\, dx\, dy \\
&= \int_0^{2x} d\theta \int_0^{\sqrt{a^2 - h^2}} \frac{a}{a^2 - \rho^2} \rho\, d\rho \\
&= 2\pi a \int_0^{\sqrt{a^2 - h^2}} \frac{\rho}{a^2 - \rho^2}\, d\rho \\
&= -\pi a \ln(a^2 - \rho^2)\Big|_0^{\sqrt{a^2 - h^2}} \\
&= 2\pi a \ln \frac{a}{h}.
\end{aligned}
$$

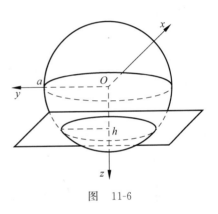

图　11-6

11.4　格林公式 曲线积分与路径的无关性

我们知道，一维区间上一元函数的定积分可通过原函数在该区间的两个端点处的值来表示，这就是著名的牛顿-莱布尼茨公式.类似地，在平面区域上的二重积分也可以通过沿区域的边界曲线上的曲线积分来表示，这便是格林公式.格林公式是微积分中的最重要的定理之一.

11.4.1　格林公式

格林公式将建立起平面区域 D 上的二重积分与 D 的边界线 L 上的第二型曲线积分之间的联系.首先给出两个重要概念的定义.

定义 11-4　在区域 D 中任意作一条封闭曲线 L，如果该封闭曲线 L 的内部不含有非区域中的点，则称区域 D 是**单连通域**，否则，区域 D 就是**复连通域**.

通俗地说，单连通域是没有"洞"的区域，如图 11-7 所示的 D_1 和 D_2 都是单连通域；复连通域是有"洞"的区域，如图 11-8 所示的 D 有两个"洞".

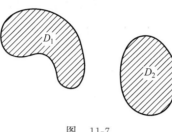 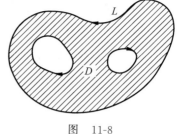

图 11-7   图 11-8

定义 11-5 设区域 D 的边界是由一条或几条光滑曲线所围成. 边界曲线 L 的**正方向**规定为: 当人沿边界行走时, 区域 D 总在它的左边, 如图 11-7 所示. 若沿与上述所规定的方向相反, 则成为**负方向**, 并记为 $-L$.

有了区域单连通域或复连通域以及区域边界方向性的概念之后, 我们给出第一型曲面积分与第二型曲线积分之间的关系, 这就是格林定理.

定理 11-1(格林定理) 若函数 $P(x,y)$、$Q(x,y)$ 在闭区域 $D \subset \mathbf{R}^2$ 上连续, 且有连续的一阶偏导数, 则有

$$\iint_D \left(\frac{\partial Q}{\partial x} - \frac{\partial P}{\partial y} \right) \mathrm{d}x\,\mathrm{d}y = \oint_L P\,\mathrm{d}x + Q\,\mathrm{d}y \tag{11-18}$$

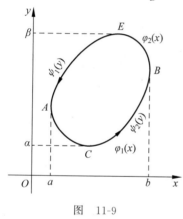

图 11-9

这里 L 为区域 D 的边界曲线, 并取正方向. 式(11-18)称为**格林公式**.

证 根据区域 D 的不同形状, 分三种情形来证明.

其一, 若平行于坐标轴的直线与区域 D 的边界曲线 L 至多交于两点, 如图 11-9 所示. 这时区域 D 是**单连通域**, 其边界可表示为

$$\varphi_1(x) \leqslant y \leqslant \varphi_2(x), \quad a \leqslant x \leqslant b \text{ 或者}$$
$$\psi_1(y) \leqslant x \leqslant \psi_2(y), \quad \alpha \leqslant y \leqslant \beta.$$

这里 $y = \varphi_1(x)$ 和 $y = \varphi_2(x)$ 分别为曲线 ACB 和 AEB 的方程, 而 $x = \psi_1(y)$ 和 $x = \psi_2(y)$ 则分别是曲线 CAE 和 CBE 的方程. 按照定义 11-5, 考虑边界的方向性, 于是

$$\iint_D \frac{\partial Q}{\partial x} \mathrm{d}x\,\mathrm{d}y = \int_\alpha^\beta \mathrm{d}y \int_{\psi_1(y)}^{\psi_2(y)} \frac{\partial Q}{\partial x} \mathrm{d}x$$

$$= \int_\alpha^\beta Q(\psi_2(y), y)\,\mathrm{d}y - \int_\alpha^\beta Q(\psi_1(y), y)\,\mathrm{d}y$$

$$= \int_{CBE} Q(x,y)\,\mathrm{d}y - \int_{CAE} Q(x,y)\,\mathrm{d}y$$

$$= \int_{CBE} Q(x,y)\,\mathrm{d}y + \int_{EAC} Q(x,y)\,\mathrm{d}y = \oint_L Q(x,y)\,\mathrm{d}y.$$

同理可以证得

$$\iint_D \frac{\partial P}{\partial y} \mathrm{d}x\,\mathrm{d}y = \oint_L P(x,y)\,\mathrm{d}x.$$

将上述两个结果相加即得式(11-18).

其二,若区域 D 是由一条分段光滑的闭曲线围成,如图 11-10 所示,则必须先用几段光滑曲线将 D 分成有限个子区域,可将 D 分成 D_1、D_2、D_3 三个区域,逐块按其一的方法,其中相邻两小子区域的共同边界,则因取向相反,它们的积分值正好互相抵消,即

$$\iint\limits_{D}\left(\frac{\partial Q}{\partial x}-\frac{\partial P}{\partial y}\right)\mathrm{d}x\,\mathrm{d}y=\iint\limits_{D_1}\left(\frac{\partial Q}{\partial x}-\frac{\partial P}{\partial y}\right)\mathrm{d}x\,\mathrm{d}y+\iint\limits_{D_2}\left(\frac{\partial Q}{\partial x}-\frac{\partial P}{\partial y}\right)\mathrm{d}x\,\mathrm{d}y+\iint\limits_{D_3}\left(\frac{\partial Q}{\partial x}-\frac{\partial P}{\partial y}\right)\mathrm{d}x\,\mathrm{d}y$$

$$=\oint_{L_1}P\mathrm{d}x+Q\mathrm{d}y+\oint_{L_2}P\mathrm{d}x+Q\mathrm{d}y+\oint_{L_3}P\mathrm{d}x+Q\mathrm{d}y$$

$$=\oint_{L}P\mathrm{d}x+Q\mathrm{d}y.$$

于是,推得式(11-18).

其三,若区域 D 不止由一条闭曲线所围成,即 D 是**复连通域**,如图 11-11 所示,则应当适当添加线段 AB、CE,把区域转化为**单连通域**处理. 这时 D 的边界曲线由 AB、L_2、BA、AFC_3、CE、L_1、EC 和 CGA 构成.与上述第二种情况类似,AB 与 BA、CE 与 EC 因取向相反,它们的积分值正好互相抵消,所以,积分结果也与第二种情况相同.

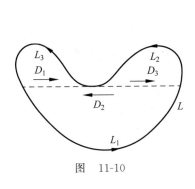

图 11-10

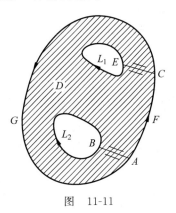

图 11-11

为便于记忆,格林公式(11-18)也可写成行列式形式:

$$\iint\limits_{D}\begin{vmatrix}\dfrac{\partial}{\partial x} & \dfrac{\partial}{\partial y}\\ P & Q\end{vmatrix}\mathrm{d}x\,\mathrm{d}y=\oint_{L}P\mathrm{d}x+Q\mathrm{d}y.$$

格林公式沟通了沿闭曲线的积分与二重积分之间的联系,从而可应用它来简化某些曲线积分或二重积分的计算.

例 1 计算 $\int_{AB}x\,\mathrm{d}y$,其中曲线 AB 是半径为 r 的圆在第一象限部分,如图 11-12 所示.

解 把题目要求的积分路径看成如图 11-12 所示的闭合回路的一部分,半径为 r 的 1/4 圆域 D.则对照格林公式,有

$$P(x,y)=0,\quad Q(x,y)=x,$$

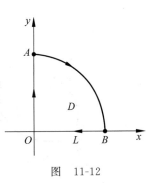

图 11-12

所以,按照图示顺时针方向,应用格林公式 $\iint\limits_{D}\left(\dfrac{\partial Q}{\partial x}-\dfrac{\partial P}{\partial y}\right)\mathrm{d}x\,\mathrm{d}y=\oint_{L}P\,\mathrm{d}x+Q\,\mathrm{d}y$,有

$$-\iint\limits_{D}\mathrm{d}x\,\mathrm{d}y=\oint_{OABO}x\,\mathrm{d}y=\int_{\overline{OA}}x\,\mathrm{d}y+\int_{AB}x\,\mathrm{d}y+\int_{\overline{BO}}x\,\mathrm{d}y,$$

由于 $\oint_{\overline{OA}}x\,\mathrm{d}y=0,\oint_{\overline{BO}}x\,\mathrm{d}y=0$,所以

$$\oint_{AB}x\,\mathrm{d}y=-\iint\limits_{D}\mathrm{d}x\,\mathrm{d}y=-\frac{1}{4}\pi r^{2}.$$

11.4.2 曲线积分与路径的无关性

现在回答 11.2 节提出的一个问题,即在什么条件下,曲线积分的值与所沿的路径无关.

定理 11-2 设 $D\subset\mathbf{R}^{2}$ 是单连通闭区域. 若函数 $P(x,y)$ 和 $Q(x,y)$ 在闭区域 D 内连续,且有一阶连续偏导数,则以下四个条件等价:

(1) 沿 D 内任一段光滑的闭曲线 L,有 $\oint_{L}P\,\mathrm{d}x+Q\,\mathrm{d}y=0$;

(2) 对 D 内任一段光滑的曲线 L,曲线积分 $\int_{L}P\,\mathrm{d}x+Q\,\mathrm{d}y$ 与路线无关,只与 L 的起点、终点有关;

(3) $P\,\mathrm{d}x+Q\,\mathrm{d}y$ 是 D 内某一函数 u 的全微分,即在 D 内有 $\mathrm{d}u=P\,\mathrm{d}x+Q\,\mathrm{d}y$;

(4) 在 D 内每一点处有 $\dfrac{\partial P}{\partial y}=\dfrac{\partial Q}{\partial x}$.

证明 如图 11-13 所示,(1)→(2)设与 ASB 为连接点 A、B 的任意两条光滑曲线,逆时针为 L 的正方向(区域在左手边).由(1)推得

$$\oint_{ARBSA}P\,\mathrm{d}x+Q\,\mathrm{d}y=\int_{ARB}P\,\mathrm{d}x+Q\,\mathrm{d}y+\int_{BSA}P\,\mathrm{d}x+Q\,\mathrm{d}y$$
$$=\int_{\overline{ARB}}P\,\mathrm{d}x+Q\,\mathrm{d}y-\int_{\overline{ASB}}P\,\mathrm{d}x+Q\,\mathrm{d}y=0.$$

所以

$$\int_{\overline{ARB}}P\,\mathrm{d}x+Q\,\mathrm{d}y=\int_{\overline{ASB}}P\,\mathrm{d}x+Q\,\mathrm{d}y.$$

(2)→(3)设 $A(x_{0},y_{0})$ 为 D 内某定点,如图 11-14 所示,$B(x,y)$ 为 D 内任意一点,由(2),曲线积分 $\int_{AB}P\,\mathrm{d}x+Q\,\mathrm{d}y$ 与路线的选择无关,故当 $B(x,y)$ 在 D 内变动时,其积分值是点 $B(x,y)$ 的函数,即有

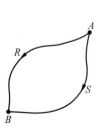

图 11-13

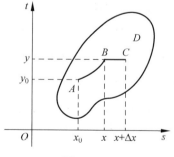

图 11-14

$$u(x,y) = \int_{AB} P\,\mathrm{d}x + Q\,\mathrm{d}y.$$

取 Δx 充分小，使 $(x+\Delta x, y) \in D$，则函数 u 对于 x 的偏增量为

$$u(x+\Delta x, y) - u(x,y) = \int_{AC} P\,\mathrm{d}x + Q\,\mathrm{d}y - \int_{AB} P\,\mathrm{d}x + Q\,\mathrm{d}y.$$

因为在 D 内曲线积分与路线无关，所以

$$\int_{AC} P\,\mathrm{d}x + Q\,\mathrm{d}y = \int_{AB} P\,\mathrm{d}x + Q\,\mathrm{d}y + \int_{BC} P\,\mathrm{d}x + Q\,\mathrm{d}y.$$

由于直线段 BC 平行于 x 轴，所以在 BC 上，$\mathrm{d}y = 0$，且

$$\Delta u = u(x+\Delta x, y) - u(x,y) = \int_{BC} P\,\mathrm{d}x + Q\,\mathrm{d}y = \int_{x}^{x+\Delta x} P(\xi, y)\,\mathrm{d}\xi.$$

对上式右端应用积分中值定理，得 $\Delta u = P(x+\theta\Delta x, y), 0 < \theta < 1$. 再依 P 在 D 上的连续性，推得

$$\frac{\partial u}{\partial x} = \lim_{\Delta x \to 0} \frac{\Delta u}{\Delta x} = \lim_{\Delta x \to 0} P(x+\theta\Delta x, y) = P(x, y).$$

同理可证 $\dfrac{\partial u}{\partial y} = Q(x, y)$. 于是有

$$\mathrm{d}u(x,y) = P(x,y)\,\mathrm{d}x + Q(x,y)\,\mathrm{d}y.$$

(3)→(4) 设存在函数 $u(x,y)$ 使得

$$\mathrm{d}u(x,y) = u_x(x,y)\,\mathrm{d}x + u_y(x,y)\,\mathrm{d}y = P(x,y)\,\mathrm{d}x + Q(x,y)\,\mathrm{d}y.$$

故 $P(x,y) = u_x(x,y)$、$Q(x,y) = u_y(x,y)$，因此有

$$\frac{\partial P}{\partial y} = \frac{\partial^2 u}{\partial x \partial y}, \qquad \frac{\partial Q}{\partial x} = \frac{\partial^2 u}{\partial y \partial x}.$$

因为 $P(x,y)$ 和 $Q(x,y)$ 在区域 D 内具有一阶连续偏导数，所以

$$\frac{\partial^2 u}{\partial x \partial y} = \frac{\partial^2 u}{\partial y \partial x};$$

从而在 D 内每一点处都有

$$\frac{\partial P}{\partial y} = \frac{\partial Q}{\partial x}.$$

(4)→(1) 设 L 为 D 中任一段光滑闭曲线，记 L 所围的区域为 σ. 由于 D 为单连通区域，所以区域 σ 含在 D 内. 在 D 内将 $\dfrac{\partial P}{\partial y} = \dfrac{\partial Q}{\partial x}$ 代入格林公式得到

$$\oint_L P\,\mathrm{d}x + Q\,\mathrm{d}y = \iint_{\sigma} \left(\frac{\partial Q}{\partial x} - \frac{\partial P}{\partial y} \right) \mathrm{d}x\,\mathrm{d}y = 0.$$

若 P, Q 满足定理 11-2 的条件，则由上述证明中已经看到二元函数

$$u(x,y) = \int_{AB} P(x,y)\,\mathrm{d}x + Q(x,y)\,\mathrm{d}y = \int_{A(x_0, y_0)}^{B(x,y)} P(x,y)\,\mathrm{d}x + Q(x,y)\,\mathrm{d}y$$

具有性质 $\mathrm{d}u(x,y) = P\,\mathrm{d}x + Q\,\mathrm{d}y$，它与一元函数的原函数相仿. 所以我们也称 $u(x,y)$ 为 $P\,\mathrm{d}x + Q\,\mathrm{d}y$ 的一个原函数.

例 2　试应用曲线积分求 $(2x + \sin y)\,\mathrm{d}x + (x\cos y)\,\mathrm{d}y$ 的原函数.

解　这里 $P = 2x + \sin y, Q = x\cos y$，所以

$$\frac{\partial P}{\partial y} = \cos y, \qquad \frac{\partial Q}{\partial x} = \cos y,$$

并在整个平面区域 D 上有

$$\frac{\partial P}{\partial y} = \frac{\partial Q}{\partial x}.$$

由定理 11-2,对平面上任一光滑曲线 AB 的曲线积分

$$\int_{AB} (2x + \sin y)\mathrm{d}x + (x\cos y)\mathrm{d}y$$

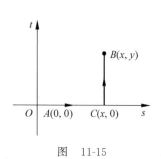

图 11-15

只与起终点有关,与路线的选择无关. 如图 11-15 所示,可以取 $A(0,0)$ 经过 $C(x,0)$ 到达 $B(x,y)$,求沿折线 ACB 段的曲线积分得

$$u(x,y) = \int_{AC} 2x\,\mathrm{d}x + \int_{CB} x\cos y\,\mathrm{d}y$$

$$= \int_0^x 2x\,\mathrm{d}x + \int_0^y x\cos y\,\mathrm{d}y = x^2 + x\sin y.$$

所以,$(2x + \sin y)\mathrm{d}x + (x\cos y)\mathrm{d}y$ 的一个原函数为 $u(x,y) = x^2 + x\sin y$.

11.5 第二型曲面积分

与第二型曲线积分类似,第二型曲面积分的被积函数也是向量函数,积分微元也是向量,也就是说,与第一型曲面积分不同的是,第二型曲面积分必须考虑曲面的有向性,所以,先介绍曲面方向的概念,有的数学著作称其为"曲面的侧",本书对此不做深入讨论.

11.5.1 第二型曲面积分的概念

关于曲面方向的规定,在解析几何中,曲面的方向是由该曲面的法线确定的. 所谓法线,就是始终与曲线或曲面垂直的线段:具体来说,曲线的法线是垂直于曲线上一点的切线的直线(向量),曲面上某一点的法线是垂直于该点切平面的那条直线(向量). 对于立体的表面而言,曲面的方向通常都是指其外法线的方向.

第二型曲面积分的物理实例是流量的计算问题.

设区域 $D \subset \mathbf{R}^3$ 内有某一流体在流动(如风的运动,水流的运动等).其速度函数为

$$\boldsymbol{v}(x,y,z) = (P(x,y,z), Q(x,y,z), R(x,y,z))$$

简记为 $\boldsymbol{v} = (P,Q,R)$. 若不考虑流体的种类,上述速度函数也可认为是 D 内的一个流速场.如果速度函数不依赖于时间的变化,则该流速场也称为稳定流速场.

设 S 是 D 内的一个光滑曲面. 如何求得单位时间内流体流过 S 的质量即流量呢? 为了使问题简单化,可设该流体的密度为 1. 因此,只要计算该流体通过 S 的流量即可.

为简单化,设 S 是平面的一部分,其面积仍用 S 表示,而 $\boldsymbol{v}$ 是常向量函数,记 S 的单位法向量为 $\boldsymbol{n}$,则单位时间内该流体流过 S 的流量为(流体密度为 1)

$$W = \boldsymbol{v} \cdot S\boldsymbol{n}$$

即流量 W 为 S 的面积与 $\boldsymbol{v}$ 在 $\boldsymbol{n}$ 上的投影的乘积. 有了上述计算公式,利用积分思想就不难推导出在一般情形下流量的计算公式了.

现在设 S 是任意曲面,用微元法来求解. 在 S 上任取一小块 ΔS,其面积仍然用 ΔS 记之. 任取 $(\xi,\eta,\zeta)\in\Delta S$,设 ΔS 在 (ξ,η,ζ) 处的单位法向量为 $\boldsymbol{n}(\xi,\eta,\zeta)$,则可以认为 ΔS 近似地是法向量为 $\boldsymbol{n}(\xi,\eta,\zeta)$、面积为 ΔS 的一小块平面,即 $\Delta\boldsymbol{S}=\boldsymbol{n}(\xi,\eta,\zeta)\Delta S$. 再假设常向量函数在 ΔS 上也近似为 $\boldsymbol{v}(\xi,\eta,\zeta)$,则由上面的分析,我们便得到了流量微元

$$\mathrm{d}W=\boldsymbol{v}(x,y,z)\cdot\boldsymbol{n}(x,y,z)\mathrm{d}S.$$

因此,整个流量便是

$$W=\iint_S \boldsymbol{v}\cdot\boldsymbol{n}\,\mathrm{d}s=\iint_S(P\cos\alpha+Q\cos\beta+R\cos\gamma)\mathrm{d}S,$$

其中 $\cos\alpha,\cos\beta,\cos\gamma$ 分别是 $\boldsymbol{n}$ 的方向余弦. 由此流量的积分计算,我们可以给出第二型曲面积分的定义.

11.5.2 第二型曲面积分的定义

定义 11-6 设 $S\subset\mathbf{R}^3$ 是分片光滑曲面,若 S 上每一点处的单位外法向量记为 $\boldsymbol{n}=(\cos\alpha,\cos\beta,\cos\gamma)$,向量函数 $\boldsymbol{f}(x,y,z)=(P(x,y,z),Q(x,y,z),R(x,y,z))$ 在有向曲面 S 上有定义. 如图 11-16 所示,对 S 做任意分割 $T=\{\Delta S_1,\Delta S_2,\cdots,\Delta S_i(i=1,2,\cdots,k)\}$,其中 ΔS_i 是以光滑曲线为边界的小光滑曲面,记 ΔS_i 的最大直径为 $\lambda(T)=\max\limits_{1\leqslant i\leqslant k}[\mathrm{diam}(\Delta S_i)]$. 在 ΔS_i 上任取一点 (ξ_i,η_i,ζ_i). 若存在不依赖于分割 T 的方式以及点 $(\xi_i,\eta_i,\zeta_i)(i=1,2,\cdots,k)$ 的选取,则其下列和式的极限存在 I,使得

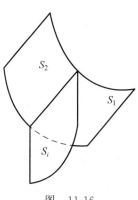

图 11-16

$$\lim_{\lambda(T)\to 0}\sum_{i=1}^{k}[P(\xi_i,\eta_i,\zeta_i)\cos\alpha+Q(\xi_i,\eta_i,\zeta_i)\cos\beta+R(\xi_i,\eta_i,\zeta_i)\cos\gamma]\Delta S_i=I,$$

则称 I 是 $\boldsymbol{f}(x,y,z)=(P,Q,R)$ 在 S 上的**第二型曲面积分**,记为

$$I=\iint_S P(x,y,z)\mathrm{d}y\mathrm{d}z+Q(x,y,z)\mathrm{d}z\mathrm{d}x+R(x,y,z)\mathrm{d}x\mathrm{d}y. \tag{11-19}$$

11.5.3 第二型曲面积分的计算公式

例 1 计算 $\iint_S xyz\mathrm{d}x\mathrm{d}y$,其中 S 是球面 $x^2+y^2+z^2=1$ 在 $x\geqslant 0,y\geqslant 0$ 部分并取球面外侧为正方向.

解 如图 11-17 所示,曲面 S 在第一、第五卦限部分的方程分别为

$$S_1:z_1=\sqrt{1-x^2-y^2}$$

$$S_2:z_2=-\sqrt{1-x^2-y^2}.$$

它们在 xOy 面上的投影区域都是单位圆在第一象限部分. 依题意,积分是沿 S_1 的上侧和 S_2 的下侧进行,所以

$$\iint\limits_{S} xyz\,\mathrm{d}x\,\mathrm{d}y = \iint\limits_{S_1} xyz\,\mathrm{d}x\,\mathrm{d}y + \iint\limits_{-S_2} xyz\,\mathrm{d}x\,\mathrm{d}y$$

$$= \iint\limits_{D_{xy}} xy\sqrt{1-x^2-y^2}\,\mathrm{d}x\,\mathrm{d}y -$$

$$\iint\limits_{D_{xy}} -xy\sqrt{1-x^2-y^2}\,\mathrm{d}x\,\mathrm{d}y$$

$$= 2\iint\limits_{D_{xy}} xy\sqrt{1-x^2-y^2}\,\mathrm{d}x\,\mathrm{d}y.$$

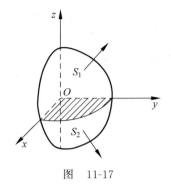

图 11-17

取极坐标系：$x = r\cos\theta, y = r\sin\theta, \mathrm{d}x\,\mathrm{d}y = r\,\mathrm{d}r\,\mathrm{d}\theta$，则

$$2\iint\limits_{D_{xy}} xy\sqrt{1-x^2-y^2}\,\mathrm{d}x\,\mathrm{d}y = 2\int_0^{\frac{\pi}{2}} \cos\theta\sin\theta\,\mathrm{d}\theta\int_0^1 r^3\sqrt{1-r^2}\,\mathrm{d}r.$$

令 $1-r^2 = t^2$，则 $-r\,\mathrm{d}r = t\,\mathrm{d}t$，所以 $\int_0^1 r^3\sqrt{1-r^2}\,\mathrm{d}r = \int_1^0 (t^4-t^2)\,\mathrm{d}t$，代入上式得

$$2\iint\limits_{D_{xy}} xy\sqrt{1-x^2-y^2}\,\mathrm{d}x\,\mathrm{d}y = 2\int_0^{\frac{\pi}{2}} \cos\theta\sin\theta\,\mathrm{d}\theta\int_1^0 (t^4-t^2)\,\mathrm{d}t = \frac{2}{15}.$$

11.6 高斯公式、斯托克斯公式与矢量场分析初步

与格林公式一样，高斯公式和斯托克斯公式是微积分中的重要定理. 高斯公式是面积分(二重积分)与体积分(三重积分)之间转化的公式，联系矢量(向量)场的流量(通量)与其散度之间的关系；斯托克斯公式是线积分(定积分)与面积分(二重积分)之间转化的公式，联系矢量(向量)场的环流(环量)与旋度之间的关系.

11.6.1 高斯公式

设 $\Omega \subset \mathbf{R}^3$ 是有界闭区域，由有限块光滑曲面所围成，选定曲面外侧为正，即 Ω 的法向量的正向，则高斯公式将给出函数在 Ω 内的三重积分与 Ω 边界曲面 Σ 上二重积分的关系.

1. 高斯定理

定理 11-3(高斯定理) 设 $\Omega \subset \mathbf{R}^3$ 是有界闭区域，给定 Σ 是 Ω 的外侧，函数 $P(x,y,z)$、$Q(x,y,z)$、$R(x,y,z)$ 在 Σ 上具有一阶连续偏导数，则有

$$\oiint\limits_{\Sigma} P(x,y,z)\,\mathrm{d}y\,\mathrm{d}z + Q(x,y,z)\,\mathrm{d}z\,\mathrm{d}x + R(x,y,z)\,\mathrm{d}x\,\mathrm{d}y = \iiint\limits_{\Omega} \left(\frac{\partial P}{\partial x} + \frac{\partial Q}{\partial y} + \frac{\partial R}{\partial z}\right) \mathrm{d}x\,\mathrm{d}y\,\mathrm{d}z.$$

$$(11\text{-}20)$$

证 证明高斯公式的思路与格林公式的基本相同.

设 Ω 是如下的闭区域：

$$\Sigma = \{(x,y,z): (y,z) \in \Omega, \varphi(y,z) \leqslant x \leqslant \psi(y,z)\},$$

其中 $\Omega \subset \mathbf{R}^2$ 是由光滑封闭曲面 Σ 所围成的有界闭区域，$\varphi(y,z)$ 与 $\psi(y,z)$ 是 Σ 上的连续函数. 我们来证明

$$\oiint_{\Sigma} P(x,y,z)\mathrm{d}y\mathrm{d}z = \iiint_{\Omega} \frac{\partial P}{\partial x}\mathrm{d}x\mathrm{d}y\mathrm{d}z.$$

证明方法是将上式两边的积分都化为 Ω 上的二重积分.

Σ 的前侧 Σ_1：$\Sigma_1 = \{(x,y,z)：x = \psi(y,z),(y,z)\in\Omega\}$，有

$$\iint_{\Sigma_1} P(x,y,z)\mathrm{d}y\mathrm{d}z = \iint_{\Omega} P(\psi(y,z),y,z)\mathrm{d}y\mathrm{d}z$$

Σ 的后侧 Σ_2：$\Sigma_2 = \{(x,y,z)：x = \varphi(y,z),(y,z)\in\Omega\}$，有

$$\iint_{\Sigma_2} P(x,y,z)\mathrm{d}y\mathrm{d}z = -\iint_{\Omega} P(\varphi(y,z),y,z)\mathrm{d}y\mathrm{d}z$$

所以

$$\oiint_{\Sigma} P(x,y,z)\mathrm{d}y\mathrm{d}z = \iint_{\Sigma_1} P(x,y,z)\mathrm{d}y\mathrm{d}z + \iint_{\Sigma_2} P(x,y,z)\mathrm{d}y\mathrm{d}z$$

$$= \iint_{\Omega} [P(\psi(y,z),y,z) - P(\varphi(y,z),y,z)]\mathrm{d}y\mathrm{d}z. \qquad (11\text{-}21)$$

而另一方面，三重积分可以化为二重积分：

$$\iiint_{\Omega} \frac{\partial P}{\partial x}\mathrm{d}x\mathrm{d}y\mathrm{d}z = \iint_{\Omega}\mathrm{d}y\mathrm{d}z\int_{\varphi(y,z)}^{\psi(y,z)} \frac{\partial P}{\partial x}\mathrm{d}x = \iint_{\Omega}[P(\psi(y,z),y,z) - P(\varphi(y,z),y,z)]\mathrm{d}y\mathrm{d}z$$

$$(11\text{-}22)$$

所以由式(11-21)和式(11-22)得

$$\oiint_{\Sigma} P(x,y,z)\mathrm{d}y\mathrm{d}z = \iiint_{\Omega} \frac{\partial P}{\partial x}\mathrm{d}x\mathrm{d}y\mathrm{d}z. \qquad (11\text{-}23)$$

同理，若 $\Sigma = \{(x,y,z)：(x,y)\leqslant\Omega,\varphi(x,y)\leqslant z\leqslant\psi(x,y)\}$，则我们可以证明

$$\oiint_{\Sigma} R(x,y,z)\mathrm{d}x\mathrm{d}y = \iiint_{\Omega} \frac{\partial R}{\partial z}\mathrm{d}x\mathrm{d}y\mathrm{d}z. \qquad (11\text{-}24)$$

以及当 $\Sigma = \{(x,y,z)：(z,x)\leqslant\Omega,\varphi(x,y)\leqslant y\leqslant\psi(x,y)\}$ 时，则可以证明

$$\oiint_{\Sigma} Q(x,y,z)\mathrm{d}z\mathrm{d}x = \iiint_{\Omega} \frac{\partial Q}{\partial y}\mathrm{d}x\mathrm{d}y\mathrm{d}z. \qquad (11\text{-}25)$$

综合式(11-23)、式(11-24)、式(11-25)即得(11-20)，称为**高斯公式**. 证毕.

当然，这里的区域 Ω 是其内无"洞"的有界闭区域，而且区域 Ω 可以用有限块光滑曲面 Σ 构成闭区域. 若 Ω 是中间有"洞"的情形，我们亦可添加若干块分片光滑的曲面，将 Ω 分成有限个中间无"洞"的小区域. 可以证明高斯公式在这些小区域上成立. 如图 11-18 所示.

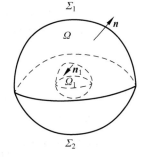

图　11-18

例1　计算 $I = \oiint_{S} y(x-z)\mathrm{d}y\mathrm{d}z + x^2\mathrm{d}z\mathrm{d}x + (y^2 + xz)\mathrm{d}x\mathrm{d}y$，其中 S 是边长为 a 的正立方体表面并取外侧为积分曲面的正方向.

解　应用高斯公式，有 $P = y(x-z),Q = x^2,R = y^2 + xz$，则所求曲面积分等于

$$\iiint_{V} \left[\frac{\partial}{\partial x}(y(x-z)) + \frac{\partial}{\partial y}(x^2) + \frac{\partial}{\partial z}(y^2 + xz)\right]\mathrm{d}x\mathrm{d}y\mathrm{d}z$$

$$= \iiint\limits_{\Omega} (y+x) dx dy dz = \int_0^a dz \int_0^a dy \int_0^a (y+x) dx$$

$$= a \int_0^a \left(ay + \frac{1}{2} a^2 \right) dy = a^4.$$

若高斯公式中 $P=x, Q=y, R=z$,则有

$$\iiint\limits_{V} (1+1+1) dx dy dz = \oiint\limits_{S} x dy dz + y dz dx + z dx dy$$

于是,应用第二型曲面积分,可以得到计算空间区域 V 的体积公式

$$V = \frac{1}{3} \oiint\limits_{S} x dy dz + y dz dx + z dx dy.$$

2. 向量场的散度

设封闭曲面 Σ 包围的空间 Σ 内有向量函数

$$\boldsymbol{A}(x,y,z) = P(x,y,z)\boldsymbol{i} + Q(x,y,z)\boldsymbol{j} + R(x,y,z)\boldsymbol{k} = P\boldsymbol{i} + Q\boldsymbol{j} + R\boldsymbol{k} \quad (11\text{-}26)$$

Σ 面元为(外侧为正)

$$d\boldsymbol{S} = \boldsymbol{n} dS = dy dz \boldsymbol{i} + dx dz \boldsymbol{j} + dx dy \boldsymbol{k}.$$

运用拉普拉斯微分算符 $\nabla = \frac{\partial}{\partial y}\boldsymbol{i} + \frac{\partial}{\partial y}\boldsymbol{j} + \frac{\partial}{\partial z}\boldsymbol{k}$,根据向量的内积运算,则高斯公式(11-20)右边的被积函数可以表示为

$$\nabla \cdot \boldsymbol{A} = \left(\frac{\partial}{\partial x}\boldsymbol{i} + \frac{\partial}{\partial y}\boldsymbol{j} + \frac{\partial}{\partial z}\boldsymbol{k} \right) \cdot (P\boldsymbol{i} + Q\boldsymbol{j} + R\boldsymbol{k}) = \left(\frac{\partial P}{\partial x} + \frac{\partial Q}{\partial y} + \frac{\partial R}{\partial z} \right) \quad (11\text{-}27)$$

称为向量场 $\boldsymbol{A}$ 通的**散度**.

一般记作 $\mathrm{div}\boldsymbol{A}(M)$,即或 $\mathrm{div}\boldsymbol{A}(M) = \nabla \cdot \boldsymbol{A}. \nabla \cdot \boldsymbol{A}$ 在这里可理解为稳定流动的不可压缩流体在 M 的源头强度.在 $\nabla \cdot \boldsymbol{A} > 0$ 的点处,流体从该点向外发散,表示流体在该点处有"源"头;在 $\nabla \cdot \boldsymbol{A} < 0$ 的点处,表示流体在该点处有吸收流体的负源,即流体向该点"汇"聚;在 $\nabla \cdot \boldsymbol{A} = 0$ 的点处,表示流体在该点处无"源"头;如果向量场 $\boldsymbol{A}$ 的散度 $\nabla \cdot \boldsymbol{A}$ 处处为零,那么称向量场 A 为无源场.

式(11-20)左边的被积函数可以表示为

$$P(x,y,z) dy dz + Q(x,y,z) dz dx + R(x,y,z) dx dy = \boldsymbol{A} \cdot d\boldsymbol{S} \quad (11\text{-}28)$$

将式(11-27)、式(11-28)代入式(11-20),高斯公式简化为

$$\oiint\limits_{\Sigma} \boldsymbol{A} \cdot d\boldsymbol{S} = \iiint\limits_{\Omega} \nabla \cdot \boldsymbol{A} dV \quad (11\text{-}29)$$

式(11-29)为高斯公式的**微积分形式**.

例 2 设区域 Ω 内向量场为 $\boldsymbol{A} = 3x^2\boldsymbol{i} + 5y^3\boldsymbol{j} + 7z^2\boldsymbol{k}$,求该向量场点 $M(1,2,3)$ 的散度.

解 $\mathrm{div}\boldsymbol{A} = \nabla \cdot \boldsymbol{A} = \frac{\partial}{\partial x}(3x^2) + \frac{\partial}{\partial y}(y^3) + \frac{\partial}{\partial z}(7z^2) = 6x^2 + 3y^2 + 14z$,所以得

$$\mathrm{div}\boldsymbol{A}(M) = 6 \times 1^2 + 3 \times 2^2 + 14 \times 3 = 32.$$

11.6.2 向量场的流量(通量)

高斯公式应用于电磁学可以得出电学高斯定理,其是静电场的基本方程之一. 它给出

了电场强度在任意封闭曲面上的面积分与其所包围在内的总电量之间的关系:通过任意闭合曲面的电通量等于该闭合曲面所包围的所有电荷量的代数和.

设有向量场如式(11-26),而且函数 P、Q 与 R 均具有一阶连续偏导数,Σ 是场内的一片有向曲面,$\boldsymbol{n}$ 是 Σ 在点 (x,y,z) 处的单位法向量,则积分

$$\iint_{\Sigma} \boldsymbol{A} \cdot \boldsymbol{n} \, \mathrm{d}S$$

称为向量场 $\boldsymbol{A}$ 通过曲面 Σ 向着指定侧的**通量(流量)**.

例3 求向量场 $\boldsymbol{A}=yz\boldsymbol{j}+z^2\boldsymbol{k}$ 穿过曲面 Σ 流向上侧的通量,其中 Σ 为柱面 $y^2+z^2=1(z>0)$ 被平面 $x=0$ 及 $x=1$ 截下的有限部分,如图 11-19 所示.

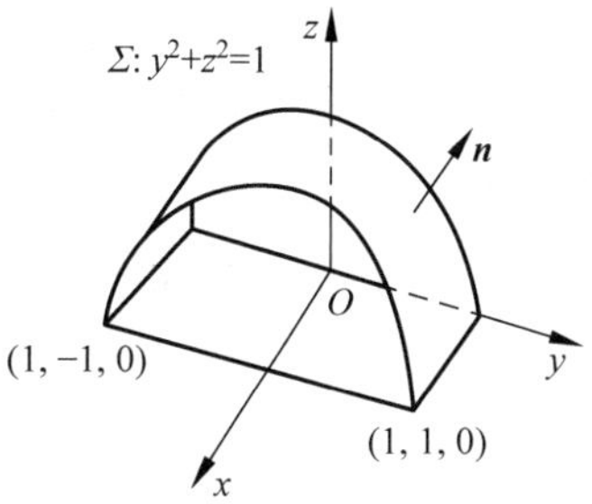

解 曲面 Σ 外侧的法向量可以由 $f(x,y,z)=y^2+z^2$ 的梯度得出(第9章的定义9-12即梯度的定义).因为 Σ 为柱面上 $y^2+z^2=1(z>0)$,所以有

$$\boldsymbol{n}=\frac{\nabla f}{|\nabla f|}=\frac{2y\boldsymbol{j}+2z\boldsymbol{k}}{\sqrt{(2y)^2+(2z)^2}}=\frac{y\boldsymbol{j}+z\boldsymbol{k}}{\sqrt{y^2+z^2}}=y\boldsymbol{j}+z\boldsymbol{k}.$$

在曲面 Σ 上,

$$\boldsymbol{A}\cdot\boldsymbol{n}=(yz\boldsymbol{j}+z^2\boldsymbol{k})\cdot(y\boldsymbol{j}+z\boldsymbol{k})=y^2z+z^3=z(y^2+z^2)=z,$$

$$\mathrm{d}\boldsymbol{S}=\boldsymbol{n}\,\mathrm{d}S=(y\boldsymbol{j}+z\boldsymbol{k})\,\mathrm{d}S=y\,\mathrm{d}x\,\mathrm{d}z\boldsymbol{j}+z\,\mathrm{d}x\,\mathrm{d}y\boldsymbol{k}.$$

由第10章式(10-1)得,

$$\mathrm{d}S=\sqrt{1+f_x^2(x,y)+f_y^2(x,y)}\,\mathrm{d}x\,\mathrm{d}y,$$

因为 $f(x,y,z)=z=\sqrt{1-y^2}$,$f_x(x,y,z)=z_x=0$,$f_y(x,y,z)=z_y=\dfrac{-y}{\sqrt{1-y^2}}$,所以

$$\mathrm{d}S=\sqrt{1+\left(-\frac{y}{\sqrt{1-y^2}}\right)^2}\,\mathrm{d}x\,\mathrm{d}y=\frac{1}{\sqrt{1-y^2}}\,\mathrm{d}x\,\mathrm{d}y,$$

因此,A 穿过 Σ 流向上侧的通量为

$$\iint_{\Sigma}\boldsymbol{A}\cdot\boldsymbol{n}\,\mathrm{d}S=\iint_{\Sigma}z\,\mathrm{d}S=\iint_{D_{xy}}\sqrt{1-y^2}\cdot\frac{1}{\sqrt{1-y^2}}\,\mathrm{d}x\,\mathrm{d}y=\iint_{D_{xy}}\mathrm{d}x\,\mathrm{d}y=2.$$

图 11-19

11.6.3 斯托克斯公式

斯托克斯公式是格林公式的直接推广,它揭示了函数在空间曲面 Σ 上的第二型面积分与相关函数在相应区域边界 L 上的第二型曲线积分之间的关系.至于区域边界 L 的方向规定与定义11-5完全类似,即一个人沿区域边界 L 前进时,区域始终在其左边;空间曲面 Σ 的法向量向外为正(凸面),如图 11-20 所示.

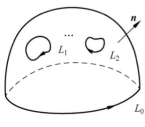

图 11-20

定理 11-4(斯托克斯公式) 设 $\Omega \subset \mathbf{R}^3$ 是光滑曲面,区域 Σ 的边界线 L 由有限多条分段光滑曲线组成,给定 Σ 的一侧并取 Σ 的边界线 L 关于该侧为正向的方向,再设函数

$P(x,y,z),Q(x,y,z),R(x,y,z)$ 在包含 Σ 的某个区域内具有连续偏导数，则

$$\oint_L P\,\mathrm{d}x + Q\,\mathrm{d}y + R\,\mathrm{d}z = \iint_\Sigma \left[\left(\frac{\partial R}{\partial y} - \frac{\partial Q}{\partial z}\right)\mathrm{d}y\,\mathrm{d}z + \left(\frac{\partial P}{\partial z} - \frac{\partial R}{\partial x}\right)\mathrm{d}z\,\mathrm{d}x + \left(\frac{\partial Q}{\partial x} - \frac{\partial P}{\partial y}\right)\mathrm{d}x\,\mathrm{d}y\right]$$

$$(11\text{-}30)$$

证 若 Σ 的边界线 L 由有限条闭曲线所组成，我们可以在 Σ 上添加若干条曲线将 Σ 分成有限块小曲面，使每块小曲面的边界只有一条闭曲线；若在小曲面上斯托克斯公式成立，则 Σ 上也成立。因此不妨设 Σ 的边界是一条分段光滑的闭曲线。所以我们先设 Σ 由方程

$$z = f(x,y), \quad (x,y) \in D \tag{11-31}$$

给出，其中 $D \subset \mathbf{R}^2$ 是由一条分段光滑的曲线所围成的区域，边界 L 的正方向由 Σ 在 D 的投影所确定．

一方面，在格林公式中，令 $Q = 0$，得 $\iint_D \frac{\partial P}{\partial y}\mathrm{d}x\,\mathrm{d}y = \oint_L P\,\mathrm{d}x$，则第二型曲线积分的计算公式有

$$\oint_L P\,\mathrm{d}x = \oint_L P(x,y,z)\,\mathrm{d}x = \oint_L P((x,y,f(x,y))\,\mathrm{d}x$$

$$= -\iint_D \left(\frac{\partial}{\partial y}P(x,y,f(x,y))\right)\mathrm{d}x\,\mathrm{d}y = -\iint_D \left(\frac{\partial P}{\partial y} + \frac{\partial P}{\partial f}\frac{\partial f}{\partial y}\right)\mathrm{d}x\,\mathrm{d}y. \quad (11\text{-}32)$$

另一方面，因为 $P(x,y,f(x,y))$ 不显含 z，所以有

$$\left(\frac{\partial}{\partial z}P(x,y,f(x,y))\right) = \left[\frac{\partial P}{\partial z} + \frac{\partial P}{\partial f}\left(\frac{\partial f}{\partial z}\right)\right] = 0,$$

则有

$$\iint_D \frac{\partial}{\partial z}P(x,y,f(x,y))\mathrm{d}z\,\mathrm{d}x - \frac{\partial}{\partial y}P(x,y,f(x,y))\mathrm{d}x\,\mathrm{d}y$$

$$= \iint_S \left[\frac{\partial P}{\partial z} + \frac{\partial P}{\partial f}\left(\frac{\partial f}{\partial z}\right)\right]\mathrm{d}z\,\mathrm{d}x - \iint_S \left(\frac{\partial P}{\partial y} + \frac{\partial P}{\partial f}\cdot\frac{\partial f}{\partial y}\right)\mathrm{d}x\,\mathrm{d}y = -\iint_S \left(\frac{\partial P}{\partial y} + \frac{\partial P}{\partial f}\cdot\frac{\partial f}{\partial y}\right)\mathrm{d}x\,\mathrm{d}y,$$

即

$$-\iint_S \left(\frac{\partial P}{\partial y} + \frac{\partial P}{\partial f}\cdot\frac{\partial f}{\partial y}\right)\mathrm{d}x\,\mathrm{d}y = \iint_D \frac{\partial P(x,y,f(x,y))}{\partial z}\mathrm{d}z\,\mathrm{d}x - \frac{\partial P(x,y,f(x,y))}{\partial y}\mathrm{d}x\,\mathrm{d}y$$

$$(11\text{-}33)$$

将式(11-33)代入式(11-32)即得

$$\int_L P\,\mathrm{d}x = \iint_S \frac{\partial P}{\partial z}\mathrm{d}z\,\mathrm{d}x - \frac{\partial P}{\partial y}\mathrm{d}x\,\mathrm{d}y.$$

同理可以得出

$$\int_L Q\,\mathrm{d}y = \iint_S \frac{\partial Q}{\partial x}\mathrm{d}x\,\mathrm{d}y - \frac{\partial Q}{\partial z}\mathrm{d}y\,\mathrm{d}z;$$

$$\int_L R\,\mathrm{d}z = \iint_S \frac{\partial R}{\partial y}\mathrm{d}y\,\mathrm{d}z - \frac{\partial R}{\partial x}\mathrm{d}z\,\mathrm{d}x.$$

上述三式相加即得**斯托克斯公式**．证毕.

由线性代数和向量的知识，可以将斯托克斯公式写成如下简洁的形式：

$$\oint_L P\,\mathrm{d}x + Q\,\mathrm{d}y + R\,\mathrm{d}z = \iint_S \begin{vmatrix} \dfrac{\partial}{\partial x} & \dfrac{\partial}{\partial y} & \dfrac{\partial}{\partial z} \\ P & Q & R \\ \mathrm{d}y\,\mathrm{d}z & \mathrm{d}z\,\mathrm{d}x & \mathrm{d}x\,\mathrm{d}y \end{vmatrix}.$$

例 4 计算 $\oint_L (2y+z)\mathrm{d}x + (x-z)\mathrm{d}y + (y-x)\mathrm{d}z.$

解

$$\oint_L (2y+z)\mathrm{d}x + (x-z)\mathrm{d}y + (y-x)\mathrm{d}z$$

$$= \iint_S (1+1)\mathrm{d}y\,\mathrm{d}z + (1+1)\mathrm{d}z\,\mathrm{d}x + (1-2)\mathrm{d}x\,\mathrm{d}y$$

$$= \iint_S 2\mathrm{d}y\,\mathrm{d}z + 2\mathrm{d}z\,\mathrm{d}x - \mathrm{d}x\,\mathrm{d}y = 1 + 1 - \frac{1}{2} = \frac{3}{2}.$$

11.6.4　空间曲线积分与路径无关的条件

由斯托克斯公式,可导出空间曲线积分与路线无关的条件.与平面曲线积分相仿,空间曲线积分与路线的无关性也有下述相应的定理.

定理 11-5 设 $\Omega \subset \mathbf{R}^3$ 为空间单连通区域,若函数 P,Q,R 在 Ω 上连续,且有一阶连续偏导数,则以下四个条件是等价的:

(1) 对于 Ω 内任一按段光滑的封闭曲线 L 有

$$\oint_L P\,\mathrm{d}x + Q\,\mathrm{d}y + R\,\mathrm{d}z = 0;$$

(2) 对于 Ω 内任一按段光滑的曲线 l,曲线积分

$$\int_l P\,\mathrm{d}x + Q\,\mathrm{d}y + R\,\mathrm{d}z$$

与路线无关;

(3) $P\,\mathrm{d}x + Q\,\mathrm{d}y + R\,\mathrm{d}z$ 是 Ω 内某一函数 u 的全微分,即

$$\mathrm{d}u = P\,\mathrm{d}x + Q\,\mathrm{d}y + R\,\mathrm{d}z;$$

(4) $\dfrac{\partial P}{\partial y} = \dfrac{\partial Q}{\partial x}, \dfrac{\partial Q}{\partial z} = \dfrac{\partial R}{\partial y}, \dfrac{\partial R}{\partial x} = \dfrac{\partial P}{\partial z}$ 在 Ω 内处处成立.

证明方法与证明定理 11-5 类似,读者可以自行完成,此处从略.

11.6.5　环流(环量)与旋度

1. 向量场的环流(环量)

设有向量场 $\mathbf{A}$ 如式(11-26),其中函数 P、Q 与 R 在其定义域内均连续,Γ 是向量场 $\mathbf{A}$ 内的一条分段光滑的有向闭曲线,$\boldsymbol{\tau}$ 是 Γ 在点 (x,y,z) 处的单位切向量,则积分

$$\oint_\Gamma \mathbf{A} \cdot \boldsymbol{\tau}\,\mathrm{d}l$$

称为向量场 $\mathbf{A}$ 沿有向闭曲面 Γ 的**环流(环量)**.

由两类曲线积分得到的关系,环流又可表达为

$$\oint_{\Gamma} \mathbf{A} \cdot \boldsymbol{\tau} \mathrm{d}l = \oint_{\Gamma} \mathbf{A} \cdot \mathrm{d}\mathbf{l} = \oint_{\Gamma} P \mathrm{d}x + Q \mathrm{d}y + R \mathrm{d}z.$$

例 5 求向量场 $\mathbf{A} = (x^2 - y)\mathbf{i} + 4z\mathbf{j} + x^2\mathbf{k}$ 沿闭曲面 Γ 的环流,其中 Γ 为锥面 $z = \sqrt{x^2 + y^2}$ 和平面 $z = 2$ 的交线,从 z 轴正向看 Γ 为逆时针方向.

解 Γ 的向量的极坐标方程为

$$\mathbf{r} = 2\cos\theta\mathbf{i} + 2\sin\theta\mathbf{j} + 2\mathbf{k}, \quad 0 \leqslant \theta \leqslant 2\pi,$$

于是

$$\mathbf{A} = (x^2 - y)\mathbf{i} + 4z\mathbf{j} + x^2\mathbf{k} = (4\cos^2\theta - 2\sin\theta)\mathbf{i} + 8\mathbf{j} + 4\cos^2\theta\mathbf{k},$$

$$\mathrm{d}\mathbf{l} = (-2\sin\theta\mathrm{d}\theta)\mathbf{i} + (2\cos\theta\mathrm{d}\theta)\mathbf{j}$$

$$\oint_{\Gamma} \mathbf{A} \cdot \boldsymbol{\tau} \mathrm{d}l = \oint_{\Gamma} \mathbf{A} \cdot \mathrm{d}\mathbf{l} = \int_0^{2\pi} (-8\cos^2\theta\sin\theta + 4\sin^2\theta + 16\cos\theta)\mathrm{d}\theta = 4\pi.$$

类似于由向量场 $\mathbf{A}$ 的通量可以引出向量场 $\mathbf{A}$ 在一点的散度(通量密度)一样,向量场 $\mathbf{A}$ 沿一闭曲线的环流(环量)可引出向量场 $\mathbf{A}$ 在一点的旋度(环量密度),它是一个向量.

2. 向量场的旋度

设有向量场 $\mathbf{A}$ 如式(11-26),其中函数 P、Q 与 R 均具有一阶连续偏导数,则向量

$$\left(\frac{\partial R}{\partial y} - \frac{\partial Q}{\partial z}\right)\mathbf{i} + \left(\frac{\partial P}{\partial z} - \frac{\partial R}{\partial x}\right)\mathbf{j} + \left(\frac{\partial Q}{\partial x} - \frac{\partial P}{\partial y}\right)\mathbf{k},$$

称为向量场 $\mathbf{A}$ 的**旋度**,记作 $\mathrm{rot}\mathbf{A}$,即

$$\mathrm{rot}\mathbf{A} = \left(\frac{\partial R}{\partial y} - \frac{\partial Q}{\partial z}\right)\mathbf{i} + \left(\frac{\partial P}{\partial z} - \frac{\partial R}{\partial x}\right)\mathbf{j} + \left(\frac{\partial Q}{\partial x} - \frac{\partial P}{\partial y}\right)\mathbf{k}. \tag{11-34}$$

利用行列式知识和拉普拉斯算符 ∇,向量场 $\mathbf{A}$ 的旋度 $\mathrm{rot}\mathbf{A}$ 可表示为 $\nabla \times \mathbf{A}$,即

$$\mathrm{rot}\mathbf{A} = \nabla \times \mathbf{A} = \begin{vmatrix} \mathbf{i} & \mathbf{j} & \mathbf{k} \\ \dfrac{\partial}{\partial x} & \dfrac{\partial}{\partial y} & \dfrac{\partial}{\partial z} \\ P & Q & R \end{vmatrix}.$$

若向量场 $\mathbf{A}$ 的旋度处处为零,则称向量场 $\mathbf{A}$ 为无旋场,而一个无源且无旋的向量场称为调和场.

例 6 求例 3 中的向量场 $\mathbf{A}$ 的旋度.

解

$$\mathrm{rot}\mathbf{A} = \nabla \times \mathbf{A} = \begin{vmatrix} \mathbf{i} & \mathbf{j} & \mathbf{k} \\ \dfrac{\partial}{\partial x} & \dfrac{\partial}{\partial y} & \dfrac{\partial}{\partial z} \\ P & Q & R \end{vmatrix} = -4\mathbf{i} - 2x\mathbf{j} + \mathbf{k}.$$

设斯托克斯公式中的有向曲面 Σ 在点 (x, y, z) 处的单位法向量为

$$\mathbf{n} = \cos\alpha\mathbf{i} + \cos\beta\mathbf{j} + \cos\gamma\mathbf{k},$$

则

$$\mathrm{rot}\mathbf{A} \cdot \mathbf{n} = \nabla \times \mathbf{A} \cdot \mathbf{n} = \begin{vmatrix} \cos\alpha & \cos\beta & \cos\gamma \\ \dfrac{\partial}{\partial x} & \dfrac{\partial}{\partial y} & \dfrac{\partial}{\partial z} \\ P & Q & R \end{vmatrix}.$$

于是,斯托克斯公式可以写成下面的向量形式

$$\iint\limits_{\Sigma} \mathrm{rot}\boldsymbol{A} \cdot \boldsymbol{n}\,\mathrm{d}S = \oint_{\Gamma} \boldsymbol{A} \cdot \boldsymbol{\tau}\,\mathrm{d}l \tag{11-35}$$

或

$$\iint\limits_{\Sigma} (\nabla \times \boldsymbol{A})_n\,\mathrm{d}S = \oint_{\Gamma} A_{\tau}\,\mathrm{d}l \tag{11-36}$$

斯托克斯公式(11-32)表示:向量场 $\boldsymbol{A}$ 沿有向闭曲线 Γ 的环流量等于向量场 $\boldsymbol{A}$ 的旋度通过曲面 Σ 的通量,这里 Γ 的正向与 Σ 的法向量应符合右手规则.

通量(流量)与散度(通量密度)、环流(环量)与旋度(环量密度)是向量场分析的内容.空间的每一个点所赋予的"量"如果既有大小,又有方向,物理学称之为矢量(vector)和矢量场,数学称之为向量和向量场. 在数学上,格林公式、高斯公式和斯托克斯公式把定积分、曲线积分(一维)与重积分、曲面积分(二维和三维)联系起来;在物理学上,这恰恰是描述了物理场各点的梯度、散度与旋度的性质及其相互关系,这就是向量场分析. 本书由于篇幅所限,不做讨论,有兴趣的读者可以参考专门书籍.

小结与复习

一、主要内容

1. 第一型曲线积分
2. 第二型曲线积分
3. 第一型曲面积分
4. 第二型曲面积分
5. 格林公式及其几何意义
6. 高斯公式及其几何意义
7. 斯托克斯公式及其几何意义
8. 向量场分析初步

二、主要结论与方法

1. 第一型曲线积分的定义和计算方法
2. 第二型曲线积分的定义和计算方法
3. 第一型曲面积分的定义和计算方法
4. 第二型曲面积分的定义和计算方法
5. 格林公式及其曲线积分与路径的无关性的四个等价结论
6. 高斯公式和斯托克斯公式及空间曲线积分与空间路径的无关性的四个等价结论
7. 两类曲线积分和曲面积分与定积分和重积分的关系
8. 向量场分析初步

三、基本要求

1. 理解第一型曲线积分的定义
2. 掌握第一型曲线积分的计算方法

3. 理解第二型曲线积分的定义

4. 掌握第二型曲线积分的计算方法

5. 理解第一型曲面积分的定义

6. 掌握第一型曲面积分的计算方法

7. 理解第二型曲面积分的定义

8. 掌握第二型曲面积分的计算方法

9. 理解曲线积分与路径的无关性四个等价结论

10. 掌握用格林公式计算曲面积分(二重积分)与曲线积分关系的相关问题

11. 理解空间曲线积分与空间路径的无关性四个等价结论

12. 掌握用高斯公式和斯托克斯公式计算体积分(三重积分)、曲面积分、曲线积分关系的相关问题

13. 理解向量场分析初步中的通量、散度、环流和旋度的四个概念

数学家简介　法籍意大利数学家：约瑟夫·拉格朗日

约瑟夫·拉格朗日(Joseph-Louis Lagrange,1736—1813),法国籍意大利裔,18世纪伟

大的科学家,他在数学、力学和天文学三个学科领域都有历史性的重大贡献。拿破仑曾称赞他是"一座高耸在数学界的金字塔",1813年4月3日,拿破仑授予他帝国大十字勋章。他最突出的贡献是在把数学分析融合于几何学和机械力学领域,使数学的逻辑演绎功能更为突出、简洁、清晰和概括性,而不仅是其他学科的工具。同时在使天文学力学化、力学分析化上也起了历史性作用,促使力学和天文学(天体力学)更深入发展。

18世纪末,巴黎科学院成立了研究法国度量衡统一问题的委员会,拉格朗日出任法国米制委员会主任,在完成法国统一度量衡工作,并制定被世界公认的长度、面积、体积、质量等国际单位制方面,拉格朗日做出了巨大的努力。1791年,拉格朗日被选为英国皇家学会会员,又先后在巴黎高等师范学院和巴黎综合工科学校任数学教授。1795年建立了法国最高学术机构——法兰西研究院后,拉格朗日被选为科学院数理委员会主席。

拉格朗日一生才华横溢,在数学、物理和天文等领域做出了很多重大的贡献,其中尤以数学方面的成就最为突出。拉格朗日总结了18世纪的数学成果,同时又为19世纪的数学研究开辟了道路,堪称法国最杰出的数学大师。他的科学研究所涉及的领域极其广泛。他在数学方面,对费马提出的许多问题作出了解答。如,一个正整数是不多于4个平方数的和的问题等,他还证明了圆周率的无理性。这些研究成果丰富了数论的内容,最突出的贡献还有著名的拉格朗日中值定理、数学分析的基本定理,等等。

在物理学领域,拉格朗日也是分析力学的创立者。拉格朗日在其名著《分析力学》中,在总结历史上各种力学基本原理的基础上,发展达朗贝尔、欧拉等人的研究成果,引入了势和等势面的概念,全书没有一张图,进一步把数学分析应用于质点和刚体力学,提出了运用

于静力学和动力学的普遍方程,引进广义坐标的概念,建立了拉格朗日方程。他的《分析力学》把机械力学体系的运动方程从以力为基本概念的牛顿形式,改变为以能量为基本概念的分析力学形式,奠定了分析力学的基础,为把力学理论推广应用到物理学其他领域开辟了道路。

思考与练习

一、思考题

1. 什么是单连通域和复连通域? 如何将复连通域转化为单连通域?

2. 第一型曲线积分与定积分的区别与联系是什么?

3. 第二型曲线积分与定积分的区别与联系是什么?

4. 第一型曲线积分与第二型曲线积分的区别与联系是什么?

5. 第二型曲线积分路径的方向是如何定义的?

6. 第一型曲面积分与二重积分的区别与联系是什么?

7. 第二型曲面积分与二重积分的区别与联系是什么?

8. 第一型曲面积分与第二型曲面积分的区别与联系是什么?

9. 第二型曲面积分路径的积分面积方向与其面积区域边界的方向是如何定义的?

10. 格林公式的本质含义是什么? 平面曲线积分与路径的无关性有哪四个等价表述?

11. 理解高斯公式的本质含义是什么? 高斯公式微积分形式反映了向量场的哪些特性?

12. 斯托克斯公式的本质含义是什么? 空间曲线积分与路径的无关性有哪四个等价表述?

13. 什么是向量场的通量和散度? 如何用高斯公式的微积分形式进行表达?

14. 什么是向量场的环流和旋度? 如何用格林公式或斯托克斯公式的微积分形式进行表达?

二、作业必做题

(一) 第一型曲线积分与第一型曲面积分

1. 设 L 是半圆周 $\begin{cases} x = a\sin t \\ y = a\sin t \end{cases}, 0 \leqslant t \leqslant \pi$,计算第一型曲线积分 $\int_L (x^2 + y^2) \mathrm{d}s$.

2. 计算 $\int_C (x^2 + y^2 + z^2) \mathrm{d}s$,其中 C 是圆柱螺旋线.

3. 计算 $\iint_S z \mathrm{d}S$,其中 S 为螺旋面(图 11-21)的一部分:

$$\begin{cases} x = u\cos v, \\ y = u\sin v, \\ z = v. \end{cases} \quad D: \begin{cases} 0 \leqslant u \leqslant a, \\ 0 \leqslant v \leqslant 2\pi. \end{cases}$$

（二）第二型曲线积分

4. 计算 $I = \int_C 2xy\,\mathrm{d}x + x^2\,\mathrm{d}y$，积分起点和终点都是由原点 $(0,0)$ 到点 $(1,1)$，其积分路径的曲线 C 分别如下.

（1）直线 $y=x$；

（2）抛物线 $y=x^2$；

（3）立方抛物线 $y=x^3$.

5. 有质量为 m 的质点，在重力的作用下，沿铅锤面上曲线 C 由点 A 到点 B，计算重力 F 所做的功，如图 11-22 所示.

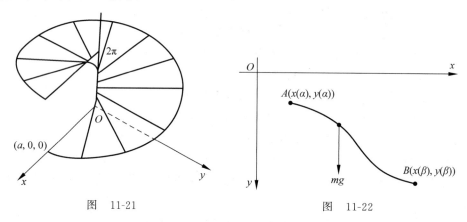

图 11-21   图 11-22

（三）格林公式、曲线积分与路径的无关性

6. 计算 $L = \oint_L \dfrac{x\,\mathrm{d}y - y\,\mathrm{d}x}{x^2 + y^2}$，其中 L 为任一不包含原点的闭区域的边界线.

7. 计算由星形线 $x = a\cos^2 t,\ y = b\sin^2 t\ (0 \leqslant t \leqslant 2\pi)$ 所截面积.

8. 设函数 $f(x)$ 在 $(+\infty, -\infty)$ 内具有一阶连续导数，L 是上半平面 $(y>0)$ 内的有向分段光滑曲线 ABC，其起点为 (a,b)、终点为 (c,d)，如图 11-23 所示. 记

$$I = \int_L \frac{1}{y}[1 + y^2 f(xy)]\mathrm{d}x + \frac{x}{y^2}[y^2 f(xy) - 1]\mathrm{d}y,$$

证明曲线积分 I 与路径无关；并且当 $ab=cd$ 时，求 I 的值.

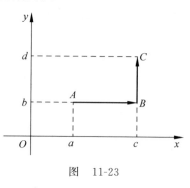

图 11-23

（四）第二型曲面积分

9. 设 S 为单位球面 $x^2 + y^2 + z^2 = 1$ 的外侧，试计算下列第二型曲面积分.

（1）$I_1 = \iint_S x\,\mathrm{d}y\,\mathrm{d}z + y\,\mathrm{d}z\,\mathrm{d}x + z\,\mathrm{d}x\,\mathrm{d}y$；

(2) $I_2 = \iint\limits_{S} x^2 \mathrm{d}y\mathrm{d}z + y^2 \mathrm{d}z\mathrm{d}x + z^2 \mathrm{d}x\mathrm{d}y.$

（五）高斯公式和斯托克斯公式

10. 验证曲线积分 $\displaystyle\int_{L} (y+z)\mathrm{d}x + (z+x)\mathrm{d}y + (x+y)\mathrm{d}z$ 与路线无关，并求被积表达式的原函数 $u(x,y,z).$

后记(拔)

目前全国师范大学的教育学院都开设"小学教育"师范专业,有本科也有专科,无论本科还是专科,该专业都有三个方向,即语文、数学和英语,其中数学方向的专业课就是高等数学各子学科的课程."数学专业"的各类教科书,从深度、内容范围和难度方面来看,都不适合"小学教育"专业的"高等数学"课程的目标要求,所以就面临三方面的困局.其一,截至目前,全国尚没有统一完备的适合各高师本专科"小学教育"师范专业的高等数学教材,即面临着高等数学教材缺失的问题.其二,因为"小学教育"专科或"幼师专业"非必要开设全部的高等数学课程,所以存在着教科书的选择性方面问题.其三,不可否认,目前全国高等师范院校"小学教育"专业的学生普遍存在着高等数学的学习困难,教材的适应性是解决其困难的有效途径之一.《高等数学简明教程》第1分册《数学分析》的出版,不仅是对高等师范院校小学教育专业数学方向的专业课教材的及时弥补,也是对"小学教育"师资培养的教学质量提升的有力支撑.该系列《数学分析》的体系、内容深浅度、学科的完整性以及教学适应度,比较适合全国高师"小学教育"师范专业对教科书适应性要求和选择性要求.

该《数学分析》第1章的实数与函数主要是有效对接中学数学的相关知识,为后续的学习起着复习和引导作用.第2章的函数的极限与连续性省去了关于数列知识的一些显而易见的性质及其证明过程,重点在于掌握函数的极限、连续性及其关联性,深刻理解无穷小量的数学意义.第3章的导数与微分实际上是数学分析的核心内容,高等数学后续及深入的内容,无非就是导数、微分和积分的运算和逻辑演绎;特别是要求学生必须熟练掌握基本初等函数的求导方法和求导法则.第4章微分中值定理本身包含了数学分析的深刻内在的逻辑关系,其主要应用不仅仅是极值、最值判定等,还包括对于曲线的凹凸性、渐近线和曲率的判定.本来是比较简单的问题,但是传统教科书叙述得都比较繁琐,本教材只各用一个定理及其证明过程,简单明了.在学习了微分中值定理及其应用之后,不仅对高等数学有一种豁然开朗的顿悟感觉,而且该章的学习是突破高等数学学习高原期的关键阶段.接着学习了第5章不定积分之后,就基本上完成数学分析最基础内容的学习了,也就是说,后续的内容完全可以比较轻松地自学.第6章的定积分及其应用和第7章的无穷级数,在表观上是微积分的一种应用,即是一种数学分析方法,但是,却展现出了三角函数族的正交性和完备性.所谓"正交性和完备性"是描述物质运动的"基矢(即广义的坐标系)"的最优质特性(其与高等代数课程相关),关于这一点,传统的数学分析教科书并没有给予必要的提示.微分方程是含有未知函数及其导数的方程,一元函数的微分方程就是第8章的常微分方程(多元函数的微分方程称为偏微分方程),其中线性微分方程是最简单的一类.无论什么方程,只要是线性关系,其解系就必然满足线性叠加原理,而线性叠加原理成立的前提是其"叠加因子"满足独立性原则.这是自然界演化的一个最基本的原则,给予这一重要自然原理,传统的高等数学教材里也没有给予必要的关注.第9章多元函数微分学是一元函数微分学的推广,其基本逻辑思路与一元函数相同,但是,由于其自变量由原来的一个变成了两个及以上,于是便有了许多新的特点,而且,所解决问题的范围也大大地扩展了.同样地,第10章的重积分和第11章的曲线积分与曲面积分等,其基本逻辑思路与一元函数的定积分相同,所不同的就是其解决问题的范围和应用领域大大地扩展了.特别是矢量场分析初步的内容,可以用格林公式、高斯公式和斯托克斯公式不仅把线积分、面积分和重积分联系起来了,而且完整地描述了向量场的局域特征;在采用了拉普拉斯微分算符之后,向量场的邻域特征用梯度、散度和旋度进行了深刻地刻画,把向量场客观规律的深刻意义用微积分那种对称、简洁和完美形式清晰而简单地呈现出来了,这应该是使数学分析的学习者叹为观止.

本教材每章之后有三部分附加学习资料,其一是该章小结与复习,其有别于传统教科书的知识结构罗列,而只是简洁地给出该章的主要内容、方法、结论和教学目标,这样便于师生教与学双边活动的把控.其二是古今中外的数学家简介,目的在于一方面让大学生可以了解数学科学发展的一些历史,同时学习数学家的科学精神.其三是该章的思考与练习.关于思考题,目的在于考查和督促学生对所学的数学概念(定义)和规律(定理、推论)本质含义的准确理解和掌握.一直以来,我国大学的教材都比较忽视这一部分要求.教学实践表明,这非常不利于大学生的学习效率的提高和大学学习规律的养成和把握.我们知道,自然科学的学习和研究,首先必须搞清楚研究对象定性的本质,然后才是定量的演绎和测量,即定性的比定量的更为重要.关于练习题的配备,全书各章从10~25题,主要是提供给授课教师教学活动的基本作业量(一般每次课教师布置3~5道作业题),其详细解答连同11章课堂教学的PPT一起提供给授课教师参考.实际上,即使学生全部完成和掌握这部分作业,也还不足以掌握该章的知识.好在目前相关配套的"学习指导书"可谓是汗牛充栋,授课教师可以指导学生在图书馆或互联网上任意选择一本(不是考研指导书),其中不乏精品,诸如"知识要点""典型例题选解""自测题"等,也省去了本书出版成本的压力.

总之,小学教育本科专业(数学方向)的《数学分析》,依据于该专业的培养目标,坚持基础性、通识性和结构性原则,略去了一些过深的理论演绎和篇幅过长的逻辑证明,全面系统地介绍了作为高等数学基础的《数学分析》的基本的内容、原理和方法及其应用.同时,各高师院校,根据相关专业的培养方案,可以对本册内容进行选择,比如,幼师本专科,可以舍弃后三章的内容.

冯 杰

2024 年 6 月 1 日于上海盘古西区